Robert Wringham

DAS GUTE LEBEN

Wie Sie trotz Ihres öden Jobs
glücklich leben können

Aus dem Englischen von Ronald Gutberlet

WILHELM HEYNE VERLAG
MÜNCHEN

Titel der Originalausgabe:
The GOOD LIFE FOR WAGE SLAVES

Der Verlag weist ausdrücklich darauf hin, dass im Text enthaltene externe Links vom Verlag nur bis zum Zeitpunkt der Buchveröffentlichung eingesehen werden konnten. Auf spätere Veränderungen hat der Verlag keinerlei Einfluss. Eine Haftung des Verlags ist daher ausgeschlossen.

Unter www.heyne-hardcore.de finden Sie das komplette Hardcore-Programm.

Weitere News unter www.heyne-hardcore.de/facebook

Verlagsgruppe Random House FSC® N001967

Copyright (c) 2019 by Robert Wringham
Copyright (c) 2020 der deutschsprachigen Ausgabe by
Wilhelm Heyne Verlag, München, in der Verlagsgruppe Random House GmbH,
Neumarkter Str. 28, 81673 München
Redaktion: Jürgen Teipel
Umschlaggestaltung: Johannes Wiebel, punchdesign, München
Umschlagillustrationen: shutterstock.com (© theerakit, Pixelz Studio, LanKogal)
Satz: Satzwerk Huber, Germering
Druck und Bindung: CPI books GmbH, Leck
Printed in the Czech Republic

ISBN: 978-3-453-27195-1

Für Cheesy

Heutzutage bräuchte man einen voll ausgestatteten,
direkt im Hirn installierten Erste-Hilfe-Kasten und zusätzlich
noch einen Intensivkurs im Überleben wirklicher
und eingebildeter Katastrophen.
J.G. Ballard, *Betoninsel*

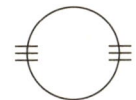

Inhalt

Manifest des guten Lebens für Lohnsklaven 15

Vorwort 17

Einleitung 21
Was ist das gute Leben?

TEIL 1:
Am Arbeitsplatz

Erstes Kapitel:
Das Problem der Arbeit 51
  Hier beklagen wir uns über die Notwendigkeit körperlicher Anwesenheit; die fehlenden Rückzugsmöglichkeiten in einem Großraumbüro; den Zusammenhang zwischen modernem Arbeitsplatz, schlechter Gesundheit und mangelndem Wohlbefinden; das Aufwenden von furchtbar viel Zeit für Menschen, die wir nicht mögen; und wir sinnieren über das Wesen des Professionellen und das Absterben der Ideen.

Zweites Kapitel:
Die Verminderung von Arbeit 93
> Hier kehren wir der Geschäftigkeit und dem konventionellen Erfolgsideal den Rücken; erwägen die theoretischen und praktischen Aspekte der Mittagspause; lernen, wie man bezahlten Urlaub am besten nutzt; erörtern ernsthaft die Kunst des Krankfeierns; geloben, nie mehr an einem Tag zu arbeiten, an dem es geschneit hat; erwägen die Möglichkeiten von Teilzeitjobs; ziehen den Hut vor jenen Lohnsklaven, die auf *komprimierte* Arbeitszeit setzen (oder diesen Eindruck vermitteln); betrachten die wundersamen Möglichkeiten der Arbeit von zu Hause oder anderswo; lernen, unsere »besten Zeiten« zu identifizieren und wie wir uns den »Zombie zunutze machen«; erörtern die Vorzüge des Sabbatjahrs und des Karriereknicks; erwägen den Horror oder möglichen Fluchtweg einer Rückkehr zur Schule; und lernen, das Pendlerdasein in den Griff zu bekommen.

Drittes Kapitel:
Wie man sich im Büro wohlfühlt,
ohne verrückt zu werden 153
> Hier lernen wir, wie wir durch echte Hingabe überleben können, statt ständig auf die Uhr zu schielen; sehen die Lohnarbeit als einen Transatlantikflug an; wägen ab, ob es sich lohnen könnte, das Gehirn abzuschalten; erlernen das Handwerk der digitalen Entgiftung; entdecken die Kunst des Achselzuckens; sehen Arbeit als bunten Flitterkram an; finden zurück zur Natur, ohne irgendwo hinzugehen; und suchen nach Möglichkeiten, das Büro in die Tonne zu treten.

TEIL 2:
Zu Hause

Viertes Kapitel:
Das Problem des Zuhauses 195
Hier erkennen wir, wie sehr unser Zuhause von der Konsumindustrie kolonisiert wurde; und passen auf, damit wir nicht Opfer des Klaustrosphären-Effekts oder des Boxenstopp-Effekts werden.

Fünftes Kapitel:
Wie wir unser Zuhause in ein Paradies des guten Lebens verwandeln können 205
Hier betrachten wir eine Fallstudie zum Thema kompletter Neubeginn; geben zu, dass sich unsere Toleranz in ästhetischen Fragen durchaus erschöpfen kann; lernen, eine Sache erst dann zu beginnen, wenn wir auch ihr bereits erkennbares Ende im Blick haben; verkleinern unser Zuhause; ergehen uns auch sonst in häuslichem Minimalismus; geben uns einfachen sinnlichen Freuden hin; lassen uns das Gehirn von Büchern massieren; lernen außerdem mit einem Musikinstrument umzugehen; schwören, hingebungsvoll zu faulenzen; entwickeln unsere kreativen Fähigkeiten; und überlegen, ob wir unseren Lohnsklaven-Namen aus Gründen des Selbstschutzes und der Freude an der Kreativität abschaffen sollten.

**Sechstes Kapitel:
Ein Auffrischungskurs in Sachen
Hauswirtschaftslehre** 265

Hier gehen wir ein erneuertes Bündnis mit der Hauswirtschaft ein, um unabhängig, autonom und allgemein kompetent zu werden; befassen uns noch mal mit den Grundlagen persönlicher Finanzierungsmodelle; finden heraus, wie die Vorräte in der Küche und in der heimischen Minibar den Ansprüchen eines Philosophen genügen können; erkennen den Nutzen, den eigenen Dreck wegzuräumen; lernen Leibesübungen zu vermeiden; sinnieren darüber nach, wie man sich unprofessionell anzieht; stellen uns der Tatsache, dass Haustiere die Wohnung nach Kacke riechen lassen; erörtern, wie nützlich es sein kann, andere Menschen aufzunehmen; denken über Personal nach, von dem wir bisher gar nicht wussten, dass wir es haben; verbannen das Auto auf den Schrottplatz; werfen uns der Genügsamkeit an den Hals; reduzieren Abhängigkeiten; und wägen die Vor- und Nachteile des Mietens gegenüber dem Kaufen ab.

**Siebtes Kapitel:
Die Positionierung des Zuhauses in der
persönlichen Kosmologie** 345

Hier denken wir nach über die Arbeit und das Zuhause als Quellen der persönlichen Identität; werden uns darüber klar, dass »zu Hause« nicht der Ort ist, von dem man stammt oder wo die Eltern leben; und wir sinnieren über die Idee eines portablen oder erweiterten Zuhauses nach.

Achtes Kapitel:
Das Exportieren unserer Ideen 357
    Hier erörtern wir, wie wir Kultur beeinflussen und damit den Kreis schließen können.

Nachwort 365
Flucht von der Betoninsel

Danksagungen 379

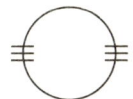

Manifest des guten Lebens für Lohnsklaven

1. Wir arbeiten, weil wir müssen, nicht weil wir es gern tun.
2. Wir widersprechen der Behauptung, harte Arbeit und Geschäftigkeit seien an sich schon etwas Positives.
3. Wir machen unsere Arbeit gründlich und gut – aber in der dafür vorgesehenen Zeit und im Austausch gegen Geld, nicht um soziales Kapital anzuhäufen oder weil wir es gern tun.
4. Wir streben kein höheres Ideal an als das ruhige, gute Leben.
5. Wir betrachten übersteigertes Streben nach beruflichem Erfolg als Kinderkram und als eine Ablenkung vom guten Leben.
6. Wir stellen Zeit, Freiheit und Mobilität über Geld (auch wenn wir anerkennen, dass Geld durchaus einen Wert hat).
7. Wir widmen der Arbeit so wenig Zeit wie nur möglich.
8. Wir fühlen uns nicht schuldig, wenn wir faulenzen.
9. Wir schämen uns nicht dafür, kreativ, fantasievoll oder künstlerisch tätig zu sein.

10. Wir lassen nicht zu, dass die Arbeit unsere Gesundheit gefährdet.
11. Wir sehen unseren Job nur als eine von vielen Tätigkeiten an, denen wir nachgehen.
12. Wir suchen Erfüllung in unserem eigenen Leben, nicht in der Arbeit.
13. Wir verzichten darauf, häusliche Aufgaben auszulagern oder an andere zu delegieren.
14. Wir stufen häusliche Arbeit im Vergleich zur beruflichen nicht als minderwertig ein.
15. Wir streben Schlichtheit, Minimalismus und Einfachheit an, um das gute Leben zu verwirklichen.
16. Wir erkennen den grundlegenden Wert von Liebe, Schönheit und Kunst an.
17. Wir erfinden uns kontinuierlich neu.
18. Wir sind Amateure und Dilettanten.
19. Wir streben nicht an, die Welt zu erobern oder die Besten zu sein.
20. Wir leben mit unseren Lebensgefährten in einer gleichberechtigten Partnerschaft.
21. Wir suchen nach Verbindungen und Beziehungen jenseits der Lohnsklaverei.
22. Wir glauben an Gemeinschaft und Gesellschaft; wir wissen, dass wir nicht allein sind.
23. Wir sind keine Perfektionisten, und wir brechen gerne auch mal unsere eigenen Regeln.
24. Wir verbreiten unseren Lebensstil mittels kreativer Tätigkeit, unseres Kleidungsstils oder wie wir uns sonst darstellen.
25. Wir sind nicht das Ergebnis unserer Jobbeschreibung.

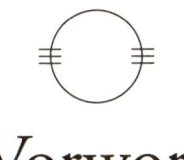

Vorwort

In meinen vorherigen Büchern – und gegenüber einigen glücklichen Menschen, die gelegentlich im Zug neben mir saßen – habe ich die Idee propagiert, dass wir der Welt der Arbeit und des Konsumismus entkommen können.[1] Eine angenehme Alternative, so habe ich erklärt, sei ein auf Einfachheit und Selbstbestimmung begründetes lockeres, kreatives Leben. Warum soll man hart arbeiten, um ein Leben zu finanzieren, in dem teure Konsumartikel und die Mitgliedschaft im Fitnessstudio das Wichtigste sind, wenn man stattdessen im Gras liegen, die Sonne genießen und seinen Gedanken nachhängen kann?

Die Ausgangsidee dabei ist, dass man die wahren Grundlagen des guten Lebens (Freundschaft, Gesundheit, Zeit) nicht mit Geld bezahlen kann, während die wichtigsten materiellen Grundlagen des Alltags gar nicht viel kosten müssen, wenn man bei Anschaffung und Nutzung sparsam und klug vorgeht. Daher ist die Zeit, die man damit zubringt, sich in einem Fulltime-Job abzurackern, um mehr als das Nötige zu besitzen, absolute Zeit- und Kraftverschwendung.

---

[1] Vor allem in der Zeitschrift *The New Escapologist* (2007–2017) und dem Buch *Ich bin raus* (2016).

Die Öffentlichkeit hat erstaunlich freundlich auf meine Ideen reagiert. Niemand hat Eier gegen mein Fenster geworfen oder mir per Post einen Scheißhaufen in einer Schachtel zukommen lassen. Und doch könnte man einiges dagegen einwenden. Das Naheliegendste ist: »Aber ich finde es doch gut, Geld zu verdienen und zu konsumieren, und der Klimawandel interessiert mich auch nicht besonders, du blöder Hipster-Arsch!« In diesem Fall haben wir wahrscheinlich wirklich nicht viele Berührungspunkte. Ein anderer Einwand kommt in verschiedenen Varianten daher und läuft letztlich auf Folgendes heraus: »Ich kann mir diese Art zu leben nicht leisten, weil ich in bestimmten Umständen gefangen bin.«

Früher bin ich mir nicht ganz sicher gewesen, ob ich diese »Umstände« wirklich als Einwand gelten lassen will. Kinder zu haben oder Schulden kann ja durchaus in den jeweiligen Fluchtplan mit einbezogen werden; damit lässt sich kalkulieren. Aber dann geriet ich selbst in derartige »Umstände« (was mit der feindlichen britischen Einwanderungspolitik zu tun hatte) und musste nach sieben Jahren des guten Lebens zurück in die Lohnsklaverei. Und das, nachdem ich aller Welt lauthals erklärt hatte, wie leicht es wäre, es mir gleichzutun! So muss sich Geoffrey Hayes, der langjährige Moderator der Kindershow *Rainbow* gefühlt haben, als er seinen Job verlor und anfing, im Supermarkt Regale aufzufüllen.

Die Umstände können sich durchaus gegen einen verschwören und eine Flucht aus dem Sklavendasein verhindern. Darüber hinaus wäre es auch möglich, dass Sie überhaupt nicht aussteigen wollen, nachdem Sie das Für und Wider eines Fulltime-Jobs im Vergleich zu einem Leben in kreativer Freiheit abgewogen haben und lieber auf der sicheren Seite bleiben wollen. Falls dem so ist, müssen Sie sich allerdings fragen, inwiefern Sie überhaupt am guten Leben teilhaben können.

Die Idee eines konsequenten Fluchtplans sagt auf keinen Fall jedem zu. Und so stellt sich die Frage: Wie kann man ein gutes Leben führen, *während* man gleichzeitig in einem normalen Job gefangen ist? Vor diesem Problem stand ich nämlich, als ich auf einmal zweieinhalb Jahre Lohnsklaverei vor mir hatte. Ich nutzte die Zeit als Recherche-Projekt. Und das vorliegende Buch ist mein Bericht darüber. Ganz klar, dass es daher auch einige Flüche und Schimpftiraden enthält.

Oh! Eine Sache noch: Da in dieses Buch viele Erinnerungen eingeflossen sind, habe ich real existierende Personen vorsichtshalber anonymisiert. Ich habe ihnen Pseudonyme verpasst, die ich berühmten Katzentieren entwendet habe. Deshalb gibt es im Folgenden menschliche Personen (Büroangestellte, um genau zu sein) mit Namen wie Prince Chunk oder Sybil oder Misty Malarky Ying Yang. Ich hoffe, ich konnte dadurch deutlicher machen, wie brutal es ist, Menschen in Büros einzupferchen. Ob mir das gelungen ist, kann ich nicht beurteilen. Auf jeden Fall ist das Buch dadurch zweiunddreißig Prozent niedlicher geworden. Und das kam mir durchaus erstrebenswert vor. Miau.

R. W.

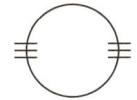

Einleitung

Was ist das gute Leben?

Leider war nicht alles nach Plan verlaufen.

Sieben Jahre waren vergangen seit meiner Großen Flucht, und mir war es in dieser Zeit gelungen, jeden normalen Job zu vermeiden. Mehr noch, ich konnte mir überhaupt nicht mehr vorstellen, jemals wieder einen normalen Job zu haben. Abgesehen von einem Ehrenamt vielleicht oder einer Tätigkeit als »beratender Detektiv« wie Sherlock Holmes, den die Leute aufsuchen, um ihn zu bitten, über ihr »kleines Problem« nachzudenken. Aber das ist alles Schnee von gestern.

Tatsächlich war ich ziemlich anmaßend geworden. Nicht genug, dass ich eine sichere und geachtete Mittelklassenexistenz, die mir freundlicherweise in die Wiege gelegt worden war, in den Wind geschlagen hatte: Ich hatte mir auch einige wenig respektvolle Gesten erlaubt, als ich mit Siebenmeilenstiefeln aus dem Gebäude herausmarschierte. Ich hatte meinen Job geschmissen und meine vorhersehbare Karriere quasi abbestellt, nachdem ich, sagen wir mal, »einige Mängel« daran festgestellt hatte. Danach hatte ich mich vor die Kamera gestellt und dem Publikum erklärt, dass ich niemals zurückkehren würde. Worte wie »ihr könnt mich mal«

mögen gefallen sein oder auch nicht, aber es macht sowieso keinen Sinn, im Nachhinein auf so etwas herumzureiten, oder? Ähm.

Um mir die verbleibende Zeit bis zum Tod zu vertreiben – eine Periode, der ich immer eine gewisse Bedeutung zugemessen habe, was mir bislang auch noch niemand ausreden konnte –, wollte ich mich als Schriftsteller betätigen. Das war bereits ein gewisser Kompromiss, nachdem ich mich von meinen Kindheitsambitionen, mich als possenreißender Bänkelsänger und Tänzer zu verdingen, abgekommen war. Aber es schien mir eine kreative Alternative zu sein, im Bereich des Machbaren zu liegen und setzte nicht mal die Anschaffung eines Paares ordentlicher neuer Schuhe voraus.

Auch fand ich die Idee gut, alles etwas kleiner zu halten, dezent auf mich aufmerksam zu machen und von den Brosamen zu leben, die mir zufielen. Und zufallen sollten sie mir dank der unermüdlichen Arbeit meines gut gefütterten Gehirns. Und das Beste: Niemand würde mir sagen, was ich zu tun und zu lassen hatte.

Das war der Plan, so ging ich es an. Ich richtete mir ein kleines kreatives Business ein, das genug abwarf, um mich finanziell über die Runden zu bringen, mich passabel zu ernähren und mich bei geistiger Gesundheit zu halten. Es war ein angenehmes Leben, weshalb ich dasselbe allen Menschen empfahl, die eine ähnliche Lebenseinstellung hatten wie ich. Es war *meine Idee vom guten Leben*.

Die Tage waren ausgefüllt mit hingebungsvoller Schreibtätigkeit, friedlichem Herumflanieren in der Nachbarschaft, gelegentlichen Reisen, jeder Menge Bier und dem von mir geliebten natürlichen Licht, das durch die Fenster unseres Apartments in Montreal strömte. Von dort aus konnten wir den Mount-Royal-Hügel sehen (der im Herbst dank des rot und gelb verfärbten Laubs wie in Flammen leuchtete) und eine futuristische Skyline von Wolkenkratzern aus Chrom und Glas auf der einen und das Olympiastadion auf der anderen Seite. Dazwischen erstreckte sich eine

Landschaft aus blühenden Bäumen und hübschen kleinen Backsteinhäusern. Ich verbrachte die Nächte mit meiner geliebten Frau Samara in unserem Heim oder auf einer der zahlreichen Partys von Freunden. Die Aussicht aus unserer Wohnung war so aufregend und glitzernd wie jene, für die man in Paris oder London oder New York sehr tief in die Tasche greifen musste. In Montreal war sie aber sehr preiswert. Durch Bescheidenheit, Kreativität und sorgfältige Planung war es mir gelungen, vom monatlichen Gehaltsscheck unabhängig zu werden. Lohn der kühnen Unternehmung war außerdem ein stressfreier Alltag und unendlich viel freie Zeit. Es war einfach wunderbar. Ganz wunderbar.

Wie konnte es also passieren, dass ich mich plötzlich in einem Großraumbüro am Rande von Glasgow in Schottland wiederfand, mit einem grauen viktorianischen Himmel über mir, also an fast dem gleichen Ort, von dem ich einst in meine schöne neue Welt aufgebrochen war? Wie waren mir freie Zeit und wunderbare Aussicht abhandengekommen? Wie hatte es passieren können, dass ich nun keine Bücher mehr schrieb (zum Beispiel eines darüber, wie großartig es ist, derartige Jobs hinter sich zu lassen), kein kräftiges Bier aus Quebec mehr trank, sondern stattdessen in einem kalten, lauten Großraumbüro bedeutungslose E-Mails verfasste? War es unvermeidlich gewesen? Lag es in meinen Genen begründet? Zwingt uns das Schicksal mit unsichtbarer Hand in eine bestimmte soziale Klasse und in ein bestimmtes System? Musste vielleicht sogar Einstein wieder zurück ins Patentamt, um Akten zu sortieren, und keiner von uns hat es gemerkt?

Warum war ich hier? Ich hatte mich darauf eingerichtet, mein Leben wie eine Figur aus einem Roman von Haruki Murakami zu leben: Jazz hören, wenn es mir gerade nicht genügte, dem Zirpen der Grillen in den Bergen zu lauschen. Stattdessen hörte ich nun schrilles Telefongeklingel um mich herum, das Vor und Zurück des

Fotokopierers, und das Mampfen von Prince Chunk, meinem Kollegen, der gerade ein Käse-Zwiebel-Sandwich vertilgte und dabei einfach sein verdammtes Maul nicht zumachen konnte.

Aber was ist überhaupt das gute Leben? Ich will es Ihnen sagen. Nach dem entspannten Studium eines Stapels philosophischer und sozialpsychologischer Werke, nach der Lektüre der Tagebücher einiger Todkranker (die seltsamerweise alle zu den gleichen Ergebnissen kommen, wie ein gutes Leben geführt werden sollte – mehr dazu steht in meinem Buch *Ich bin raus*), und nachdem ich bewusst die gegensätzlichen Lebensentwürfe eines Lohnsklaven und eines Freien Radikalen ausprobiert habe, kann ich Ihnen hier die grundlegenden Prinzipien (ja, die wahre Essenz) des guten Lebens auflisten:

- Gesundheit
- Freundschaft
- Liebe
- ganz viel freie Zeit
- zielgerichtete oder ziellose intellektuelle Erfüllung
- sinnliche Freuden
- die Wertschätzung der gegenwärtigen Umwelt (anstatt hart daran zu arbeiten, eine »bessere« Situation zu erreichen)
- eine befriedigende kreative Tätigkeit, die uns mit Stolz erfüllt
- eine saubere und würdige Wohnung

Das ist alles. Ich dachte mir, es wäre besser, das gleich zu Beginn des Buches zu thematisieren. Wenn ich es ans Ende gestellt hätte, wie eine Art Ergebnis, wären Sie wahrscheinlich zornig geworden, weil es so einfach klingt, und hätten das Buch in die Ecke geschmissen. Ich möchte nicht, dass Sie hart arbeiten müssen, um am Schluss eine Weisheit serviert zu bekommen, die die ganze Zeit schon griffbereit herumlag und so kurz und knapp bemessen ist wie eine leidlich große Schrifttype auf der Rückseite einer pornografischen Spielkarte.[2]

»Das gute Leben« ist ein antikes Konzept einer angenehmen Lebensweise. *The Good Life* ist außerdem der Titel einer Sitcom-Serie der BBC aus den 1970er-Jahren, dessen Zeichentrick-Vorspann einen liebenswerten kleinen Vogel zeigt, der um eine Blume scharwenzelt – aber darüber wollen wir heute nicht sprechen.[3]

In der Antike wurde die Idee des guten Lebens nicht zuletzt von Aristoteles propagiert, der ihr den Namen *Eudaimonia* gab. Die Stoiker und Epikuräer führten seine Gedanken weiter, auch wenn sie grundsätzlich verschiedene Auffassungen hatten, wie das Ideal eines Lebens ohne Leid und mit möglichst viel Freude verwirklicht werden könnte.

Diese Frage wurde auch im modernen Westen immer wieder aufgeworfen, besonders prägnant von der Bloomsbury Group Anfang des 20. Jahrhunderts und von verschiedenen alternativen Lebensentwürfen der 60er- und 70er-Jahre. Das Konzept mag also alt sein, aber es ist immer noch zeitgemäß. Viele von uns denken tagtäglich über das gute Leben nach, gleich als Erstes am frühen Morgen und als Letztes am späten Abend. Es bezieht sich auf unseren Status als Mensch, auf unsere Identität, unsere Definition von Er-

---

2 Mir ist schon klar, dass genau genommen der Begriff Spielkarte hier genügt hätte.
3 *The Good Life* (1975–1978) handelt von einem Ehepaar, das am Rand von London lebt und sich entschließt, ein angenehmes, genügsames Leben zu führen, ohne zur Arbeit gehen zu müssen.

folg und auf das, was wir als gut genutzte oder verschwendete Zeit erachten. Heutzutage taucht es auf in Diskussionen über Themen wie »ausgewogene Lebensgestaltung« oder »Selbstverantwortung«, wird in politischen Verhandlungen über Sabbatjahre, Elternzeiten, Wochenarbeitszeiten erörtert und von Akademikern und Idealisten angeführt, wenn es darum geht, sich eine Zukunft auszumalen, die von einer allumfassenden Automation bestimmt wird.

Die Grundregeln des guten Lebens sind leicht zu begreifen und doch schwer zu fassen. Sie sind leicht zu begreifen, da wir alle sie kennen, aber schwer zu fassen, weil wir sie immer wieder übersehen. Mitunter kann man hier mildernde Umstände zubilligen. Meistens aber liegen sie derart offensichtlich vor uns, dass wir dazu tendieren sie zu ignorieren. Man sagt das so leicht dahin: »Ja, Freundschaft ist natürlich eine wichtige Sache, darüber muss man gar nicht weiter reden, aber …«, nur um das Thema dann wieder auf Eis zu legen und sich mit weniger wichtigen, aber angeblich so dringenden Angelegenheiten zu befassen. »In uns steckt ein Teufel, der uns von der einen Idiotie zur nächsten treibt«, schrieb George Orwell in *Auftauchen, um Luft zu holen*. »Wir haben Zeit für alles Mögliche, außer für die wirklich wertvollen Dinge.«

Das gute Leben ist eine Vision des bestmöglichen Lebens, das wir als hoch entwickelte Primaten führen könnten, wenn wir in der Lage wären, die Möglichkeiten der Zivilisation zu unserem Vorteil zu nutzen. Dabei geht es darum, während unserer Zeit auf der Erde das zu erreichen, was uns am sinnvollsten und erstrebenswertesten erscheint. Manche Tatmenschen setzen alles daran, ihre Vision davon zu verwirklichen, und verwenden jede Menge Zeit und Kraft darauf. Andere sehnen sich nur danach. Viele glauben, das gute Leben liege so weit entfernt, dass es überhaupt keinen Sinn mache, Anstrengungen in dieser Hinsicht zu unternehmen. Andere wiederum meinen, es habe vor allem etwas mit der persönlichen Einstellung zu tun und könne augenblicklich durch positives Denken erreicht werden.

Das gute Leben ist eine subjektive Angelegenheit, denn jeder hat seine eigene Vision davon. Manche Menschen sind bescheiden veranlagt, andere hegen große Ambitionen. Manche suchen die Abgeschiedenheit, andere die Gemeinschaft. »Die Welt wäre wirklich sehr langweilig«, hat meine Mutter irgendwann mal gesagt, wohl um einen Konflikt zwischen mir und meiner Schwester zu schlichten, »wenn wir alle gleich wären«. Das Verrückte ist nur, dass die Visionen der meisten Menschen in Bezug auf das gute Leben erstaunlich ähnlich sind, wenn man mal die individuellen Besonderheiten beiseitelässt. Persönliche Aussagen wie: »Ich will auf dem Land leben, zusammen mit Steve, und mit ihm drei Kinder großziehen und niemals mehr eine Business-Bluse tragen müssen«, oder: »Ich möchte auf einem Boot leben, zusammen mit Irma und einer Katze namens Mr. Pickles und ganz vielen Kissen zum Herumlümmeln«, können heruntergebrochen werden auf »Ich möchte den Großteil meiner Zeit an einem Ort nach meinem Geschmack zubringen, gemeinsam mit Menschen, die ich liebe, und mit möglichst wenig Unannehmlichkeiten.«

Am Begriff des guten Lebens mag ich besonders, dass »gut« so unambitioniert klingt. Nicht *großartig,* sondern gut. Nicht *alles,* sondern genug. *Gut* klingt mild und zurückhaltend und nicht gierig. Es widerspricht der »Gewinner«-Mentalität der sogenannten Player, Influencer, Fitnessfreaks und anderer langweiliger Menschen, die nur das Beste für sich wollen und die Welt in den Wahnsinn treiben mit ihrem lautstarken Geblöke. Wenn sie nicht möchten, dass wir uns minderwertig fühlen, warum gehen sie dann ihrem angeblich so tollen Leben nicht in Ruhe nach, anstatt es auf Instagram zu verbreiten und ihren Tagesablauf anderen unter die Nase zu reiben, damit die angeblich davon lernen können?

Ich wage zu behaupten, dass die typischen Verhaltensweisen dieser »Gewinner« – das ständige Herumrennen, Posten und Händeklatschen – unerlässlich sind, wenn man das angeblich *beste* Leben führen und noch den letzten Tropfen aus allem herausquetschen will. Glücklicherweise müssen *wir* nicht so weit nach oben in sinnlose Höhen greifen. Das gute Leben ist genügsam und wesentlich weniger manisch und obsessiv. Nicht ganz nach oben zielen, sondern etwas tiefer als hoch, das ist ein Teil meiner Botschaft. Wir können nicht alle die Welt an uns reißen.

In allem der Beste sein zu wollen ist sinnlos und sowieso ein Ding der Unmöglichkeit. Oben an der Spitze ist es eng. Aber wer braucht schon einen Platz an der Spitze? Worin liegt der Sinn, derart viel Energie aufzuwenden und sich abzurackern, um ganz oben zu stehen, wenn Glück und Wohlbefinden schlicht und einfach im guten Leben zu finden sind? Wir sollten uns eher eine Nische suchen, irgendwo in der Mitte, anstatt unsere Ellbogen zu benutzen, um diesen hirnrissigen Wettlauf ganz nach oben mitzumachen. Außerdem ist die Folge eines Platzes an der Spitze nur, dass einen niemand mehr mag. Das »Beste« ist, alles in allem betrachtet, ganz schön schwachsinnig. »Gut« lässt sich viel einfacher verwirklichen. Freundschaft. Sinnliches Vergnügen. Intellektuelle Erfüllung. *Zeit.* Das alles kann man ziemlich direkt erreichen, ohne gigantische Anstrengungen zu unternehmen, um Geld und Besitztümer anzuhäufen – nur um anschließend herauszufinden, wie wenig Bedeutung das alles hat. Warum tun wir es also? Das Problem liegt darin, denke ich, dass es sich um ein vererbtes Wertesystem handelt; das *Betriebssystem,* auf dessen Grundlage wir alle funktionieren. Ich will es Ihnen erklären …

Das Wichtigste für jedermann ist, angenehm zu leben. Und mit »angenehm« meine ich: Freude daran haben. Hey, Sie! Na los, fangen Sie damit an! Jetzt sofort!

Der Sinn des Lebens besteht einzig und allein darin, es zu genießen. Als stille Geister, die im Inneren von ausgeklügelten – wenn auch mit Haaren bewachsenen und aus Fleisch bestehenden – Maschinen leben, erreichen wir das, indem wir das Leiden vermindern und das Wohlgefühl erhöhen. Als Gesellschaften – bienenstockartige Ansammlungen von Geistern in mit Haaren bewachsenen Maschinen, die Gas geben wie Motorradfahrer, die an irgendeinem Touristen-Hotspot vorbeirasen – erreichen wir dies durch Kultur, Kunst und Sport: Durch das, was wir »Unternehmungen zum Zweck des Wohlfühlens« nennen könnten.

Der größte Teil dieses Buchs befasst sich nicht mit der Gesellschaft als großem Ganzen, sondern mit kleineren, überschaubareren Veränderungsmöglichkeiten. Deshalb möchte ich an dieser Stelle kurz etwas zum gesellschaftlichen Aspekt sagen und zu bestimmten Verhaltensweisen, die wir in Bezug auf Arbeit und Freizeit annehmen. Das wird uns helfen, die zahlreichen Möglichkeiten einer Verhaltens*änderung* zu erkennen. Und gleichzeitig lernen wir das grundlegende Betriebssystem kennen, das die Tendenz aufweist, unsere Gedanken über das gute Leben zu manipulieren.

Der eigentliche Sinn von Zivilisation ist die Sicherstellung ausreichend hoher Standards von öffentlicher Hygiene, Sicherheit, Frieden und Ordnung, damit das florieren kann, was wir »Streben nach Genuss« nennen können. Menschen, die ihrem Vergnügen nachgehen, ohne anderen dadurch zu schaden, sind auf dem richtigen Weg. Die Verkniffenen, die aufgrund von Schuldgefühlen oder irgendeiner Moralvorstellung glauben, sie müssten arbeiten, weil Arbeit an sich schon ein Wert ist, sind auf dem falschen Weg. Sie verschwenden ihre Zeit, gehen anderen auf die Nerven und spielen eine entscheidende Rolle bei der Verschwendung der begrenzten Ressourcen der Erde.

Das Streben nach Vergnügen sollte im Mittelpunkt des Lebens stehen. Daran teilzuhaben, danach alles auszurichten, hat absolute Priorität, sowohl für die Einzelnen wie auch für die gesamte Gesellschaft. Der große amerikanische Schriftsteller Kurt Vonnegut hat es einmal so ausgedrückt: »Wir sind hier auf der Erde, um ein bisschen rumzufurzen. Lasst euch bloß von niemandem was anderes erzählen.« Die Herstellung von und die Freude an Kunstwerken, der Austausch von Argumenten in Gesprächen, Diskussionen und in der Literatur, aber auch das Zelebrieren von Sport und Spiel sollten die höchsten Tugenden sein, die wir kennen. Menschen, die sich diesen Dingen verschrieben haben, ob nun professionell oder nur aus Spaß, führen uns vor Augen, was wir alle tun sollten. All jene, die außerhalb dieses Rahmens tätig sind, diese Bestrebungen aber unterstützen, verdienen gleichermaßen Anerkennung. Denn das sind die Menschen, die uns aufhelfen, wenn wir gestrauchelt sind, damit wir weiterhin als Künstler und Genießer fröhlich herumfurzen können.

Falls irgendein Großereignis einen bedeutenden Teil der Gesellschaft daran hindert, das Leben zu genießen – ein Krieg zum Beispiel oder eine Epidemie oder der Zusammenbruch des Internets –, wird eine Art Notstand ausgerufen, und wir müssen unsere Prioritäten ändern. Denn dann kommt es zuallererst darauf an, das Problem in den Griff zu kriegen, damit wir alle möglichst schnell wieder zum Genuss zurückkehren können. Niemand darf ein Interesse daran haben, den Krieg oder die Epidemie oder den Internet-Super-GAU zu verlängern. Sollte ein Feuer in einer Künstlerkolonie ausbrechen, wäre es sicherlich klug, wenn alle Bewohner ihre Pinsel beiseitelegten und die schicken Baskenmützen an den Nagel hingen, um erst mal den Brand zu löschen. Dennoch wäre die Bekämpfung des Feuers an sich keine erstrebenswerte Tätigkeit. Die Künstler würden das Feuer löschen, um den Zustand von Frieden und Harmonie wiederherzustellen, der vor dem Ausbruch des Feuers geherrscht hat. Denn sie wollen sich anschließend so schnell wie möglich wieder ihrer eigentlichen Aufgabe zuwenden, dem Malen von Bildern. Oder?

Bitte fassen Sie dies nicht als Provokation auf. Um ein weniger abgehobenes Beispiel zu bemühen als den Ausbruch eines Feuers in der Künstlerkolonie: Eine Klempnerin, die die Toilette im Haus einer Familie mit dem Abflussrohr verbindet, tut dies (hoffentlich) in dem Bewusstsein, dass ihre Arbeit für diese Familie von größtem Nutzen ist. Es wird vielleicht nicht die Krönung ihres Schaffens sein, aber die Klempnerin sorgt mit ihren handwerklichen Fähigkeiten dafür, dass die Familie ihr Leben in sicheren hygienischen Verhältnissen weiterführen kann. Wobei sie unter »das Leben weiterführen« sicherlich auch verstehen wird, dass die Familie sich an Kultur, Kunst und Sport erfreut. Sie wird unbewusst davon ausgehen, dass die Kinder Lesen und Schreiben lernen und im Garten spielen. Sie könnte vermuten, dass die Eltern ins Kino und auf Partys gehen. Und auch wenn sie nicht ständig darüber nachdenkt, wird sie doch voraussetzen, dass ihre Arbeit zur Verwirklichung dieser Miniatur-Utopie beigetragen hat. Auch wenn wir das normalerweise nicht so ausdrücken, steht doch fest, dass harte Arbeit durchaus im Dienst von Vergnügen und Wohlbefinden stehen kann.

Ein Bibliothekar, der das Buch an den korrekten Ort im Regal zurückstellt, tut dies, um die Chancen zu erhöhen, dass das Buch wieder einen Leser findet. Wenn man ihn danach fragte, warum das so wichtig sei – warum überhaupt irgendwer ein Buch finden sollte –, würde er sagen, dadurch hätte der normale Nutzer die Gelegenheit, sich an einem Buch zu erfreuen oder der Student die

Möglichkeit, etwas zu lernen. Die angewandten Fähigkeiten des Bibliothekars ermöglichen es dem Leser direkt (im Fall des durchschnittlichen Lesers) oder indirekt (im Fall des Studenten, der sich weiterbilden will), sich zu vergnügen.

Sowohl die Klempnerin als auch der Bibliothekar tragen dazu bei, die Bedingungen herzustellen, die nötig sind, damit andere Menschen ihren entsprechenden Neigungen nachgehen können. Es wäre eigenartig, wenn sie das ihren Kunden nicht gönnen wollten. Die Klempnerin wird der Familie, die sie gerufen hat, kaum vorhalten, sie sollten besser selbst mal eine Klempnerausbildung machen.[4] Genauso wenig wird der Bibliothekar den Leser dazu überreden, *stante pede* eine Ausbildung zum Bibliothekar zu beginnen, nur um ihm damit zu verdeutlichen, dass Arbeit an sich ein Wert ist.

Und trotzdem geht das Verhalten vieler Menschen in diese Richtung. Es gibt ja die Theorie, dass das Streben nach Vergnügen – zum Beispiel, indem man sich künstlerisch betätigt oder eine Kunstausstellung besucht – ein Luxus ist, den man sich nicht leisten darf, solange andere Menschen sich abrackern müssen. Nach dieser Theorie ist es lächerlich, verantwortungslos oder gar heimtückisch, sich überhaupt dem Streben nach Vergnügen hinzugeben: »… und andere Leute mussten währenddessen hart arbeiten«, ist eine dieser unvermeidlichen Antworten, die man bekommt, wenn man erklärt hat, man hätte den ganzen Tag mit Lesen im Rosengarten des öffentlichen Parks oder beim Töpferkurs in einem Museum verbracht. Das ist eine ausgesprochen konservative, nicht-fortschrittliche und darüber hinaus auch noch extrem fantasielose Haltung. Harte Arbeit sollte uns ermöglichen – uns allen, *en masse* –, eine Welt zu schaffen, in der Vergnügen großgeschrieben wird. Sie

---

4   *E Pluribus Mario.*

existiert nicht um ihrer selbst willen. Gegen das Vergnügen zu sein oder eine Moral zu verbreiten, die harte Arbeit als Selbstzweck ansieht, führt uns zurück in finsterste viktorianische Zustände. Das ist die Weltsicht von manchen älteren Leuten, die glauben, sie seien im Leben zu kurz gekommen, und die nicht begreifen wollen, dass die Lebensbedingungen sich seit ihrer Jugend verändert haben. Kann ja sein, dass sie in der Schule gezwungen wurden, sich gegen ihren Willen mit komplizierten mathematischen Problemen herumzuschlagen. Aber warum sollen nachfolgende Generationen ebenfalls darunter leiden müssen? Es gibt sogar einige Vandalen, die bestimmte zivilisatorische Errungenschaften rückgängig machen wollen (zum Beispiel den Sozialstaat oder öffentliche Förderprogramme für Kunst und Kultur), weil sie der Ansicht sind, Knochenarbeit zu leisten sei eine moralische Qualität und stehe weit über dem selbstgefälligen Streben nach Genuss.

Man mag einwenden, dass das Streben nach Genuss erst stattfinden kann, nachdem eine Art Verteidigungswall errichtet wurde, um die Plünderer fernzuhalten, und erst dann, wenn wir nicht länger von Krankheiten heimgesucht werden. Aber diesen Wall gibt es ja bereits. Es wurde schon ein sicherer Raum für das Vergnügen geschaffen. Und es würde auch gar keinen Sinn machen, sichere Orte einzurichten, wenn unser höchstes Ideal darin bestünde, noch mehr Klempner und Bibliothekare, noch mehr Soldaten und Staatsbeamte einzusetzen, als nötig ist, um den Bestand des sicheren Ortes zu garantieren. Der Sinn im Einrichten und Bewahren einer sicheren, gesunden und wohlgeordneten Welt ist doch, die Lebensfreude der Menschen zu befördern. Spaßhaben belohnt die Menschen für ihre harte Arbeit und die Opfer, die sie bringen müssen. Ohne Vergnügen wäre alles umsonst. Eine Welt, in der es nur Bürokraten, Soldaten und Bibliothekare gibt, aber keine Filmemacher oder Kinogänger, wäre wie ein Wolkenkratzer ohne Apartments, aber mit jeder Menge Aufzüge und Treppenhäuser. Es lohnt sich nicht, ein solches Gebäude zu errichten oder es zu erhalten. Dann können wir gleich die Plünderer dort hineinlassen und zusehen, was ihnen zur Nutzung des vorhandenen Raums einfällt.

Das Streben nach Vergnügen soll durchaus auch Werte wie Leistung, Handwerkskunst und Disziplin beinhalten, aber auch unbedingt offen bleiben für Experimente, Irrtümer und Spielereien. Es soll dazu führen, das Leben von anderen zu bereichern, aber auch das Abseitige, Spektakuläre und Amüsante nicht vernachlässigen. Kunst und Kultur mögen die »Seriosität« von Politik und Arbeitswelt loben, kritisieren oder satirisch betrachten, viel wichtiger aber ist, dass sie sich selbst genügen. Ich würde sogar vorschlagen, dass sie so spielerisch, so abstrakt und so albern wie möglich sein sollten. Kunst, Kultur und auch Sport sollten sich nicht mit dem gemein machen, was man »die schwarze Hand der Politik« nennen könnte, und daher für die Öffentlichkeit auch so *irrelevant* wie möglich sein.[5] Das Streben nach Vergnügen ist nicht dazu da, uns irgendeiner Lösung näherzubringen, es *ist* die Lösung.[6]

---

5   Ich habe mir mit einigen Freunden den Film *Columbus* aus dem Jahr 2017 angeschaut, in dem es um Architektur geht, und einer von ihnen beklagte sich darüber, der Film sei nicht relevant, weil darin nichts über den politischen Populismus gesagt wurde, der zu der Zeit, als der Film herauskam, vorgeherrscht hatte. Nun ja, manche Dinge sind halt dauerhafter als das, nicht wahr? Die Leute, die diesen Film gemacht haben, hatten eindeutig eine Vision, die über die Tagespolitik hinausreichte.

6   Ich bin immer wieder beeindruckt von Menschen, die sich in schwierigen Zeiten der Kunst oder der Schönheit verschrieben haben. Das sind die wahren Kämpfer für das Streben nach Genuss. Man denke nur an Bücher, die während des Zweiten Weltkriegs geschrieben oder sogar publiziert wurden – und ganz andere Themen hatten als den Krieg. So sorgten sie dafür, dass im dunklen Fenster der Zivilisation ein einsames Licht weiterleuchtete. Auch wenn rundherum alles zusammenbricht, gibt es noch Menschen, die die Kraft finden, Kunstwerke herzustellen, das Streben nach Vergnügen aufrechtzuerhalten oder die Werte der Aufklärung weiterzuentwickeln. Im Vor-

Das Betriebssystem, das ich zu beschreiben versucht habe – also die Tendenz, Arbeit als einen Wert an sich und etwas Einzigartiges zu betrachten, woneben etwas so Frivoles und Verschwenderisches wie das reine Vergnügen nicht sein darf –, sollte zerstört werden. Dies ist zwar nicht das Buch, in dem beschrieben wird, wie man das anstellen kann, aber man darf in seinem weiteren Verlauf nicht vergessen, dass das Betriebssystem uns nicht freundlich gesinnt ist. Es stellt nämlich jene Geistesverfassung dar, die Millionen von Menschen in die Lohnsklaverei treibt, statt diesen Zustand als das zu entlarven, was er tatsächlich ist: eine Verletzung der Menschenrechte.

Wenn wir uns nun daranmachen, eine alternative Philosophie zu entwerfen, wird das Folgen haben. Zum einen wird es dazu führen, dass wir unerfreuliche oder langweilige Jobs nicht mehr akzeptieren, bloß weil sie angeblich erledigt werden müssen. Zum anderen bedeutet es, dass wir von nun an der Freude und dem Vergnügen absolute Priorität einräumen. *Darum* nämlich haben sich unsere Vorfahren letztlich so abgerackert, *dafür* wurden die großen An-

---

wort zu seinem 1946 veröffentlichten Buch *Trees in Britain* schreibt der Botaniker Alexander Howard: »Der Zweck dieses Buchs ist es, Informationen zu geben über die Bäume, die in Großbritannien wachsen, aber nicht unbedingt von hier stammen. Dies soll dazu dienen, das Interesse der Öffentlichkeit an den Wäldern, den Bäumen und dem Holz zu wecken, die einst Ruhm und Stolz von Großbritannien ausgemacht haben.« Wie finden Sie das? Das Buch wurde 1947 veröffentlicht, auf dünnem rationiertem Papier, aber das Vorwort wurde 1946 geschrieben, und sehr wahrscheinlich hat er das Buch in den Kriegsjahren verfasst. Während die Bomben fielen, hat er Baumarten aufgelistet, um der Öffentlichkeit zu dienen; sehr wahrscheinlich in der Hoffnung, dass die Welt auf die eine oder andere Art der völligen Vernichtung entgehen würde. Sein Optimismus und seine Hingabe sind einfach bewundernswert. Und wenn man noch dazu bedenkt, wie viele Zweifel und Enttäuschungen er erfahren haben muss in diesen Jahren einsamer Tätigkeit, ist das geradezu rührend.

strengungen in der Industrie, bei der Gesetzgebung und in der Gesundheitsfürsorge unternommen.

Bis vor Kurzem hat mir mein Instinkt noch gesagt, dass die Lohnsklaverei grundsätzlich nicht mit dem guten Leben einhergehen kann. Was daran liegt, dass der Aufwand an Zeit, Energie und Willenskraft, der für einen Fulltime-Job nötig ist, das gute Leben blockiert. Die Lohnsklaverei – die sich aus der Notwendigkeit ergibt, die Miete bezahlen zu müssen, wobei der einzige Einsatz, den man hat, die eigene Arbeitskraft ist – überdeckt das gute Leben. Was eigentlich nur dazu da sein sollte, das gute Leben zu fördern, wird zum hauptsächlichen Lebensinhalt und vordringlichsten Projekt. Das gute Leben, egal, wie man es definiert, hat in den seltensten Fällen etwas damit zu tun, dass man zu unchristlicher Stunde von einem laut piependen elektronischen Gerät geweckt wird, um anschließend hastig ein Weetabix-Frühstück in sich reinzuwürgen und dann die U-Bahn zur Hölle zu nehmen.

Inzwischen bin ich der Ansicht, dass es für einen Lohnsklaven durchaus möglich ist, das gute Leben zu finden, auch wenn das nicht oft zu beobachten ist. Das ist es deshalb nicht, weil die wenigsten Menschen wissen – und auch nicht ermutigt werden zu wissen –, wie man das anfangen soll. Wie es ein Leserbriefschreiber kürzlich formulierte:[7] »Wenn man es nicht anders kennt, als den ganzen Tag zu arbeiten, um abends auf dem Sofa zu landen, ist es schwer, sich mit dem guten Leben zu befassen, selbst wenn man die Chance dazu hat.« Das ist wahr. Dennoch glaube ich, dass es gelingen kann, weil ich gezwungenermaßen herausfinden musste, wie es

---

7 In *The Idler*, Nr. 64, Januar/Februar 2019

zu schaffen ist. Als ich zu zweieinhalb Jahren Lohnsklaverei verurteilt wurde (zu den genaueren Umständen dieser »Verurteilung« kommen wir gleich), ließ ich mir die Ruhe, die ich so genossen hatte, als ich noch reisen und schreiben und in Montreal leben durfte, nicht nehmen. Ähm, jedenfalls nicht auf Dauer.

Die üblichen Versuche, das gute Leben mit einem Arbeitsplatz in Einklang zu bringen, sind aus folgenden Gründen zum Scheitern verurteilt: a) gelingt es uns nicht, das Konzept des guten Lebens überhaupt richtig zu verstehen, weil die Konsumkultur uns ständig hinters Licht führt; und b) haben wir ein unterwürfiges Verhältnis zur Arbeit und ein tief sitzendes Vorurteil gegenüber den Freuden, die wir weiter oben beschrieben haben. Dennoch müssen wir die Hoffnung nicht aufgeben. Es gibt Menschen, die keine Lohnsklaven mehr sind (oder es nie waren) und denen es trotzdem nicht gelingt, das gute Leben zu verwirklichen. Und es gibt Menschen, die das gute Leben erreicht haben, obwohl sie an einen Job gebunden sind. Beide Gruppen sind Minderheiten, aber wir können von beiden lernen. Lassen Sie uns also etwas über das gute Leben lernen, lassen Sie uns herausfinden, was es ist und wie man es erreichen kann. Lassen Sie uns eine Methode entwickeln, das gute Leben zu erlangen, obwohl wir zur Lohnsklaverei verdammt sind.

In meinem neuen Großraumbüro, in dem ich mit Prince Chunk saß, der ständig diese grässlichen Käse-Zwiebel-Sandwichs mampfte, gehörte ich zu einer bis dahin unbekannten Gruppe von Lohnsklaven. Ich musste nicht aus den üblichen Gründen einer Beschäftigung nachgehen, sondern weil ich ein Opfer der britischen Migrationskrise geworden war, die 2012 begann, als man eine Strategie erfand, die *hostile environment* (»feindliche Umgebung«) genannt wurde. Vielleicht haben Sie davon gehört. Vielleicht lesen Sie dies hier in ferner Zukunft, in der es als ein Beispiel für einen traurigen und überaus schändlichen Augenblick der britischen Geschichte angesehen wird.

Ich wollte nichts weiter, als unseren Lebensmittelpunkt von Kanada nach Schottland verlegen, weil wir dort mehr Freunde hatten, und es für mich leichter wäre, Verleger kennenzulernen, ohne ständig sagen zu müssen: »*Désolé, je ne parle pas français, mais s'il vous plaît pourrais-je avoir le sandwich?*« Ich war sogar bereit, mein geliebtes Quebecer Bier und das Zirpen der Zikaden im Sommer hinter mir zu lassen.

Als ich merkte, welche bürokratischen und existenziellen Hürden sich da vor mir auftürmten, war mein erster Gedanke: »Wir brauchen so was wie Crowdfunding.« Leider würde uns das in diesem Fall aber nicht helfen. Seit 2012 – während ich im Ausland lebte – hatte eine Politikerin namens Theresa May, die ich nie zuvor getroffen hatte und von der ich nur ein vages Bild vor Augen hatte, sich darangemacht, mein Leben systematisch zu ruinieren. Sie hat einmal gesagt: »Wenn Sie sich als Weltbürger empfinden, sind Sie ein Bürger von Nirgendwo.« Das nicht persönlich zu nehmen fällt mir schwer, denn ich habe mich immer als Weltbürger empfunden. Als Innenministerin der Regierung Cameron heckte sie etwas aus, das sie (jetzt kommt's!) *hostile environment* nannte und zusammen mit einer Gruppe Politikern auf den Weg brachte, die sich »Hostile Environment Working Group« (»Arbeitsgruppe zur Schaffung einer feindlichen Umgebung«) nannten. Ich denke mir das nicht aus! Später änderten sie den Namen um in »Interministerielle Arbeitsgruppe für den Zugang von Migranten zu staatlichen und öffentlichen Zuwendungen«. Ich persönlich finde den ursprünglichen Namen prägnanter.

Mrs. May und diese anderen Todesser-Typen[8] arbeiteten hart daran, ein soziales Klima zu erzeugen, dessen Zweck es war, das Leben von Menschen, die nach Großbritannien einwandern wollten, extrem schwierig und unangenehm zu gestalten. Ihr Ziel war, all jene Menschen, die neu ins Land kamen, möglichst spitzfindig daran zu hindern, sich Zugang zu so grundlegenden Dingen wie einem Bankkonto oder Gesundheitsbetreuung zu verschaffen. Ebenso wurden legal eingewanderte Menschen, von denen viele fast ihr gesamtes Leben in Großbritannien verbracht hatten, dadurch drangsaliert, dass man sie verpflichtete, sich in Migrationszentren zu melden. Oder man schickte ihnen Briefe, um sie daran zu erinnern, dass sie jederzeit des Landes verwiesen und von ihrer Familie getrennt werden konnten. Der Gedanke dahinter war, es den sogenannten Nicht-Einheimischen so schwer wie nur möglich zu machen, sich heimisch zu fühlen, damit sie freiwillig das Land verließen. Die traditionelle Methode wäre gewesen, sie mitten in der Nacht von Einsatzkommandos abholen und außer Landes bringen zu lassen.

Das ist keine paranoide Fantasie. Der Plan hieß wirklich »The Hostile Environment«, und die Frau, die federführend daran beteiligt war, wurde später Premierministerin des Vereinigten Königreichs – und auf diesem Posten hat sie ihre Arbeit weitergeführt. Das klingt nach vergangenen Jahrhunderten oder nach einer dystopischen Science-Fiction-Geschichte, ist es aber nicht. Es passiert genau jetzt in diesem Moment, wo ich dies niederschreibe. Der wahrscheinlich traurigste und dramatischste Moment dieser Entwicklung war die Windrush-Krise, als ans Tageslicht kam, dass eine unbekannte Zahl von älteren Menschen, die als Kinder nach Großbritannien gekommen waren, nicht beweisen konnte, dass ihr Auf-

---

8 Todesser sind Gruppen dunkler Hexen und Zauberer aus *Harry Potter*. (d. Red.)

enthaltsstatus falsch definiert worden war. In der Folge wurden ihnen grundlegende Rechte vorenthalten, man drohte ihnen mit Abschiebung, und mehr als sechzig Personen wurden tatsächlich des Landes verwiesen.

Obwohl ich in Großbritannien geboren wurde und britischer Staatsbürger bin, bin ich zum Migranten geworden, weil ich eine Weile in Kanada gelebt und dort geheiratet habe. Unsere Liebe zueinander scheint die weltlichen Dinge verkompliziert zu haben, aber was macht es für einen Sinn, die Frau seines Lebens zu treffen und sie dann nicht zu heiraten? Ich war in einer ähnlich fatalen Situation wie Pu der Bär, der in den Kaninchenbau geklettert war und dort so viel gegessen hatte, dass er nicht mehr herauskonnte. Aus reiner Abenteuerlust war ich für eine Weile ins Ausland gegangen, hatte mich mengenmäßig verdoppelt, und musste jetzt darum kämpfen, wieder nach Hause kommen zu dürfen.

Der Hinderungsgrund, der mich persönlich in Schwierigkeiten brachte, verbarg sich hinter der Formulierung »finanzielle Erfordernisse«. Sie können sich wahrscheinlich denken, worauf das hinausläuft. Jeder, der auf die Puddinginsel ziehen wollte, musste ab Juli 2012 (und das war in unserem Fall schon eine Weile her) ein Einkommen in Mindesthöhe von 18 600 Pfund pro Jahr nachweisen. Als selbstständiger Schriftsteller und fröhlicher Müßiggänger hatte ich zuletzt von ungefähr achttausend Pfund im Jahr gelebt und mich öffentlich darüber ausgelassen. Glauben Sie etwa, Ihre Regierung schickt jemanden los, um Ihnen zu Ihrem wirtschaftlichen, umweltverträglichen und bescheidenen Lebensstil zu gratulieren – damit alle davon erfahren, wie schlau Sie es angefangen haben, und damit es als nachahmenswertes Beispiel in den Zeitungen beschrieben wird? Natürlich nicht.

Mein Lebensentwurf beinhaltete, so wenig wie möglich zu verdienen und auszugeben, um möglichst viel Lebensqualität zu erzielen; Liebe und künstlerische Erfüllung inbegriffen. Aber nun war ich gezwungen, ordentlich Gas zu geben, um mein jährliches Einkommen auf mehr als das Doppelte zu erhöhen. Aber wieso ich, fragen Sie jetzt vielleicht. Wo doch *meine Frau* die stinkende Ausländerin war. Nun ja, ich war der »eheliche Förderer« meiner Frau, und daher lag die Verpflichtung bei mir, mit der nötigen Kohle rüberzukommen. Es hätte eventuell auch die Möglichkeit gegeben, die finanzielle Bürde auf beide zu verteilen, aber zunächst sah es so aus, als müsste ich die Last ganz allein auf meine schmalen Schultern laden – ausgerechnet ich, der in diesen Dingen eine fast schon legendäre Nullnummer ist.

Wäre die Intention des Staates eine fürsorgliche gewesen, hätte es genügt, ihm kurz mal vorzurechnen, dass wir nicht mehr Geld ausgaben, als wir einnahmen. Stattdessen sollten wir beweisen, dass wir in der Lage waren, die völlig willkürliche Summe von 18 600 Pfund zusammenzubringen. Ich wäre am liebsten in die Marsham Street gegangen (wo sich das Innenministerium befindet) und hätte ihnen unsere Kontoauszüge präsentiert; die hätten bewiesen, dass wir solvent waren und gut zurechtkamen, dass ich und meine importierte Partnerin keinerlei Gefahr darstellten, dass wir im Gegenteil Geld ins Land brachten, statt welches abzuziehen. Aber das war leider keine Option. Es ging nicht darum, Migranten zu ermutigen, eigenverantwortlich zu handeln und für sich selbst zu sorgen, ohne auf öffentliche Unterstützung angewiesen zu sein: Es ging darum, es uns so schwer wie möglich zu machen und uns aus dem Land zu drängen.

Meinen Job als Autor fortzuführen oder eine andere Form von selbstständiger Tätigkeit auszuüben schien nicht möglich.[9] Einfach

---

9 Ein anderes Element der »feindlichen Umgebung« besteht darin, es Migranten besonders schwer zu machen, selbstständig zu arbeiten: Wenn man von einer britischen Firma angestellt wird (was alle Migranten locker bewerkstelligen können, stimmt's?), muss der Betreffende ein Bruttoeinkommen von 18 600

noch mal eine spielerisch Houdini-mäßige Befreiungsaktion durchzuziehen, wie ich es in *Ich bin raus* vorgeschlagen habe? Es war unmöglich. Die Ketten und Schlösser, mit denen die Kiste diesmal gesichert war, waren nicht zu knacken. Die einzige Möglichkeit, genügend Geld zusammenzukriegen, um den finanziellen Anforderungen zu genügen, lief darauf hinaus, einen festen Job anzunehmen (schluck!). Ich musste zurück in die Knechtschaft. Zurück in den Fulltime-Job. Mich wieder an einen Stuhl am Schreibtisch fesseln lassen und die Klappe halten.

Kaum ist man draußen, fangen sie einen auch schon wieder ein. »Niemand kommt um die Lohnsklaverei herum«, schien die Welt mal wieder zu behaupten. »Es gibt kein Entrinnen.«

Stefan Zweig schrieb, dass das Leben der einfachen Menschen den Obsessionen von Fanatikern geopfert würde. Die Frage jeder integren Persönlichkeit lautete daher nicht, wie man überleben könne, sondern wie man sein wahres Ich, seine Seele, behielte. Das ist eine zutiefst philosophische Frage und von grundlegender Bedeutung für jeden Lohnsklaven.

Normale Menschen müssen ihr Überleben und ihre Individualität ständig neu sichern, weil sie immer wieder untergebuttert werden. Wir leben in einem sozialen Milieu, das uns eher auffrisst und uns wieder ausspuckt, als unsere natürlichen Bedürfnisse zu befriedigen. Wir werden nicht in eine neutrale Welt geboren, sondern in ein System von Gesetzen, sozialen Regeln, historischen Voraussetzungen und vorhandenen Arbeitsverhältnissen hineingeworfen. Und einiges davon könnte man durchaus als »feindliche Umgebung« bezeichnen.

Pfund nachweisen, aber wenn er selbstständig arbeitet, muss er ein *Nettoeinkommen* von 18 600 Pfund nachweisen, was den tatsächlichen Betrag auf 22 320 Pfund pro Jahr hochtreibt. Noch so eine trickreiche Schikane.

Im Zusammenhang mit unseren Betrachtungen können wir also feststellen, dass es Bedingungen gibt, die uns in die Lohnsklaverei treiben. Wir werden wie Vieh getrieben, wo wir doch eigentlich Liebe und Zuwendung bräuchten. Wir werden grellem, fluoreszierendem Licht ausgesetzt, dabei sehnen wir uns nach mütterlicher Wärme. Wir werden in prekäre Verhältnisse geworfen und der Erwartung ausgesetzt, mitten auf dem Marktplatz zu agieren, obwohl wir Sicherheit und Privatsphäre brauchen. Diese feindliche Umgebung könnte man den »Zyklus des Ausgebens und Einnehmens« nennen oder ganz schlicht »Konsum-Ideologie«.

Jean-Paul Sartre behauptete, dass der Mensch von groß angelegten historischen Kräften überwältigt werden und dennoch frei und einzigartig bleiben könne. Seiner Ansicht nach wird der Mensch frei geboren und bleibt, egal, unter welchen Umständen er existiert, grundsätzlich frei und muss sein Schicksal selbst bestimmen – »die Existenz«, schrieb er, »geht der Essenz voraus«. Später allerdings hat er diese Ansicht revidiert und darauf hingewiesen, dass auch die feindlichen Umstände zu bedenken sind, in die ein Mensch geboren wird. Wahrscheinlich wurde er bei der Betrachtung der historischen Situation von der Philosophie Heideggers oder Husserls beeinflusst, und deutlicher noch vom Feminismus von Simone de Beauvoir (die das Patriarchat als »feindliche Umgebung« definierte) sowie von seiner eigenen Erfahrung vom Leben in einer feindlichen Umgebung während der deutschen Besetzung von Paris.

In unserer eigenen historischen Situation – der Zeit des Neoliberalismus – werden wir von den Institutionen der Konsumwelt und der Arbeit derart überbestimmt (typische Frage auf einer Party: »Hallo, und was machst du so?«), dass solche Konzepte fast zur letztgültigen moralischen Instanz geworden sind. Wie kann es uns da gelingen, uns selbst treu zu bleiben? Was ist aus der Freiheit geworden beziehungsweise wie nehmen wir sie wahr? Wie können wir unsere Integrität bewahren, unser Selbst? Wir zappeln uns ab und werden doch von der Umgebung aufgefressen.

Ich fragte einmal eine jüngere Kollegin auf der Betoninsel (mehr dazu später), was denn ihr größtes Hindernis dabei wäre, sich dem guten Leben anzuschließen. Was hielt sie davon ab, nur noch Teilzeit zu arbeiten, und sich ihren künstlerischen Neigungen zu widmen, von denen sie mir erzählt hatte? Sie erklärte mir, dass sie noch ihren Studentenkredit in Höhe von dreißigtausend Pfund abbezahlen müsste. Das schien mir ein erstaunlich hoher Betrag zu sein. Mein eigener Studentenkredit belief sich auf sechstausend Pfund; mein Vater hatte überhaupt keinen gehabt. Allerdings war die Umgebung, in die sie nach der Schule hineinkam, wesentlich feindlicher als die, mit der ich zu tun gehabt hatte. Sechstausend Pfund Schulden sind noch zu verkraften, man kann sie über die Jahre hinweg abzahlen; während ihre Schulden sie geradezu lähmten und noch lange Zeit zu abhängiger Beschäftigung zwingen würden – *wenn* sie sie jemals zurückzahlen wollte, worüber sie sich noch unschlüssig war.

Einerseits war also ihre Angst groß genug, um sie für die nächsten fünf bis zehn Jahre an ihren Arbeitsplatz zu fesseln, also ihre Sklavenexistenz als Angestellte fortzusetzen, bis sie endlich aus den roten Zahlen raus wäre. Andererseits erschien es ihr fast unwirklich, diese Schuld jemals komplett abtragen zu können. Dass sie in der Schuldenfalle gelandet war, lag nicht daran, dass sie unverantwortlich viel konsumiert hätte, sondern an den feindlichen Umständen. Diese Umstände – hohe Studiengebühren und private Studentendarlehen – waren Jahre zuvor geschaffen worden, um daraus Kapital schlagen zu können, dass Menschen eine vernünftige Ausbildung brauchen. Meine Kollegin war ja nicht mal auf eine besonders angesehene Universität gegangen, um etwas Ungewöhnliches zu studieren. Sie hatte bloß ihren Abschluss gemacht und einen einjährigen Kurs belegt, um ihre Ausbildung zur Archivarin zu beenden.

Ist es also übertrieben zu behaupten, wir würden durch eine Unterdrückungsmaschine zur Arbeit gezwungen? In meinem Fall und im Fall der Schuldknechtschaft, die ich eben geschildert habe, handelt es sich jedenfalls darum. Ist es paranoid zu behaupten, wir würden nur deshalb morgens in den Bus steigen, um unseren Platz am Schreibtisch zu besetzen, weil wir den Obsessionen von Fanatikern geopfert werden? Genauso kommt es mir jedenfalls vor. Die Leute, die die Privatisierung der Ausbildungsförderung vorangetrieben haben (an der man nicht vorbeikommt) und die ein Einwanderungssystem ins Leben gerufen haben, das Menschen derart frustriert, bis sie sich selbst des Landes verweisen, kommen mir wie Fanatiker vor, die scheinheilig ökonomische Argumente vorschieben, wo es ihnen in Wahrheit um fragwürdige moralische Kategorien geht. Für einen Lohnsklaven mag der Arbeitsplatz an sich schon eine feindliche Umgebung darstellen, aber die wahre feindliche Umgebung ist diejenige, die von dir verlangt, dich überhaupt in die Lohnsklaverei zu begeben.

Das Problem, so überlegte ich, könnte vielleicht mithilfe eines Bullshit-Jobs gelöst werden. Natürlich! Ein Bullshit-Job! David Graeber, Anthropologe an der London School of Economics, hat 2013 einen viel beachteten und wahrhaft köstlichen Essay zu diesem Thema verfasst.[10] Darin geht es um jene Art Jobs, für die man

---

10 »On the Phenomenon of Bullshit Jobs« kann unter strikemag.org/bullshitjobs/ gelesen werden. Graeber hat die zentralen Thesen seines Essays in seinem Buch *Bullshit Jobs: Vom wahren Sinn der Arbeit* (2018) ausgeweitet.

bezahlt wird, die aber überhaupt keinen Nutzen haben. Sie haben keine Bedeutung. Man macht seine Arbeit, geht nach Hause, macht am nächsten Tag wieder seine Arbeit, geht nach Hause und so weiter.

Ich hatte diese Art von Arbeit immer gehasst und sogar darüber geschrieben, wie sehr sie die geistige Gesundheit beeinträchtigt. Aber da ging es darum, dass diese Bullshit-Jobs normalerweise die Tendenz haben, nie aufzuhören. Sie halten dich in der Schwebe zwischen einem kaum lebenswerten Istzustand und dem Ruhestand oder dem Tod, je nachdem, was zuerst passiert. Dieses Mal jedoch würde ich den Quatsch nur drei Jahre lang durchziehen müssen und dann wieder aussteigen dürfen. Wenn ich die Arbeit einfach nur korrekt erledigte, den Kopf gesenkt hielte, genug Geld beiseitelegte, um es Theresa May zu zeigen, wäre alles in Ordnung. Ich würde währenddessen heimlich an anderen Dingen arbeiten und viel Zeit damit verbringen, aus dem Fenster zu starren und mein nächstes Buch zu planen, das ich schreiben würde, wenn ich wieder frei wäre. Ein Bullshit-Job wäre meine Rettung. Und wenn wir dann erst mal das Visum in der Tasche hatten und ich den Job hinschmeißen konnte, würde ich meinen Arbeitsvertrag vor den Augen meines Chefs zerreißen und aufessen. Das wäre ein Spaß!

Ich suchte überall nach dem passenden Job. Was bedeutete, dass ich die Worte »Bullshit Job Glasgow« bei Google eingab und die Website S1Jobs.com fand. Dort bewarb ich mich für den erstbesten halbwegs passenden Job, der dort aufgelistet und von unserer Wohnung aus zu Fuß erreichbar war.

Bei S1Jobs erfährt man nicht gleich zu Anfang, wer der Arbeitgeber ist. Sie sagen nur so Dinge wie: »Unser Kunde aus dem privaten Sektor sucht einen motivierten Müßiggänger, der Erfahrung damit hat, so zu tun, als würde er sich mit Papierkram auskennen«, oder: »Unser Klient aus dem öffentlichen Sektor sucht nach einem ambitionierten Menschen mit Eigeninitiative, der willens ist, seine Ideen für sich zu behalten.« Das ist ziemlich aufregend. Man hat keine Ahnung, ob man schließlich in einem Krebsforschungszentrum oder einer Organisation von Kinderschändern landet.

Sie können sich meine Überraschung vorstellen, als ich zu einem Bewerbungsgespräch eingeladen wurde und den Namen des Arbeitgebers auf dem Formular sah. »Nein«, rief ich laut in das ansonsten leere Wohnzimmer. »Nein, nein, nein, nein, nein! Das kann nicht sein.« Es war, als würde man zum Sterben in das gleiche Krankenhaus zurückgeschickt, in dem man geboren wurde. Ganz plötzlich wurde mir die schreckliche Wahrheit ins Gesicht geschleudert, dass mein Leben, ja, die ganze Welt, nichts weiter war als ein Wartezimmer im Krankenhaus:

Ich wurde zu einem Bewerbungsgespräch für meinen alten Job eingeladen.

Ich ging zurück auf die Betoninsel.

Scheiße!

TEIL EINS

AM ARBEITS-PLATZ

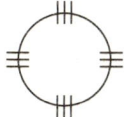

We do, doodley do, doodley do, doodley do,
What we must, muddily must, muddily must, muddily must;
Muddily do, muddily do, muddily do, muddily do,
Until we bust, bodily bust, bodily bust, bodily bust.

Kurt Vonnegut – *Katzenwiege*

Das Problem der Arbeit

Das Büro liegt in einem Teil der Stadt, den ich »Betoninsel« nenne, weil es eine Insel ist, die aus Beton besteht. Es ist eine Welt für sich, nur per Auto oder über ein kompliziertes Netzwerk von Brücken erreichbar. Der größte Teil besteht aus unbebauten Betonflächen, die von Unkraut überwuchert sind. Und ausgerechnet dort, mittendrin, befindet sich mein altes Büro.

Die dreieckige Parzelle wird auf der einen Seite von der Autobahn begrenzt, auf der anderen von einer zweispurigen, vielbefahrenen Schnellstraße und an der längsten Seite von einer Fläche aus verrottetem Beton, dem meine Mit-Gestrandeten den Namen »das Ödland« verpasst haben.

Zuerst hatte ich totale Schwierigkeiten, überhaupt wieder dorthin zu finden. Ich dachte, ich würde mich daran erinnern, hoffte, dass meine Zombie-Füße selbstständig den Weg finden würden, aber entweder hatte sich irgendwas verändert (unwahrscheinlich, weil der Ort ziemlich vernachlässigt war), oder meine Erinnerungen an damals waren völlig verzerrt. Ich weiß, das hört sich alles erst mal völlig unglaubwürdig an, aber es war ja wirklich eine Menge passiert, seit ich das letzte Mal hierhergekommen war: Ich hatte *gelebt*, Mann! Ich hatte im Ausland gelebt, meine Frau kennengelernt, in Florida einen Pinguin zum Haustier gehabt, Kanada in der Eisenbahn durchquert, die schwefelige Lava eines Vulkans auf Hawaii gerochen, einige meiner Helden getroffen, Bücher geschrieben, eine Voodoo-Hühnerkralle in einem Fenster des Parlamentsgebäudes von Budapest hängen sehen ... Nichts von alledem war vorgesehen. Vorgesehen gewesen war, hier auf der Betoninsel zu bleiben. Meine Güte, wenn ich an die Leute denke, die aus eigenem Antrieb hiergeblieben waren und denen dabei bewusst war, dass sie etwas Bedeutenderes und Kreativeres hätten tun können, wenn sie nur zum richtigen Zeitpunkt auf die richtige Schule gegangen wären. Eines Tages würde ich für diese Leute ein Buch schreiben. Ich würde es *Das gute Leben für Lohnsklaven* nennen.

Glücklicherweise kam ich so idiotisch früh an, dass ich genug Zeit hatte, mir darüber Gedanken zu machen, wie ich reinkommen könnte. Dank Google Maps wusste ich wieder, wo die Insel zu finden war – ich hatte das keilförmige Stück Land auf meinem Laptop von oben erkennen können, als ich noch zu Hause war –, aber als ich dort ankam, wurde mir der Zutritt zur Insel von einem dieser Zäune verwehrt, die normalerweise Baustellen eingrenzen. Ich konnte nicht darüberschauen, um herauszufinden, wie ich das Büro erreichen konnte.

Schließlich fiel mir ein, dass Fußgängerbrücken auf Google Maps nicht verzeichnet waren. Ich musste also wieder zurückgehen und die erste Fußgängerbrücke nehmen, ihren Windungen folgen, bis ich auf der Insel angelangt war. In der Mitte der Insel stand das dreistöckige Bürogebäude.

Ich stand auf dem Beton, der Wind fuhr mir durch die Haare und versuchte, den Ort auf mich wirken zu lassen. Wie viele Nachkriegsgebäude in europäischen Städten war auch dieses Gebäude im brutalistischen Stil erbaut worden, der in den Sechzigerjahren populär gewesen war (zumindest unter Architekten). Es war wuchtig, aber nicht total unattraktiv. Es war einer von diesen »grauen Klötzen«, über die mancher Reaktionär sich grundsätzlich abfällig äußert. Dabei finde ich, dass diese Klötze durchaus eine gewisse melancholische Schönheit ausstrahlen. Das Ganze sah aus wie ein ambitioniertes Pilotprojekt für eine Zukunft, die aufgrund öffentlichen Einspruchs abgesagt worden war. Als wäre es für eine Weltausstellung konzipiert, die nie stattgefunden hat.

Dieses Gebäude sollte also mein Arbeitsplatz für die nächsten zweieinhalb Jahre sein. Genau genommen war der Vertrag, den ich nach meinem Bewerbungsgespräch über Skype bekommen hatte, auf sechs Monate befristet, aber ich wusste genau, dass sie ihn bis in alle Ewigkeit verlängern würden. Das war mir beim letzten Mal passiert.

In Wahrheit war die zeitliche Begrenzung des Vertrags natürlich das Gute daran gewesen. Ich weiß nicht, ob ich mich beworben hätte, wenn er länger befristet gewesen wäre. Ein Vollzeitjob fürs ganze Leben hätte mich auf den totalen Horrortrip gebracht, und ich hätte wahrscheinlich meine Frau bekniet, wieder nach Montreal zurück zu fahren und ihr versprochen, jetzt endlich Französisch zu lernen und den Schnee zu lieben. Aber bei sechs Monaten Laufzeit konnte ich mich noch zu allem überreden. »Es sind ja nur sechs Monate. Die gehen schnell rum. Und du musst noch nicht mal kündigen. Lockere Sache.« Ich sagte mir, dass ich ja gar nicht wirklich ins Arbeitsleben zurückging.

Das war natürlich übelste Augenwischerei. Ich belog mich selbst. Mir war klar, dass sie mich gerne behalten würden, weil sie meine Art, die anstehenden Dinge ohne viel Aufhebens zu erledigen, zu schätzen wussten. So lief das immer. Aber ich wusste auch, dass ich kaum eine andere Wahl hatte, wenn ich das Visum nicht gefährden wollte.

Ich schaute mich weiter auf der Insel um. Sie sah aus wie ein Gemälde von Salvador Dalí. Windgepeitschte Sträucher und die Überreste eines Baums, der vom Blitz getroffen worden war. Daneben das Bürogebäude, kalt, hart und in sich geschlossen mit getönten Scheiben, die einen leer anstarrten. »Fenster wie Augen«, diese Formulierung erinnerte mich an das Haus aus *Amityville Horror,* nur dass die Augen des Büroklotzes nicht an ausgehöhlte Kürbisköpfe, sondern an breite, kalte faschistische Augenhöhlen erinnerten, so wie bei einem dieser Zylonen-Roboter aus *Kampfstern Galactica:* unbezwingbar und kühl kalkulierend. Es war unmöglich herauszufinden, ob die Augen mich sehen konnten oder nicht, ob meine Anwesenheit irgendeine Aktivität hervorgerufen hatte. Vielleicht befanden sich andere Lohnsklaven dahinter, saßen an ihren Schreibtischen oder tranken Tee im Gemeinschaftsraum und schauten mich durch diese Augen hindurch an und sagten: »Da draußen im Ödland steht ein Mann.«

Lohnsklave 2: »Im Ödland?«
Lohnsklave 1: »Ja, im Ödland.«
Lohnsklave 2: »Wie ist der denn da hingekommen?«
Lohnsklave 1: »Woher soll ich denn das wissen? Ich fahre immer mit dem Wagen direkt in die Tiefgarage.«
Lohnsklave 2: »Was macht er denn da?«
Lohnsklave 1: »Wer?«
Lohnsklave 2: »Der Mann im Ödland.«
Lohnsklave 1: »Oh, er steht einfach da, mit Anzug und Krawatte.«
Lohnsklave 2: »Mit Anzug und Krawatte?«
Lohnsklave 1: »Ja, mit Anzug und Krawatte.«
Lohnsklave 2: »Das ist ja merkwürdig. Vielleicht ist er ja gekommen, um den ganzen Laden dichtzumachen.«
Lohnsklave 1: »Da ist der Wunsch wohl Vater des Gedankens, Omar.«

Lohnsklave 2: »Ich weiß, Paul. Gibst du mir einen Kuss?«
Lohnsklave 1: »Pardon?«
Lohnsklave 2: »Ach, nichts.«

Ich hatte mir für den ersten Tag tatsächlich einen Anzug angezogen. Das hatte ich mir genau überlegt, denn mir war durchaus bewusst, dass es in der Zeit, in der ich fort gewesen war, eine Liberalisierung der Bürokultur gegeben hatte. Das war wahrscheinlich der Einfluss von Skandinavien oder des Silicon Valley. Alle lockerten jetzt den Kragen und taten lässig. Aber als ich zuletzt für meinen Lebensunterhalt gearbeitet hatte, trugen wir alle Anzüge mit Krawatten, also entschied ich mich dafür. Abgesehen davon fand ich diese neue Arbeitskultur unheimlich. So sehr ich auch die Formalitäten der letzten Dekade verabscheut hatte, war mir doch auch klar, dass diese neue Kultur auf der Annahme beruhte, die Firma sei dein Freund. Und deshalb hieß es nun: »Komm einfach, wie du bist.« So etwa: Wir sind ja alle Kumpels hier. Auch wenn einer von diesen Kumpels alle anderen dafür bezahlte, ihm Gesellschaft zu leisten, und sie bis zu einer vereinbarten Uhrzeit in Geiselhaft hielt. »Totaler Mist«, dachte ich, und zurrte meinen Krawattenknoten fest.

Ich holte tief Luft und ging weiter, auch wenn ich überhaupt keine Lust hatte, das Gebäude zu betreten. Ich schaute auf meine Schuhe – übertrieben schicke Oxfords mit vielen Löchern, auch nicht gerade angemessen – und befahl ihnen, mich auch gegen meinen Willen weiter vorwärtszubewegen. Ich stellte fest, dass ich über einem Riss im Beton stand, in dem eine kleine Distel wuchs, mit winzigen Blättern, gezackt wie Sägeblätter. Irgendwie schaffte ich es weiterzugehen, meine Angst vor den mich weiterhin anstarrenden oder ignorierenden Augen zu überwinden und zwang mich, das Gebäude durch eine Drehtür zu betreten. Die Alternative wäre gewesen, die Distel langsam durchs Innere meines Hosenbeins nach oben wachsen zu lassen.

Das Großraumbüro war so, wie solche Dinge nun mal sind, jedenfalls von innen betrachtet. Es gab die üblichen Reihen von Leuchtstofflampen unter der Decke, identische Schreibtische, die die individuellen Arbeitsplätze darstellen sollten, und schläfrige Menschen mit offenen Kragen, die sarkastische Scherze über ihre Lebensqualität machten. Neu war für mich, dass es außerdem zahlreiche »Breakout Rooms« gab, kleine abgeschlossene Nischen, in denen man allein oder in Gruppen abgeschirmt von den Übrigen arbeiten konnte. »Das könnte meine Rettung sein«, dachte ich mir, weil ich schon total nervös wurde bei der Aussicht, stundenlang mit geschwätzigen Fremden in einem Riesenraum sitzen zu müssen.

Schon bald wurde ich Prince Chunk vorgestellt. Auch für ihn war das heute der erste Tag auf der Betoninsel. Er schien glücklich darüber zu sein. Er war jünger als ich und musste erst noch lernen, wie langweilig das Büroleben sein konnte und wie sehr dies seiner armen Seele zusetzen würde. Prince Chunk schüttelte mir die Hand.

»Tibs der Große«, eine mittlere Führungskraft, die ich kannte, führte uns herum und zeigte uns die diversen Sicherheitsvorkehrungen: Erste-Hilfe-Kästen, Feuerlöscher, Notfall-Defibrillator und ein großer Lageplan an der Wand, auf dem die Fluchtwege verzeichnet waren. Jede Sicherheitsvorkehrung, die er uns gezeigt hatte, hakte er auf seiner Liste ab. Ich hatte ganz vergessen, dass Büroangestellte eine Vorliebe für Listen haben. Das eigentliche Ziel der Übung war es, die einzelnen Komponenten auf der Aufgabenliste abzuhaken.

Ich hatte auch vergessen, dass es solche Dinge wie Feuerlöscher gab, aber erinnerte mich nun an einen Pflichtkurs zum Thema Sicherheit, bei dem uns der Leiter gefragt hatte, welchen Feuerlöscher wir benutzen mussten, wenn elektrische Geräte in Flammen aufgingen. Als niemand darauf antwortete, hob ich die Hand und gestand, dass ich wahrscheinlich überhaupt keinen Feuerlöscher benutzen würde, sondern das Gebäude verlassen würde, um nicht zu verbrennen. »Gut!«, hatte er daraufhin erwidert. »Das ist genau das, was Sie tun sollten. Spielen Sie nicht den Helden. Bleiben Sie ruhig, und verlassen Sie das Gebäude.«

Interessanterweise war es genau das, was mir in diesem Augenblick jede Zelle in meinem Körper mitteilen wollte: »Bleib ruhig und verlass das Gebäude!«

Wir gingen weiter in den Küchenbereich. Unter dem alten Regime hatte es hier eine Art Kantine gegeben, die wir benutzen konnten, aber die war jetzt ersetzt worden durch eine Selbstbedienungsküche. Auch sie war als Großraumbereich eingerichtet, aber mit leuchtenden Primärfarben und zahlreichen pilzförmigen Stühlen, die aussahen wie im Kinderfernsehen. Ich musste sofort wieder an die kleinen abgesonderten »Breakout Rooms« denken und beglückwünschte mich: Ich würde bestimmt niemals hier in dieser komischen Küche mein Mittagessen zu mir nehmen und auch nicht in der Reihe anstehen, um die Spüle zu benutzen. Tibs der Große erklärte uns die Kaffeemaschine, die Mikrowellen und die Wasserkühler. Ein korpulenter Typ machte sich gerade ein Fertiggericht in einer der Mikrowellen warm. Es roch nicht gut.

In der Küche entdeckte ich Orangey, einen Kollegen aus meiner früheren Zeit. Ich hatte ihn seit sieben Jahren nicht mehr gesehen, aber es kam mir vor, als sei er fünfzehn Jahre gealtert. Das Büroleben war grausam zu ihm gewesen: Seine Glatze. Sein Buckel. Seine schweren schläfrigen Augenlider. Aus meiner Perspektive wirkte es, als hätte er sich innerhalb kürzester Zeit vom »jungen Orangey« in den »alten Orangey« verwandelt. Meine Erinnerung an ihn passte nicht mehr mit dem Mann zusammen, der vor mir stand. Das Leben, das er sich ausgesucht hatte, schien ihn zerstört zu haben. Er bemerkte mich zuerst gar nicht, weil er die ganze Zeit auf den Teebeutel starrte, der in seiner Tasse schwamm und dem er ab und zu einen kleinen Stups gab.

Armer Orangey. Er hatte so viel gegeben und so wenig dafür bekommen. Ich hatte zwar keinen Zweifel, dass seine Rente viel höher sein würde als meine und dass er garantiert ein ganzes Haus voller Krempel besaß, den er nicht benötigte. Aber ich war glücklich mit meiner Wahl. Oh, Mann, was war ich glücklich damit!

Orangey schaute von seinem Teebeutel auf und musterte mich nachdenklich. Er konnte mich etwas früher einordnen, als er zugeben wollte, aber dann sagte er: »Hallo, Rob, ich dachte, du bist nach Kanada ausgewandert?«

»Ja«, sagte ich, »aber ich wollte wieder zurückkommen. Ich kann mich einfach nicht trennen!«, scherzte ich und ließ es so stehen. Ich hoffte, das würde als Erklärung genügen, aber ich wusste schon, dass er irgendwann darauf zurückkommen würde. Wir gaben uns die Hand.

Das letzte Mal hatte ich vor fünf Jahren an Orangey gedacht, als ich gerade in Montreal angekommen war. Ich saß damals im Sonnenschein auf dem Rasen im Parc La Fontaine, hörte die Zikaden zirpen und schaute einem jungen Typen zu, der unter einem Baum Yogaübungen machte. Unsicher, wie ich nun mal war, hatte ich mich gefragt, ob ich die richtige Entscheidung getroffen hatte, als ich alle Sicherheit in den Wind geschlagen und ausgestiegen war. Um mir Mut zu machen, malte ich mir aus, was Orangey und Tibs der Große in diesem Moment wohl taten. Zweifellos vor ihren Bildschirmen sitzen und irgendwelche Codes eingeben. An diesem

Tag im Park wusste ich, dass ich die richtige Entscheidung getroffen hatte. Und heute, als ich Orangeys erschöpften Kadaver vor mir sah und den Teebeutel, war ich mir auch wieder ganz sicher: Haut ab, wenn ihr könnt, Freunde, selbst wenn es nur vorübergehend ist.

Tibs der Große führte uns in den nächsten Bürobereich, wo es einen abgeschlossenen Raum für die Drucker und Fotokopierer gab. Ich war froh darüber, denn hier würde ich meine persönlichen Dokumente drucken. Vielleicht konnte ich ja sogar eine kleine Zeitschrift publizieren. Als wir dieses Areal betraten, mühte sich die junge Frau, die bei meiner Ankunft an der Rezeption gesessen hatte, damit ab, eine Toner-Kassette auszuwechseln, die wie ein Photonen-Torpedo aus *Star Trek* aussah.

Nächste Station war der Ruheraum. Der würde vielleicht mal meine letzte Rettung sein. Er würde mir helfen, meine Gefängnisstrafe zu überstehen, ohne wahnsinnig zu werden. Es war ein Ort, an den man sich zurückziehen konnte, wenn man das Bedürfnis hatte, sich vom »Team« zu distanzieren beziehungsweise »wegzuducken«, wie Tibs der Große es ausdrückte. Kurz gesagt, es war der Traum jedes Introvertierten! Endlich hatte die Arbeitswelt akzeptiert, dass Menschen ruhige Orte brauchen, um zu sich zu kommen und die Batterie aufzuladen, um geistig gesund zu bleiben. Es war außerdem ein kleines Eingeständnis dessen, dass die Idee des Großraumbüros ein Fehlschlag war. Wie soll man denn etwas schaffen, wenn die ganze Zeit um einen herum Telefone klingeln und Leute sich unterhalten? Die Tage des Großraumbüros, so mein Eindruck, waren gezählt.

Der Raum war wirklich nett. Es gab zwei typische Schreibtische, aber die waren mit Barrieren versehen, sodass man ganz für sich arbeiten konnte; diese Barrieren waren sogar gedämmt wie im Studio eines Radiosenders, um Geräusche von außen fernzuhalten.

Es gab auch keine Telefone. Als Tibs der Große erklärte, dass Mobiltelefone hier nur zu leisem Web-Browsing benutzt werden durften, tat er dies in einem gedämpften Flüstern. Da niemand hier war, den wir hätten stören können, suggerierte sein Flüstern, dass Stille in diesem Raum unglaublich wichtig war. Ich wusste sofort, dass ich ihn sehr oft in Anspruch nehmen würde.

Der Ruheraum lag an der Ecke des Gebäudes, und man hatte von dort aus einen großartigen Blick auf die Betoninsel, über das wuchernde Unkraut des Ödlands hinweg und weiter bis zur Autobahnbrücke, auf der farbenfrohe Lieferwagen und schwarze Taxis hin und her zuckelten. Manchmal fragt man sich ja, wie diese Sechzigerjahre-Architekten bloß darauf kommen konnten, eine abgasverseuchte Autobahn als Sinnbild des Utopischen zu betrachten. Aber aus der Entfernung wirkten die Straße und die ausgeklügelten Schleifen der erhöhten Fahrbahnen und Fußgängerbrücken beinahe wie eine Science-Fiction-Stadt – elegant, fließend und anmutig.

Nachdem wir den Ruheraum verlassen hatten, fragte Tibs der Große mich und Prince Chunk, ob wir irgendwelche Fragen hätten. Meine einzigen Fragen wären gewesen, ob ich den Ruheraum dauerhaft belegen könnte und ob diese Panzerfaust von einer Toner-Kassette, die die Frau von der Rezeption ausgewechselt hatte, womöglich diesen krebserregenden Feinstaub durch die Gegend schleuderte, von dem ich vor einigen Jahren in einem Artikel gelesen hatte. Aber ich entschied, mir das für einen anderen Tag aufzuheben.

»Offiziell«, schloss Tibs der Große seine Ausführungen, »praktizieren wir hier ein bewegliches System; was bedeutet, dass jeder sich hinsetzen kann, wo er möchte ...«

Also werde ich es mir im Ruheraum bequem machen, haha.

»... aber in der Praxis tun wir das nicht. Sie werden also hier Ihren Arbeitsplatz haben, Prince Chunk. Und Rob wird dort sitzen.«

Tibs der Große deutete auf einen Schreibtisch.
Ich schaute direkt auf die Wand.

Das erste Problem, mit dem ich auf der Betoninsel klarkommen musste, war:

Physische Präsenz

Das heißt, die *Pflicht* der physischen Präsenz. Es war fast so, als wäre man wieder in der Schule: Die Androhung harter Strafen für Schwänzen hing die ganze Zeit über einem. Bei uns in der Schule, und wahrscheinlich auch in Ihrer, wurde Anwesenheit durch das Prinzip »Zuckerbrot und Peitsche« geregelt: Nachsitzen oder Informieren der Eltern auf der einen Seite, Preise auf der anderen für all jene, die besonders häufig da waren. Inzwischen ist mir klar, dass dies ein eindeutiger Fall von Vorbereitung auf das Berufsleben war, denn die wichtigsten Fähigkeiten, die in der Arbeitswelt gefragt sind, sind nun mal Pünktlichkeit, Stillsitzen, den Mund halten und sich nicht von der Stelle bewegen. Das Frustrierende daran ist, dass wir keine Kinder mehr sind und dass es sogar recht schmerzhaft sein kann, sich nicht von der Stelle bewegen zu dürfen, bloß weil irgendeine Autorität das von uns verlangt. Die versprochene Freiheit des Erwachsenseins, nämlich, dass man selbst über sich bestimmen darf und nicht von irgendwelchen Lehrertypen herumgeschubst wird, stellt sich letztlich als Trugschluss heraus.

Theoretisch und wenn der gesunde Menschenverstand vorherrschte, könnte man die Art unkreativer bürokratischer Arbeit im Sektor Informationstechnik, für die ich auf die Betoninsel engagiert worden war, auch von jedem anderen Ort aus erledigen. Es gibt keinen substanziellen Grund, warum man dieser Tätigkeit an einem bestimmten Ort nachgehen muss. Sie könnte woanders wahrscheinlich wesentlich effizienter erledigt werden, aber dieses Argument heben wir uns für später auf. Mein ganzer Job wurde vom Internet bestimmt. Es gab keine Formulare aus Papier, die in irgendwelchen altmodischen Aktenordnern abgeheftet und in Aktenschränken abgestellt werden mussten. Alles fand im Web statt. Die Websites, mit denen ich arbeitete, die Anwendungen, die Systeme zur Informationsbeschaffung und die Dokumente und Formulare, mit denen ich zu tun hatte, waren allesamt online zugänglich. Sie mussten noch nicht mal heruntergeladen werden. Alles befand sich in der Cloud. Die Pflicht der physischen Anwesenheit, um den Job zu erledigen, war also vollkommen absurd und genauso sinnvoll, als ob man sich erst mal auf die andere Seite der Stadt schleppen müsste, um seine E-Mails zu checken oder einen Blog zu lesen. Das kommt alles über Kabel, Leute! Vielleicht könnt ihr euch mal darauf einrichten.

Zusätzlich gab es noch das Phänomen, dass an vielen Tagen überhaupt keine Arbeit da war. Wenn ich am Montag zu gut gearbeitet und der Chef es versäumte hatte, wieder etwas in mein »Zu erledigen«-Fach zu legen, musste ich den Dienstag – und womöglich die ganze restliche Woche – mit Nichtstun verbringen. Ich musste präsent sein, mein Gesicht zeigen, Einsatzbereitschaft markieren. Diese für einen erwachsenen Menschen aberwitzige Situation kommt so oft vor, ist so normal geworden, dass wir alle sie kennen.

Zu wenig zu tun zu haben, aber anwesend sein zu müssen, ist nicht nur absurd, sondern auch psychisch zermürbend. Es ist würdelos, an einen bestimmten Ort fahren zu müssen, um dort acht Stunden lang so zu tun, als hätte man etwas zu tun. Wäre es unter solchen Umständen nicht besser, einfach zu Hause zu bleiben, die Füße hochzulegen und ein Buch zu lesen, ohne dafür getadelt zu werden? Das könnte sogar dem Arbeitgeber zugutekommen, denn der Arbeitnehmer würde erfrischt zurückkehren – womöglich sogar in besserer Verfassung und neu motiviert –, *wenn* es dann tatsächlich wieder etwas Substanzielles zu erledigen gäbe. Aber nein, wir alle müssen Tag für Tag zur Arbeit latschen, physisch präsent sein und Raum einnehmen – gegen jeden Sinn und Verstand.

Aber selbst wenn man zu Hause ist, in einem Restaurant Kimchi isst oder einen Superheldenfilm im Kino anschaut, ist die bevorstehende Notwendigkeit, physisch präsent zu sein, eine Last. Man ist ständig genervt von dem Wissen, dass man in t minus x Stunden wieder am obligatorischen Ort erwartet wird. Man kann nicht einfach mal wegfahren, einen Kurztrip nach Amsterdam machen ... weil man zwar »frei« hat, wenn man nicht arbeitet, aber in der Lage sein muss, am nächsten Morgen oder nach dem Wochenende die Stechuhr zu betätigen. Man fristet sein Dasein wie ein Gefangener, der zwar Ausgang hat und zu Hause schlafen darf, sich aber jeden Morgen bei seinem Bewährungshelfer melden muss.

Der Grund dafür liegt, vermute ich, darin, dass es traditionell so festgelegt ist. »Die Arbeit« ist ein Ort. Man »geht zur Arbeit«. Aber es kann doch nicht sein, dass diese Praxis nur aus Tradition beziehungsweise der allgemeinen Unbeweglichkeit wegen beibehalten wird. Die Tradition sträubt sich gegen den immer wiederkehrenden Gedanken, dass sie in die Tonne getreten werden sollte – ein Gedanke, der all jenen Psychologen, die dafür bezahlt werden, Arbeitssysteme zu untersuchen und mit Verbesserungsvorschlägen rüberzukommen, vermutlich ständig kommt. Genau so wie das bei Millionen von Lohnsklaven der Fall sein dürfte, wenn sie jeden Morgen sinnlos auf ihren Bus oder ihre Bahn warten.

Es muss etwas viel Schlimmeres dahinterstecken (oder zumindest Überzeugenderes) als Unbeweglichkeit, um so viele von uns Tag für Tag zu zwingen, sich im Büro zu melden, wenn der Job genauso gut in einer Hängematte an der Algarve oder zu Hause im Bett erledigt werden könnte oder wenn es überhaupt nichts zu erledigen gibt. Es muss einen Grund geben, der überzeugender ist als bloß Tradition, um gewinnorientierte Firmen auf der ganzen Welt dazu zu bringen, die Lichter an so abgelegenen Orten wie der Betoninsel die ganze Zeit über eingeschaltet zu lassen. Ich glaube, das reicht zurück bis zum »Betriebssystem«, das ich in der Einleitung zu diesem Buch beschrieben habe – diese überall aufrechterhaltene und anscheinend unzerstörbar rückschrittliche Wertvorstellung, dass Arbeit ein Wert an sich ist und als solcher eine Bedeutung hat.

Dahinter steckt aber außerdem der Gedanke, dass Arbeit nicht wirklich Arbeit wäre, wenn sie mit Leichtigkeit von zu Hause aus oder im Schneidersitz unter dem großen Dinosaurier im Naturkundemuseum erledigt werden könnte – und die tief sitzende Illusion »Zeit ist Geld«. Damit einher geht die Idee, dass der Arbeitnehmer vom Arbeitgeber für seine Zeit bezahlt wird und dementsprechend diese Zeit dem Arbeitgeber gehört. Dieses geradezu mystische Verhältnis beinhaltet, dass der Arbeitnehmer dauerhaft zur Verfügung stehen muss, auch wenn er gar nichts zu tun hat. Nur der Chefin ist es erlaubt zu entscheiden, ob es etwas zu tun gibt oder nicht, denn sie ist die Besitzerin deiner Zeit. Dass es *wirklich* nichts zu tun gibt, wird sie schon deshalb nie zugeben, weil die Arbeitsethik vom Betriebssystem vorgegeben wird. Kurz gesagt, liegt es nicht im Ermessen von uns Lohnsklaven, darüber zu entscheiden, ob wir hingehen oder nicht, auch wenn es offensichtlich Zeitverschwendung ist. Das ist die Essenz des Daseins eines Lohnsklaven und deshalb wird seine Tätigkeit auch allgemein als Lohn*sklaverei* bezeichnet und nicht als eine *Berufung*, der wir gerne nachgehen und für die wir zufälligerweise auch noch bezahlt werden.

Es lohnt nicht, sich über die fehlende Logik und die Ungerechtigkeit dieses Systems aufzuregen, solange wir Lohnsklaven sind.

Physische Präsenz ist wichtiger als alles andere. Und das ist der erste Hinderungsgrund dafür, dass Arbeit dem guten Leben im Wege steht. Wir werden uns später in diesem Buch mit Möglichkeiten beschäftigen, wie man dieses Problem abmildern kann, wenn wir den Nutzen einiger relativ üblicher »Arbeitsreduktionsmaßnahmen« erörtern. Aber in diesem Moment, als ich mich auf der Betoninsel eingefunden hatte, stand für mich fest, dass ich dem Horror von zweieinhalb Jahren physischer Präsenz direkt ins Auge blicken musste. Es würde mir einiges abverlangen.

Das Fehlen von Privatsphäre

Das Nächste, mit dem ich mich herumschlagen musste, war das Fehlen von Privatsphäre. Ein Schlüsselelement des guten Lebens ist, dass man ein gewisses Maß an Privatsphäre hat – oder zumindest die Möglichkeit, relativ unbeobachtet zu sein, um seine Angelegenheiten verfolgen zu können, ohne dabei von anderen Menschen kontrolliert zu werden.

Privatsphäre wird von modernen Arbeitsplatzmodellen verhindert. Ein Großraumbüro erlaubt keine Privatsphäre – obwohl eine ganze Reihe von Untersuchungen belegen, dass gerade Rückzugsmöglichkeiten und Privatsphäre die Kreativität und Sorgfalt von Arbeitnehmern stärken. Das ist eigentlich schon ein Allgemeinplatz, würde ich sagen.

Natürlich ist der Gedanke, der mitdenkende, kreative Arbeitnehmer sei erwünscht, schon an sich naiv. Der heutige Angestellte, der sowieso grundsätzlich »kreativ« und »kompetent« sein soll, ist in Wahrheit nichts weiter als ein vom Arbeitsprozess bestimmter Automat. Und eine Person, die auf ihre Funktion reduziert wurde, braucht keine Privatsphäre; was vielleicht erklären könnte, warum so wenige Menschen gegen die Idee des Großraumbüros aufbegehren.

Der Sinn – falls man das so nennen kann – hinter der Einrichtung von Großraumbüros ist, die Gründung von »Teams« anzuregen, um die Zusammenarbeit zu fördern. Und »Teamwork« ist, wie alle wissen, wahrscheinlich die wichtigste Fähigkeit, die man sich selbst auf einem Bewerbungsbogen zuschreiben sollte, wenn man den Job wirklich haben will. Man sollte nie versäumen, im Lebenslauf oder auf dem Fragebogen zu erwähnen, dass man ein guter Team-Arbeiter ist, selbst wenn es nicht stimmt. Die Fähigkeit zur Teamarbeit ist die Eintrittskarte für jede Tätigkeit. Weil die Manager dieser Idee total verfallen sind.

Jeder denkende Mensch weiß aber, dass Teamwork überschätzt wird. Zwar gibt es das offensichtliche Bedürfnis, in einer respektvollen Atmosphäre und sozial verantwortlich mit anderen menschlichen Wesen umzugehen und den anderen in der Gruppe die nötigen Informationen zukommen zu lassen. Aber die ständige Betonung von »Teamwork« am modernen Arbeitsplatz ist eher schon so was wie eine Obsession. Auf welcher Basis lässt sich denn behaupten, Kreativität und Produktivität würden von einer geselligen Arbeitsumgebung befördert? Gibt es so etwas überhaupt? In einer Studie aus dem Jahr 2018 wurde herausgefunden, dass Lohnsklaven in Großraumbüros dreiundsiebzig Prozent weniger Zeit mit direkter Kommunikation verbringen als vor ihrem Umzug in diese Umgebung, und dass die Kommunikation per E-Mail und Instant Messenger um mehr als siebenundsechzig Prozent gestiegen war.[11] Das Fehlen von Privatsphäre und die Zunahme von Lärm hat also

---

[11] E.S. Bernstein und S. Turban, »The impact of the ›open‹ workspace on human collaboration« in: *Philosophic Transactions of the Royal Society B.* http://dx.doi.org/10.1098/rstb.2017.0239

den gegenteiligen Effekt dessen, was angestrebt wurde. Hätte man das nicht vorhersehen können?

Glauben diese von Teamwork begeisterten Manager im Ernst, eines der tollen Bücher der Literaturgeschichte wäre in der hektischen Gegenwart anderer Menschen geschrieben worden? Glauben Sie, wir hätten unseren aktuellen Stand von wissenschaftlicher Erkenntnis erreicht, wenn wir Forscher in eine Callcenter-ähnliche Umgebung gesetzt hätten? Glauben Sie, Vincent van Gogh hätte seine Sonnenblumen gemalt, wenn er die ganze Zeit vierzig zwangsverpflichtete Kollegen hätte anstarren müssen? Oder nicht vielleicht doch in seiner ruhigen Wohnung, wo er experimentieren und aus seinen eigenen Fehlern lernen konnte? Manager behaupten ständig, sie würden »Kreativität« schätzen, aber dann sperren sie ihre Leute – zusammen mit angeblich die Kreativität fördernden Geräten – an Orten ein, wo man die eigenen Gedanken nicht mehr hören kann, weil das Team um einen herum die ganze Zeit quasselt. Das ist genauso schwachsinnig wie allgemein bekannt.

Die Amerikanerin Susan Cain veröffentlichte 2013 ein großartiges Buch mit dem Titel *Still: Die Bedeutung von Introvertierten in einer lauten Welt.* Darin kritisiert sie das »Ideal des Extrovertiertseins« wie sie es nennt, also die Forderung, wir alle sollten freimütig und geradeheraus und wie »Führungskräfte« agieren, weil diese Verhaltensweise als positiv und vorbildlich angesehen wird. Das Tratschen, »sich Einbringen«, das gemeinsame Arbeiten, das Netzwerken – all das wird uns ständig als positiver Wert verkauft und die Alternative dazu als philisterhaft, unsportlich, engstirnig und eigenbrötlerisch verdammt.

Tatsächlich aber neigt die Hälfte von uns laut Cain eher zur Introvertiertheit, fühlt sich überfordert davon, ständig etwas vorführen und einer Kollektividee ausliefern zu müssen. Der Unterschied liegt darin, dass extrovertierte Menschen aus einer Gruppe viel Energie gewinnen können, während Introvertierten wahrscheinlich genauso viel Energie abgezapft wird. Das liegt daran, dass Extrovertierte von Natur aus dazu neigen, laut aufzutrumpfen und ihren Standpunkt offensiv zu vertreten, was dazu geführt hat, dass sie die Arbeitswelt in ihrem Sinne umgemodelt haben. Jetzt könnte man einwenden, dass Introvertierte ja ihre eigenen Räume haben, wo sie flüstern, meditieren und Dinge in Ruhe ausprobieren können, um auf diese Weise zum Teamwork beizutragen. Mag sein. Aber es wird uns ja meist nicht erlaubt, an solchen ruhigen Orten zu arbeiten, weil wir ja physische Präsenz zeigen müssen. Schlimmer noch, inzwischen werden sogar Bibliotheken von den Extrovertierten attackiert, die dort Coffeeshops und Multimedia-Zentren und Spielecken für Kinder einrichten, während unser Zuhause – unsere letzte Bastion – von dem ständig klingelnden Smartphone und anderen Geräten heimgesucht wird. Und das alles nur, um dem vorherrschenden Ideal von extrovertierter Geschäftigkeit zu entsprechen.

Susan Cain liefert eindeutige Beweise – historische, biologische, organisatorische –, dass die bedeutendsten Innovatoren, Anführer und, ja, »Kreativen« der Welt introvertierte Menschen gewesen sind; aber dass wir heute an einem Punkt stehen, wo wir diese unschätzbare Ressource verlieren, weil wir immer weiter daran arbeiten, eine Welt zu bauen, die dem Ideal der Extrovertiertheit entspricht; angefangen von den Sitzgruppen und Gruppenarbeiten in der Schule.

All diese Erkenntnisse laufen letztlich darauf hinaus, dass ich wirklich nicht weiß, wie man von jemandem erwarten kann, sein Bestes zu geben, während er mit fünfzig quasselnden, sich überall einmischenden und ständig telefonierenden Personen in einem Raum zusammengepfercht ist. Auf der Betoninsel gab es keine Privatsphäre. So etwas war die absolute Ausnahme. Die einzige Möglichkeit war, sich auf der Toilette einzuschließen, weil schon der Vorraum mit den Waschbecken zu einer Zone inoffizieller Gespräche geworden war. Ehrlich gesagt, gab es noch nicht mal auf dem Klositz Ruhe, denn ständig kamen Kollegen und rüttelten an der Tür, obwohl das rote »Besetzt«-Zeichen deutlich zu sehen war. Oder sie versuchten, durch die Trennwand hindurch, ein Gespräch anzufangen. Jeder Arbeitstag war ein achtstündiger Anschlag auf dein Bewusstsein.[12]

Nach einigen Tagen auf der Betoninsel traf ich zufällig Zoë die Doktor-Katze, eine Kollegin aus alten Tagen, die einen Doktor in Philosophie hat. Ich konnte kaum glauben, was aus ihr geworden war. Früher war sie hübsch und unbekümmert gewesen, unangepasst und liebenswert, energiegeladen und voll Zukunftsplänen. Nun hatte sie sich in eine stinknormale Person verwandelt, die ständig zusammenzuckte, ängstlich war und an nervösen Ticks litt. Sie strahlte eine konstante, ruppige Panik aus. Zehn Jahre im Großraumbüro hatten ein verstörtes Nervenbündel aus ihr gemacht, das nur noch mit zitternder Stimme kommunizieren konnte. Genau wie schlechte Ernährung und das Fehlen von Freizeit Orangeys Gesundheit ruiniert hatten, war Zoë die Doktorkatze durch den Mangel an Privatsphäre kaputt gemacht worden. Das Nicht-Vorhandensein eines Raums, in dem sie ihren eigenen Gedanken nachhängen konnte, das Gefühl, dass alle ihre Äußerungen

---

12 In mein Tagebuch schrieb ich: »Manchmal möchte ich mir nach dem Mittagessen die Zähne putzen und bilde mir ein, ich könnte das auf der Mitarbeitertoilette tun. Aber die Kollegen würden mich für wunderlich halten und wahrscheinlich ewig darauf herumreiten. Man würde mich als den Zahnbürsten-Heini abqualifizieren. Sie haben sich ja schon das Maul darüber zerrissen, dass ich ein zweites Paar Schuhe in meinem Schreibtisch aufbewahre. So als wäre das der Höhepunkt des Exzentrischen. Privatsphäre, also die Möglichkeit, etwas zu tun, ohne dass es kommentiert oder schief angesehen wird, ist hier vollkommen unbekannt.«

und Bewegungen ständig beobachtet und kommentiert wurden, hatten sie zerstört.

Natürlich war da noch der Ruheraum, der eindeutig mit der Absicht eingerichtet worden war, Menschen wie mir und Zoë der Doktorkatze eine Rückzugsmöglichkeit zu schaffen. Nur gab es zwei Probleme, die ihn als Fluchtmöglichkeit untauglich machten. Das erste war, dass die Kollege anfingen zu kichern, wenn jemand aufstand, um in den Ruheraum zu gehen. Und wenn man zurückkam, sagten sie so etwas wie: »Na, war's nett?«, oder: »Wie war's im Ruheraum?«

Es war klar, dass ein Rückzug in den Ruheraum einer Niederlage gleichkam. Wer es schaffte, verzweifelt an seinem Schreibtisch auszuharren, bekam quasi einen Orden dafür.

Für mich war es eine echte Aufgabe, mich gegen den Gruppendruck zur Wehr zu setzen und den Ruheraum trotzdem zu nutzen, aber nach einigen Monaten wurde er geschlossen und in etwas umgewandelt, das (ich denke mir das wirklich nicht aus!) »Situationsraum« genannt wurde.

Der nunmehr so genannte Situationsraum diente dazu, hineinzurennen, die Arme in die Luft zu werfen und laut »verdammte Scheiße!« zu brüllen, wenn eine Krise ausgebrochen war. Der nächste Triumph für die Extrovertierten.

Solches Benehmen wurde auf der Betoninsel ständig positiv sanktioniert. Eine Kollegin namens Tiffany Zwei ging überall hin mit einem Ausdruck total verblödeter Selbstherrlichkeit, als wäre sie eine Figur aus der Fernsehserie *The West Wing – Im Zentrum der Macht*.

Ich sah mich schon enden wie Zoë die Doktorkatze. Ich war die ganze Zeit ängstlich, fühlte mich beobachtet, war mir der Anwesenheit der anderen allzu sehr bewusst. Wenn man jeden Tag acht Stunden lang dicht nebeneinandersitzt, hat man irgendwann den

Eindruck, man könnte die Gedanken der anderen hören.[13] Kein Wunder, dass Zoë die Doktorkatze so nervös geworden war. Ich merkte, wie furchtbar unangenehm das alles war. Was als ziemlich unerfreuliche Arbeitssituation begonnen hatte, entwickelte sich zu einer regelrechten Psycho-Folter.

Die Wampen und die Nerven: Arbeit und Gesundheit

Die dritte Art und Weise, wie Arbeit das gute Leben verhindert, betrifft die Gesundheit. Es ist schwierig für einen Lohnsklaven, körperlich und geistig gesund zu bleiben. Man schaue sich nur diesen Auszug aus einer Studie an: »Laut unseren Forschungsergebnissen müssen sich Angestellte in einem Großraumbüro mit einer Fülle von Problemen auseinandersetzen, zum Beispiel dem Mangel an Privatsphäre, dem Verlust der Identität, dem Zwang zur Produktivität bei anspruchslosen Arbeiten, Beeinträchtigung der Gesundheit, Reizüberflutung und fehlende Freude an den zu bewältigenden Aufgaben. Führungskräfte sollten sich mit diesen Problemen, die durch ein Großraumbüro erzeugt werden, aus-

---

13 Kürzlich hörte ich von einem Gerät, das von Panasonic vermarktet wird und das sie »Wear Space« nennen. Es handelt sich um ein Ding, das man anlegt, um das eigene Blickfeld einzuschränken und gleichzeitig den Lärm auszuschalten. Der Gedanke dabei ist, dem Lohnsklaven zu ermöglichen, das Büro um ihn herum nicht mehr wahrzunehmen, damit er sich ganz auf den Bildschirm vor seinen Augen konzentrieren kann. In der Presse wurde das Gerät mit Scheuklappen für Pferde verglichen. Mich erinnerte es eher an diese »Lampenschirme«, die die Frauen in Margaret Atwoods Roman *Die Geschichte der Dienerin* über den Kopf gestülpt kriegen: Noch ein Hinweis darauf, dass die moderne Arbeitswelt mehr und mehr einer Dystopie ähnelt.

einandersetzen, bevor sie eine derartige Arbeitsumgebung favorisieren.«[14]

Zum Zeitpunkt, wo ich das hier schreibe, ist diese Untersuchung über zehn Jahre alt, und dennoch scheinen Großraumbüros immer noch die Arbeitsumgebung von Angestellten zu dominieren. Es scheint beinahe so, als gäbe es eine höhere Macht (Hey, könnte es sich hierbei vielleicht um Geld handeln?), die Firmenchefs dazu bringt, der körperlichen und geistigen Gesundheit ihrer Angestellten kaum Aufmerksamkeit zu schenken. All das wäre vielleicht nicht so schwer zu verstehen, wenn wir nicht ständig darauf hingewiesen würden, dass unsere Firma so etwas wie eine Familie für uns sein soll, dass wir Teil eines Teams sind, dass Hierarchien der Vergangenheit angehören und dass jeder sich überall einbringen kann, egal, auf welcher Stufe er steht.

Nun habe ich mir einige Strategien ausgedacht, wie ich auf der Betoninsel fit bleiben kann, auch wenn fast alles, was im Büro stattfindet, eine Verschwörung gegen die Gesundheit ist. Es ist ziemlich schwierig, dort etwas anderes zu tun, als am Schreibtisch zu sitzen. Alle wissen, dass das geradezu lebensbedrohliche Auswirkungen auf die Gesundheit hat. Das geht auch weit darüber hinaus, dass man keine Möglichkeit hat, sich zu bewegen: Die Sitzhaltung ist schlecht für den Blutkreislauf, man nimmt zu, die Muskeln erschlaffen, und die psychische Verfassung verschlechtert sich. Dreißig, vierzig Jahre in einem Großraumbüro führen zu Schlaganfällen, Krebs und Herzproblemen.

Wenn Sie jetzt glauben, ich übertreibe, schauen Sie sich die entsprechenden Studien an; zum Beispiel jene aus dem Jahr 2015 von

---

14 Vinesh G. Oommen, Mike Knowles und Isabella Zhao, »Should health service managers embrace open plan work environments? A review« in: *Asia Pacific Journal of Health Management, 3 (2),* S. 37–43

der British Heart Foundation, die herausfand, dass ein Drittel der britischen Arbeitnehmer übergewichtig sind, weil sie den ganzen Tag am Schreibtisch sitzen. Außerdem wird darin festgestellt, dass Großraumbüros die Menschen davon abhalten, körperliche Übungen zu machen, aber den Hang zum Rauchen und schlechte Essgewohnheiten fördern. 2018 hat die Weltgesundheitsorganisation ihre Besorgnis darüber ausgedrückt, dass Einwanderer, die zum ersten Mal in ein westliches Land kommen, sich schnell dem ungesunden Lebensstil unterordnen, vor allem der schlechten Ernährung. Und dass sie in der Folge oft an Übergewicht und Depressionen leiden und ihnen häufig Arbeitsunfälle passieren.[15]

Abgesehen von der schlechten Angewohnheit, über lange Zeit hinweg herumzusitzen, gab es auf der Betoninsel auch zahlreiche und ständig präsente Versuchungen, ungesunde Speisen zu sich zu nehmen. Wenn ich mein Mittagessen nicht zu Hause vorbereitet hatte, bestand es aus irgendwelchen Snacks aus dem Automaten. Es gab auch jede Menge Süßigkeiten, die die Kollegen von zu Hause mitbrachten: Kekse für die Kaffeepause, Pfannkuchen oder Schoko-Marshmallows, Buttercremetörtchen für besondere Gelegenheiten, Fruchtbonbons, die überall herumlagen, weil sie offenbar niemand mochte, essbare Souvenirs aus dem Lohnsklaven-Urlaub und sogenannte gesunde Alternativen, die von unverbesserlichen Optimisten angeschleppt wurden – zumeist Nüsse und getrocknete Früchte –, die dann aber gnadenlos mit Zucker oder Salz verdorben wurden.

Jede Menge von diesem Schrott wurde ins Büro gebracht. Meist tatsächlich aus gutartigen Motiven: Meiner Ansicht nach ist das Verteilen von Junkfood eine stumme Geste der Zuneigung ge-

---

15 https://www.theguardian.com/society/2019/jan/21/who-report-migrants-refugees-health-western-countries

genüber dem Kollegen, der mit einem in diesen Käfig eingesperrt wurde. Wegen der Unbeholfenheit im Umgang miteinander, die mit dem Berufsleben einhergeht, können wir unseren Kollegen nicht einfach so sagen, dass wir sie mögen. Also bringen wir kleine Leckereien mit. (Kann man Snacks, die praktisch immer und überall herumliegen, eigentlich noch als »Leckereien« bezeichnen?) All das als Ausdruck unserer Fürsorglichkeit und vielleicht auch Unperfektheit in einer Umgebung, die von uns Konformität und Rücksichtslosigkeit verlangt. Leider verursachen diese Gesten der Zuneigung dicke Bäuche, verstopfte Arterien, Reizzustände und, wenn ich meine Kollegen als Maßstab ansehe, Anfälle von Selbstkasteiung in der Tretmühle des Fitnessstudios nach der Arbeit.

Und, Donnerwetter, was haben wir Kaffee verkonsumiert! Die gesamte britische Arbeitnehmerschaft scheint koffeinabhängig zu sein. Beuteltee und Instantkaffee wurden von der Firma spendiert, waren also immer frei verfügbar. Aufstehen, um einen Kaffee aufzugießen, beinhaltete auch immer einen kleinen Spaziergang und eine Arbeitspause; also war es geradezu unwiderstehlich, sich gelegentlich mal abzuseilen, um den verhassten Arbeitstag wenigstens in einzelne erträgliche Bruchstücke aufzuteilen. Wenn man ständig gelangweilt auf die Uhr schaute, konnte man sich immerhin auf den nächsten Kaffee oder Tee und die Mini-Pause freuen, die damit einherging.

Die Nachteile waren natürlich das Koffein, der chemische Prozess der Gefriertrocknung, mit dem der Instantkaffee hergestellt wird, sowie die künstlichen Süßungsmittel. Dieser Chemie-Cocktail machte einen nervös, verstärkte die Angst und erschwerte das Einschlafen – wenn man sich am Abend endlich hinlegen durfte, bereit, alles zu vergessen, aber unbewusst immer noch hektisch daran arbeitend, Lösungen für nicht existierende Probleme zu finden.

Ich schaffte es auch deswegen nicht, gänzlich auf Kaffee zu verzichten, weil ich immer mehr auf diese Mini-Pausen und die damit verbundene Überlebensstrategie des Aufteilens der Arbeitszeit in Bruchstücke angewiesen war. Aber im Namen der Gesundheit legte ich ein paar strenge Regeln fest: Nie mehr als drei Tassen pro Tag trinken; mich nicht verpflichtet fühlen, eine Tasse auszutrinken, bloß weil sie vor mir stand; und kein Koffein nach fünfzehn Uhr, egal in welcher Form. Zumindest schränkte ich den möglichen Schaden durch diese Regeln ein wenig ein. Wer weiß, vielleicht wäre ich ja schon tot, wenn ich sie nicht beachtet hätte.

Etwas anderes, was ich einführte, war, immer einen Krug mit Wasser auf dem Schreibtisch stehen zu haben, um zu verhindern, dass ich dehydriere. Ich empfehle dies allen Lohnsklaven, die an Schreibtischen arbeiten. Es ist erstaunlich, wie viel besser man sich damit fühlt ... Aber Moment. Es gibt noch einen zusätzlichen Aspekt. Denn kontinuierliche Wasserzufuhr ist nur die eine Seite der Medaille. Trinken Sie aus einem richtigen Glas, anstatt aus einem Plastikbecher, der weggeworfen werden muss. Das hilft dabei, sich mit der wirklichen Welt verbunden zu fühlen, anstatt sich in der irren Welt des Büros zu verlieren. Zu Hause trinken Sie ja auch nicht aus Einwegbechern; warum also sollten Sie es am Arbeitsplatz tun? Am besten bringen Sie sich von zu Hause ein Glas mit. Auf diese Weise fühlen Sie sich direkter mit Ihrem Privatbereich verbunden. Ein Trinkgefäß aus Glas (oder sogar aus Ton) ist etwas angenehm Altmodisches und passt mehr zu unserem Drang zur Fürsorglichkeit als Plastikbecher oder wiederbenutzbare Sportflaschen aus Plastik.

Für kurze Zeit verwendete ich sogar eine richtige Teekanne aus Porzellan, um mir meinen Tee bei der Arbeit zu kochen. (Jedenfalls so lange, bis sie auf dem Fußboden unserer schrillen Teletubby-Küche zerschellte.) Ich kann auch das nur empfehlen. Warum?

Weil Sie sich dabei einfach besser fühlen. Vergessen Sie nicht, dass wir Säugetiere sind, und Säugetiere mögen Dinge, die man anfassen kann, die ein bisschen unperfekt und nicht das Ergebnis eines computergelenkten Designprozesses sind.

Um das ewige Herumsitzen am Arbeitsplatz zu kompensieren, sollten wir jede Möglichkeit zur Bewegung nutzen; die Treppe nehmen, nicht den Aufzug; in der Mittagspause einen Spaziergang machen, wenn das möglich ist; vor allem aber sollten wir den Weg zur Arbeit und nach Hause zu Fuß zurücklegen. Das Gehen wird uns nicht nur fit halten, sondern uns auch helfen, das Elend des Pendlerdaseins zu vermeiden; all diese grauen Gesichter in U-Bahn, Straßenbahn oder Bus.

Auf der Betoninsel wurden irgendwann gesundheitsfördernde Maßnahmen eingeführt: Ein klares Eingeständnis hinsichtlich der Tatsache, dass Büroarbeit einfach nur ungesund ist. Irgendwann boten unsere Chefs allen, die daran interessiert waren, sogenannte »Vari-Desks« an, die mithilfe einer Kurbel von einem Sitz- in einen Stehtisch verwandelt werden konnten. Man propagierte Meetings im Stehen; sogar Meetings im Gehen wurden angeboten. Was aber alles nur gelegentlich vorkam und nicht wirklich ernst gemeint zu sein schien. Die beste und lustigste Maßnahme war ein zweimal im Jahr stattfindender Wettbewerb im Gehen, bei dem die Lohnsklaven mit Pedometern ausgestattet und ermuntert wurden, die Anzahl ihrer Schritte in ein Online-System einzugeben, damit jeder seine gelaufenen Kilometer mit denen der anderen vergleichen konnte.

Ich mag von Natur aus keine Wettbewerbe. Ich habe nicht das Bedürfnis, die Welt im Sturm zu erobern oder mehr als ein Amateur oder Dilettant auf welchem Gebiet auch immer zu sein. Aber Gehen ist etwas, das ich gern tue, und ich wollte mich keinesfalls von solchen Typen wie Prince Chunk oder Tibs dem Großen ausflanieren lassen. Ich glaube, ich benahm mich sogar ziemlich eigenartig. Ich wollte unbedingt die größte Zahl von Schritten von allen Büroangestellten zusammenkriegen. Ich nahm das sehr ernst und ging fortan nicht nur zur Arbeit und nach Hause zu Fuß, sondern unternahm abends ausgedehnte Spaziergänge und lief manchmal sogar absichtlich viel im Büro herum. Natürlich gewann ich den Wettbewerb, aber überraschenderweise nur knapp. Die anderen hatten also entweder gemogelt oder waren genauso animiert worden wie ich und hatten abends noch ein paar Extra-Spaziergänge unternommen. Auf jeden Fall konnte ich sie öfter dabei beobachten, wie sie lange Umwege zur Toilette oder zur Küche nahmen. Wie gesagt, es war einer der eigenartigsten Monate auf der Betoninsel und wahrscheinlich der gesündeste.

Aber keine körperliche Übung, kein Vermeiden von Zucker können den Schock, die fast schützengrabenmäßige Verstörung kompensieren, die sich einstellt, wenn man in einem modernen Büro arbeitet. Dieser Schock war daran schuld, dass Zoe die Doktorkatze so nervös war und warum wir alle nach der Arbeit immer total erschöpft und ängstlich waren und nicht mehr in der Lage, etwas Produktiveres zu tun, als für den Rest des Tages gleich auf den nächsten Bildschirm zu starren: den Fernseher.

Das hat natürlich auch mit diesen ständigen unterschwelligen Veränderungen zu tun, die in Büros stattfinden: das andauernde Verschieben von Messlatten, das Verschieben von Arbeitsplätzen auf Geheiß des Managements, wechselnde Arbeitsplätze, womit wiederum die Ungewissheit einhergeht, wie der nächste Tag aussehen wird. »Dieses Leiden«, schreibt Dan Lyons in *Lab Rats,* seiner 2018 erschienenen Studie über die heutige Arbeitslandschaft, »ähnelt der Erfahrung, die wir nach dem Tod eines geliebten Menschen machen oder nachdem wir an Kampfhandlungen teilgenommen haben.« Schützengrabensyndrom! Ich fürchte, alles, was wir tun können, um unser Ausgeliefertsein an die Arbeitswelt zu minimieren – abgesehen von den Techniken, die im zweiten Kapitel erörtert werden –, ist genug zu trinken, jede Möglichkeit zur Bewegung zu nutzen und keine schädlichen Snacks zu essen.

Gegen Ende meines ersten Jahres auf der Betoninsel hatte ich tatsächlich etwas erreicht in Bezug auf meine persönliche Weiterentwicklung. Ich war mit dem ersten Schmerbauch meines Lebens belohnt worden. Jeder, der mich kennt, weiß, dass ich praktisch ein wandelndes Skelett bin. Ich nehme nie zu. Seit meinem achtzehnten Lebensjahr wiege ich unveränderlich sechsundsechzig Kilogramm. Der Schmerbauch war, davon bin ich überzeugt, das Ergebnis des ständigen Sitzens am Schreibtisch, aber auch der Tendenz, nach Feierabend einen Pub aufzusuchen, um mich ein bisschen aufzuheitern. Arbeit kann der Gesundheit auf jeden Fall aus zwei Richtungen zusetzen – zum einen, weil man den ganzen Tag am Schreibtisch hockt, und zum anderen, weil man in der Freizeit versucht, darüber hinwegzukommen. Deshalb müssen wir wachsam sein und einige einfache, selbst auferlegte Regeln beachten, damit die Arbeit nicht unseren Körper, unseren Geist und unser gutes Aussehen beeinträchtigt.

Zeit mit Menschen verbringen, die man eigentlich gar nicht mag

Es gibt da diese Idee – und die kannte ich bereits, als ich als Teenager in Supermärkten jobbte und als Bibliothekar Bücher in Regale einordnete –, dass Arbeitskollegen unweigerlich ein festes Band untereinander knüpfen, wie das zum Beispiel bei Soldaten an der Front der Fall ist. Im Büro ist das nicht zu beobachten. In der Bibliothek und auch im Supermarkt haben wir einander gemocht. Wir sind zusammen auf Partys und andere Events gegangen und haben uns darauf gefreut. Wir haben sogar gelacht während der Arbeitszeit und haben uns Dinge ausgedacht. Zum Bespiel haben wir ein magnetisches Schachbrett auf der Rückseite eines Regals im Lagerraum angebracht und dort während der Schicht heimlich Turniere gespielt.

Büroarbeit dagegen ist so abstrakt und abgehoben, unsere Aufgaben sind so aufgeteilt und spezialisiert, und unsere Überlebenstechniken müssen so privat und heimlich angelegt sein, dass wir uns häufig allein fühlen und sogar gegeneinander arbeiten. Es ist wirklich eine Schande. Wenn wir auf der Betoninsel mal gezwungen wurden, uns miteinander zu beschäftigen, ohne dabei auf den Bildschirm zu starren – während einer Weihnachtsfeier oder eines Fortbildungskurses zum Beispiel –, kam es uns vor, als würden wir einander kaum kennen. Wir schämten uns sogar ein bisschen, wenn wir im wirklichen Leben mit jemandem zusammentrafen, der von unserer tagtäglichen Erniedrigung wusste.

Man kann natürlich Glück haben, und die Kollegen sind nett. Ich wünsche Ihnen das von ganzem Herzen. Es gab auch bei uns kleinere Gruppen, die gerne zusammen waren, die ihre Pausen gemeinsam verbrachten oder nach der Arbeit etwas unternahmen. Ich kann mir zwar vorstellen, dass manche dieser Aktivitäten eher erzwungen waren – dass mancher versuchte, sich beim anderen einzuschmeicheln –, aber stellen wir diese Zweifel mal zurück und gehen davon aus, dass die Grüppchen wirklich befreundet waren. Sie hatten auf jeden Fall Seltenheitswert auf der Betoninsel. Wenn unser Büro auf irgendeine Weise typisch war, dann darin, dass die meisten Kollegen einander unabsichtlich Leid zufügten. Kollegen werden nun mal *zufällig* zusammengeworfen; mit Freiwilligkeit hat das nichts zu tun.

Deswegen ist es wichtig, sich ins Gedächtnis zu rufen, dass Kollegen, auch wenn wir sie nicht mögen, nicht unsere Feinde sind.

Sie sind nicht grundsätzlich *gegen* uns, und wir selbst sollten nicht das Gefühl kultivieren, gegen sie zu sein. Der Grund, warum sie an diesem Arbeitsplatz sind, ist derselbe wie bei uns: wirtschaftliche Notwendigkeit. Sie haben sicherlich ihre eigenen privaten Probleme zu bewältigen, von denen wir überhaupt nichts wissen. Meine Mit-Gestrandeten haben ja auch nie von meinen Problemen mit der Situation der »feindlichen Umgebung« erfahren, und ich glaube genauso wenig, dass sie von meiner geheimen Existenz als Schriftsteller wussten. Falls doch, waren sie jedenfalls zurückhaltend genug, es nicht zu erwähnen. Man mag denken, die Kollegen sind Arschlöcher, eine einzige Katastrophe, angeberisch, total unhygienisch oder rückschrittlich, aber sie denken vielleicht Ähnliches von einem selbst. Es ist alles eine Frage der Perspektive.

So weit so vernünftig; aber im Nachhinein ist es leicht, vernünftig zu sein. Als ich in mein Tagebuch schaute, das ich wie Robinson Crusoe während meiner Zeit auf der Betoninsel führte, um darin ein paar Details für dieses Buch festzuhalten, war ich überrascht von der Unnachsichtigkeit, mit der ich meine Kollegen beschrieb. Ich zögere, hier einen Ausschnitt daraus einzufügen, weil es mich in ein sehr schlechtes Licht rückt und extrem vorurteilsbelastet aussehen lässt. Aber ich will es dennoch als Beweismittel anführen, das zeigt, wie sehr wir uns gegenseitig auf die Nerven gegangen sind und wie der Büroalltag Menschen gegeneinander aufbringt. Ich zweifle nicht daran, dass die anderen ähnlich über mich dachten:

> *Es wäre nicht korrekt zu sagen: »[Sybil] ist widerlich in jeder Hinsicht«. Zu ihrer Ehrenrettung muss man zugeben, dass sie kultiviert, exzentrisch und unprofessionell ist, aber sie ist auch widerlich. Sie ist fett, ungewaschen, laut, und sie stinkt. Sie kaut lautstark ihr Essen und hat dabei den Mund offen und isst nie zu den festgelegten Zeiten, weshalb man*

sich nie darauf einrichten und sich selbst dieses Schauspiel ersparen kann. Sie bevorzugt Fizzy-Pop-Limonade, verschlingt Kekse und scheint nie Gemüse zu essen (einmal sah ich, wie sie sich eine Suppe aufgebrüht hat, aber nur die Brühe trank und das Gemüse in den Müll warf), und sie bricht grundlos und unvermittelt in brüllendes Gelächter aus, was einen ebenfalls in ständige Anspannung versetzt, weil man nicht weiß, wann der nächste Heiterkeitsausbruch stattfindet. Wenn sie nicht durch und durch nach Exkrementen riecht, verströmt sie einen hintergründigen Geruch nach Schimmel und feuchtem Keller. Sie furzt die ganze Zeit und weiß noch nicht mal, wie man sich die Nase richtig putzt, was zur Folge hat, dass ständig grünliche Schleim-Stalaktiten aus ihrer Nase ragen. Sie sagt ständig »Scheiße«, und es ist ihr egal, ob andere das peinlich finden. Sie ist Pantagruel.[16]

Und ausgerechnet diese Sybil ist in meiner Erinnerung meine liebste Kollegin auf der Betoninsel gewesen! Heute finde ich es toll, dass sie so unprofessionell, so rücksichtslos und ungehemmt war. Das war immerhin eine Abwechslung in dieser ansonsten supersauberen Umgebung. Sie war eine heldenhafte Existenz, denn sie hatte nicht vergessen, dass der Mensch auch bloß ein Säugetier ist. Und doch dokumentiert mein Tagebuch, dass ich es in ihrer Nähe nur schwer ausgehalten habe. Ihr Rotz und ihr Gefurze müssen mir damals ziemlich unangenehm gewesen sein.

Mrs. Chippy wiederum war die Schlimmste; die habe ich wirklich gehasst:

---

16 Ein Riese aus einem Romanzyklus von François Rabelais (d. Red).

Den ganzen Tag lang meckert und murmelt sie vor sich hin und macht eigenartige ironische Geräusche. Diese Äußerungen sind normalerweise Kommentare in Bezug auf etwas, das sie auf ihrem Computerbildschirm sieht, das wir – ihre Nachbarn – aber nicht kennen, weshalb wir versuchen, diese Geräusche so gut es geht zu ignorieren. Natürlich ist es schwierig und in sozialer Hinsicht unangenehm, sie so vollkommen zu ignorieren, aber es ist weniger zeit- und energieaufwendig, als sie zu fragen, was sie da gesehen hat. Vom ersten Instantkaffee des Tages bis zum Ausstempeln um fünf kreischt sie, brabbelt vor sich hin und sagt Sachen wie »Bumm!« und »Oh, nein!« oder »Hey, ho!«. Es ist sehr, sehr eigenartig und macht alle Versuche zunichte, uns in unsere Arbeit zu vertiefen und die Zeit schneller verstreichen zu lassen.

Solche Personen, die vielleicht in allen Büros vorhanden sind, verdienen schon viel weniger Sympathie. Wieso hat sie sich so asozial verhalten? Die ganze Zeit dazusitzen und seltsame Geräusche von sich zu geben ist die Büroversion davon, in einem voll besetzten Aufzug zu furzen. Warum übersah Mrs. Chippy sämtliche Signale, dass ihr Verhalten uns anderen unangenehm war? Man bemüht sich natürlich um eine professionelle Einstellung und verzichtet darauf, so etwas zu sagen wie: »Um Himmels willen, kannst du bitte mal DIE KLAPPE HALTEN!« oder die üblichen Instanzen durchzugehen und sich in der Personalabteilung zu beschweren, weil das letztlich nur Zeit kosten würde und für alle Seiten peinlich wäre. Das einzig Vernünftige in so einem Fall wäre, ein ruhiges Gespräch mit der Betroffenen zu führen, abseits von den anderen Kollegen, beim Wasserspender zum Beispiel, und zu sagen: »Entschuldigen Sie bitte, Mrs. Chippy. Sie merken es vielleicht selbst gar nicht, aber Sie machen da ständig diese eigenartigen ironischen

Geräusche, wenn Sie arbeiten, und das ist sehr irritierend.« Aber könnten Sie sich das in Ihrer eigenen Bürosituation vorstellen? Immerhin wäre es besser, als weitere zwanzig Jahre miteinander arbeiten zu müssen, hm? Falls Sie die Lösung für gut halten und sich entscheiden, eine solche Sache direkt mit der betreffenden Person zu klären, schicken Sie mir bitte eine E-Mail, und berichten Sie mir, wie es ausgegangen ist.

Ich vermute natürlich, meine Reizbarkeit wurde durch die ständig präsente Angst wegen unseres Visums noch verschärft. Es war ziemlich anstrengend, dort herumzusitzen, den Wahnsinn ringsherum zu tolerieren, ohne laut aufzustöhnen angesichts der frustrierenden Situation, in der wir uns dank Theresa May und ihrer irrwitzigen Xenophobie befanden.[17] Es handelte sich also nicht nur um einen Wutanfall angesichts schreiender Ungerechtigkeit. Der psychologische Druck war immens. Ich ging zwar davon aus, dass mein Job auf der Betoninsel so lange verlängert würde, bis wir das Visum erhielten. Trotzdem musste ich in meiner befristeten Stellung zu jedermann ausgesprochen freundlich sein, damit mein Vertrag auch tatsächlich verlängert wurde. Der Job meiner Frau lief nämlich auf Kommissionsbasis. Wenn sie zwei Monate hintereinander ihr Verkaufssoll nicht erfüllte, konnte sie gefeuert werden. Ich musste sie also decken, wie ein Läufer auf dem Schachbrett die Dame deckt, indem ich auf der Betoninsel blieb. Mein wahrer Job war es, Samara ein guter Partner zu sein.

---

17 Wenn ich das anderen Leuten erzähle, merke ich immer wieder, dass sie glauben, ich würde übertreiben. Aber wir sprechen hier von dieser Person, die sich die »Operation Vaken« ausgedacht hat. Dabei wurden Kleintransporter in die multikulturellen Londoner Viertel geschickt, mit aufgedruckten Botschaften wie »Geht heim, sonst werdet ihr verhaftet«, gerichtet an »illegale« Migranten. Es war wie eine schrille Aktion aus *1984* oder John Carpenters Horrorfilm *Sie leben*.

Um auf jeden Fall auf der Betoninsel bleiben zu dürfen, konnte ich es mir nicht leisten, wie ein schlechter Teamplayer auszusehen, sonst verdarb ich womöglich alles. Aber meine Nerven wurden schon verdammt strapaziert!

Später freundete ich mich mit einer Aushilfe namens Hamish McHamish an. Ich mag Aushilfen, denn sie sind meist geistig gesund, haben einen Bezug zur Normalität und ein Verhältnis zur Arbeit, das meinem ähnelt. Ich gebe zu: Es war eine Freude, seine Reaktion mitzuerleben, als er zum ersten Mal Sybils Ausdünstungen bemerkte oder hörte, wie Mrs. Chippy laut »Bumm!« sagte. Als wir uns auf dem Nachhauseweg trafen, fragte er mich erschüttert, was denn in diesem Büro los wäre. »Riecht das denn niemand?«, fragte er entsetzt. Er hatte außerdem große Probleme mit der Angewohnheit von Prince Chunk, mit offenem Mund zu essen: »Was stimmt denn nicht mit dem? Das ist ja ekelhaft! Schmeckt der überhaupt irgendwas, wenn er so mampft?«

Ich träumte ja selbst immer wieder davon, wie ich Prince Chunk einmal sagen würde, wie grässlich er war. Vielleicht wusste der arme Kerl gar nicht, dass er alle anderen krank machte. Ich könnte ihn mal beiseitenehmen und ihm ein paar Ratschläge geben wie ein älterer Bruder: »Es ist mir leider aufgefallen, alter Junge, dass du schreckliche Geräusche machst, wenn du dein Mittagessen zu dir nimmst. Ehrlich gesagt klingst du beim Essen wie ein Schwein, das kotzt. Allen wird davon schlecht. Versteh mich bitte nicht falsch, aber ich glaube, es würde deinem Fortkommen im Leben nicht schaden, wenn du dich etwas weniger wie ein Schwein benehmen würdest.«

Vielleicht könnte ich ihn auch nebenbei mal fragen: »Weißt du eigentlich, warum deine Tinder-Dates nie erfolgreich sind? Na ja, äh, könnte es sein, dass du die Mädels zum Essen einlädst? Ich meine ja nur, also, äh, das wundert mich dann nicht.«

Am besten wäre es wahrscheinlich, ich würde einfach aufstehen, eine Zeitung zusammenrollen, mich über die Barriere lehnen, ihm damit auf den Kopf schlagen und mit dieser strengen John-Cleese-Stimme rufen: »Hör auf damit!« – um mich dann wieder ruhig hinzusetzen, als wäre nichts gewesen.

Nichtsdestotrotz und wie ich schon sagte, sollte man sich immer wieder in Erinnerung rufen, dass jeder seine eigene Schlacht zu schlagen hat und niemand aus freier Entscheidung in einem Büro arbeitet. Es ist wichtig, dass wir uns respektieren und uns das Leben gegenseitig nicht allzu schwer machen. Zum Beispiel bin ich ziemlich stolz auf mich, dass ich meine Kollegen nicht in den Schredder gestopft habe, in dem am Freitagmorgen die vertraulichen Dokumente landen. Ich finde, das zeugt von Zurückhaltung. Trotzdem frage ich mich, was ich getan haben könnte, um offenbar auch ihnen derart auf die Nerven zu gehen. Irgendwas muss es gegeben haben.[18] So richtig werde ich es wahrscheinlich nie erfahren – aus dem gleichen Grund, warum Mrs. Chippy nie erfahren wird, wie genervt wir alle von ihren Geräuschen und Ausrufen waren: Es ist einfach zu schwierig, ein solches Thema anzuschneiden bei jemandem, den man überhaupt nicht kennt. Und das ist ganz schön merkwürdig und traurig, wenn man bedenkt, wie viel Zeit man zusammen verbringt. Büros, davon bin ich überzeugt, zerstören jede Form von sozialen Beziehungen, manche erzeugen sogar so etwas wie ein übertrieben familiäres Klima und *gleichzeitig* eine totale Vereinsamung.

---

18 Vielleicht hatte ich die Ausstrahlung von jemandem, der ein Tagebuch schreibt.

Moderne Arbeitsverhältnisse und der Tod der Ideen

Die bestehenden Arbeitsverhältnisse sind der Tod der Ideen, und als ob das nicht schon genug wäre, besitzen diejenigen, die sie anpreisen, auch noch die Frechheit, das Ganze als in irgendeiner Form »wissensbasiert« und die Angestellten als »Kreative« zu bezeichnen. Immer wenn ich dieses Wort in so einem Zusammenhang höre, möchte ich nur noch krank sein.[19] In Bürojobs ist sehr wenig Kreativität vorhanden. Nur gelegentlich muss ein mittelschweres Problem gelöst werden; normalerweise eins, das von anderen Angestellten verursacht wurde. Und man muss auch nicht über besonderes Wissen verfügen, wenn man einen Bürojob machen will. Der Gedanke, dass ein Angestellter, der nur für ein kleines Sachgebiet in einer Marketingabteilung verantwortlich ist, herumläuft und sich selbst mit einem Künstler vergleicht, ist jedem ein Gräuel, der so etwas wie ein Gehirn im Kopf hat oder auch nur eine Ahnung dessen, was ein kreativer Impuls tatsächlich ist. Solche Beschreibungen sind einfach anmaßend. Es ist ungefähr so, als würde man ein Kleinkind, das seine Fingerabdrücke irgendwo hinterlässt, als einen »kleinen Picasso« bezeichnen. Solchen Dingen sollte man immer und überall entgegentreten. Denn sie sind nichts weiter als von oben gesteuerte Versuche, uns bei irgendeiner Tätigkeit ein etwas besseres Gefühl zu geben.

Die Reduzierung potenziell kreativer Arbeit auf unqualifizierte Maloche ist natürlich gewollt. Im frühen zwanzigsten Jahrhundert hatten die Ideen von Frederick Winslow Taylor großen Einfluss. Sein Buch trug den Titel *Die Grundsätze wissenschaftlicher Betriebs-*

---

19 Es handelte sich um eine ganz spezielle Vision: Ich möchte so krank aussehen wie die Konsistenz einer Gemüsesuppe aus dem Tesco-Supermarkt.

führung. Stalin war verrückt danach, genau wie die Begründer der ersten Betriebswirtschaftskurse in Amerika. Taylors Ideen werden heute als »Taylorismus« bezeichnet und laufen auf die totale Zerstückelung der Arbeit hinaus. Gegen Arbeitsteilung lässt sich erst mal nichts einwenden – eine Bildhauerin zum Beispiel wird nicht unbedingt auch noch ihren Marmor im Steinbruch abbauen, und es ist klar, dass sie grundsätzlich andere Fähigkeiten hat als ein Steinbrucharbeiter –, aber Arbeitsteilung ist der Beginn der Entqualifizierung und Entfremdung, vor allem dann, wenn die Spezialisierung derart auf die Spitze getrieben wird, wie es heutzutage der Fall ist.

Der Taylorismus sorgte zuallererst für die Trennung von »Wissen« und »Handeln«. Um die Produktionskosten zu senken, muss die Hand- von der Kopfarbeit getrennt werden, die Fabrikhalle vom Büro; die Arbeitnehmer müssen in Arbeiter und Angestellte aufgeteilt werden. Zum Beispiel durfte ich mir auf der Betoninsel zwar den ganzen Tag den Hintern wund sitzen, durfte aber auf keinen Fall die flackernde Leuchtstoffröhre über meinem Schreibtisch auswechseln, denn das fiel in die Zuständigkeit einer anderen Abteilung.

»Die Manager übernehmen«, so schreibt Taylor, »die schwere Aufgabe, das gesamte traditionelle Wissen zusammenzufassen, das in der Vergangenheit den Arbeitern zur Verfügung stand, um es zu klassifizieren, tabellarisch zu ordnen und dieses Wissen auf Regeln, Gesetze und Formeln zu reduzieren, die den Arbeitern in ihrer täglichen Arbeit ausgesprochen nützlich sind.« Man kann das aber auch anders ausdrücken. Taylors Arbeitsorganisation hat für meine Begriffe das Ziel, die Idee des qualifizierten Arbeiters zu zerstören und das Bedürfnis nach Wissen und Innovation in der Arbeiterschaft so weit wie möglich zu reduzieren. Es degradiert den Arbeiter auf das Niveau eines Automaten. Damit geht es nur noch darum, dass eine Arbeiterin an einer Bandsäge nur noch Material durch ihre Bandsäge laufen lässt, ohne zu wissen warum und wofür, und dass ihr untersagt wird, eigene Ideen oder Kenntnisse einzubringen. »Alles Denken sollte aus der Fabrikhalle verbannt und den Abteilungen für Planung und Arbeitsabläufe überlassen werden«, schreibt Taylor.

Heute ist der Taylorismus überall. Er ist Teil jedes arbeitsplanerischen Grundkonzepts. Der Künstler Damien Hirst zum Beispiel kommt ständig mit irgendwelchen Ideen, legt aber selbst kaum Hand an. Es ist ein autoritäres System, bei dem die Kreativität in einem einzigen Gehirn zentralisiert ist (oder in einem Programm, das in der Vergangenheit entworfen wurde), und alle tun nur das, was ihnen gesagt wird, ohne dass ihr Urteil, ihre Kompetenz oder ihr Erfindungsreichtum gebraucht wird. Konzepte wie die Lehr- und Ausbildungszeit sind fast schon überflüssig geworden, denn die Lehre wurde ersetzt durch eine »kontinuierliche professionelle Weiterentwicklung«, von der jeder weiß, dass sie totaler Unfug ist und eine Frechheit noch dazu.

Der »Don't make me think«-Ansatz im Design macht durchaus Sinn, wenn es sich um eine Zahnbürste, eine Website oder ein elektrisches Gerät handelt, das der Nutzer intuitiv anwenden können soll. Aber nicht, wenn es darum geht, Arbeitsabläufe zu organisieren. Dort bewirkt sie nämlich nur, dass wir zu einer unqualifizierten, futuristische Nahrungsersatzmittel wie Soylent schlabbernden Kaste von Nichtskönnern degenerieren, die so etwas wie Stolz auf ihre Arbeit gar nicht mehr kennen, und deren kreative Fähigkeiten verkümmern. Und anschließend fordert man uns auf, unsere Kreativität doch bitte wieder in Gang zu bringen, indem wir *unsere Freizeit* mit iPhone-Rätseln verbringen, um die drohende Demenz zu verhindern – anstatt Kreativität gleich ins Zentrum unserer Arbeit zu rücken!

Obwohl Taylor das Ziel hatte, die »geistige« von der »körperlichen« Arbeit vollkommen zu trennen, wird dieser Prozess inzwischen auf Trennungen *innerhalb* des sogenannten geistigen Sektors angewandt, wo Tätigkeiten immer weiter in ihre Einzelteile zerlegt werden. Kreative und kognitive Elemente werden einer Minderheit von leitenden Angestellten überlassen, die ihre Befähigung durch die Teilnahme an einem einjährigen Master-Studium erlangt haben. Das sind dann diejenigen, die alles in sinnlose Arbeitseinheiten zerbröseln und sie den unter ihnen stehenden Angestellten aufdrücken – die zwar vergleichbare geistige Fähigkeiten wie ihre Chefs haben, ihre Gehirne aber nicht über die bloße Anpassung an den vorgeschriebenen Ablauf hinaus belasten dürfen. Das ist der Geist, der in Callcentern und hinter diesen grau verkleideten innerstädtischen Gebäuden vorherrscht, die vollgestopft werden mit schlecht bezahlten, schlecht ausgebildeten Angestellten, die in einem anderen Leben wahrscheinlich entscheidungsfreudige Menschen mit besonderen handwerklichen Fähigkeiten gewesen wären.

Als ich, fünfzehn Jahre bevor ich dieses Buch schrieb, in einer großen akademischen Bibliothek arbeitete, gab es dort unter zweihundertdreißig Angestellten nur siebenundzwanzig Bibliothekare. Die Mehrheit der Angestellten bestand aus Assistenten, Hilfskräften, Hausmeistern, Sicherheitsleuten und Buchrestauratoren. Es existierte zwar eine gewisse Arbeitsteilung, aber auf moderatem Niveau. Denn es hätte ökonomisch ja wirklich keinen Sinn gemacht, wenn die Bibliothekare – gut ausgebildete Rechercheure, die viel zu tun hatten – sich stundenlang damit beschäftigt hätten, Bücher in Regale einzuordnen oder Bonbonpapier aus den Blumenrabatten zu fischen. Ansonsten gab es aber dieses Bewusstsein unter den Assistenten, dass erst mal einer der Bibliothekare sterben oder zumindest in Rente gehen musste, bevor man sozusagen in seine

Fußstapfen treten und einen dieser weihevollen dünn gesäten Jobs ergattern konnte.

Als ich Jahre später ein paar meiner früheren Kollegen traf, erzählten sie mir, dass dies nicht mehr so gehandhabt würde, weil der neue Direktor der Ansicht war, die Arbeit der geweihten Siebenundzwanzig könne jetzt auch *von fünf oder sechs* Leuten erledigt werden. Der Grund dafür waren nicht etwa Budgetkürzungen, sondern der geradezu unterwürfige Glaube an die heilsbringende Wirkung des Taylorismus: Die Kenntnisse und Fähigkeiten der Bibliothekare wurden in Prozesse zerlegt und konnten nun von Managern und Assistenten erledigt werden oder, besser noch, von selbstlernenden Programmen, die dazu entworfen wurden, Bibliotheksbenutzer dazu zu erziehen, ihre Rechercheprobleme gefälligst selbst zu lösen.

Das ist das gleiche Prinzip, nach dem ein Kassierer im Supermarkt sechs oder acht Selbstbedienungskassen überwacht, anstatt eine einzige Kasse mit Warentransportband (oder wie auch immer das heißt) zu bedienen. Etwas geht dabei verloren, das muss nicht extra betont werden. Diese Form von mechanischer Herangehensweise, um die Wirtschaftlichkeit zu erhöhen, ist eine Gefahr für die Menschlichkeit, der sie angeblich dienen soll.

Woanders, in der sogenannten Wissensindustrie, werden Produkte wie etwa Apps von immer mehr, immer schlechter ausgebildeten Arbeitskräften hergestellt, denn es gibt inzwischen verschiedene Open-Source-Programme, die man dafür benutzen kann. Einen gut ausgebildeten Programmierer, um so etwas von Grund auf neu zu bauen, braucht man nur noch selten. Aber diese Apps können nun wiederum anderen unausgebildeten Personen helfen, ihre Arbeitsprozesse zu automatisieren, damit sie von noch weniger ausgebildeten Personen durchgeführt werden können … Irgendwann werden nirgends mehr Experten benötigt. Es gibt nur noch dieses eine Gehirn, das in einem Bankschließfach im Canary Wharf in den Londoner Docklands eingeschlossen sein wird.

All das könnte noch irgendwo Anlass zur Hoffnung geben, weil eine totale Automation womöglich eines Tages die Lohnsklaven aus ihrer Knechtschaft befreit. Aber das würde nur funktionieren, wenn sie mit dem Bedingungslosen Grundeinkommen einherginge. Nur dürfte diese Aussicht denjenigen, die sich heute Tag für Tag als Lohnsklaven abrackern müssen, kaum ein Trost sein, oder? Das Thema dieses Buchs ist nicht, eine großartige Zukunftsutopie zu entwerfen, sondern Überlebensstrategien für Lohnsklaven von heute aufzuzeigen, in einer Welt, in der man uns als »Kreative« bezeichnet, nur um uns vollkommen unkreative Arbeiten erledigen zu lassen.

Die Verminderung von Arbeit

Uns steht nur eine begrenzte Zeit zur Verfügung, vor allem wenn wir Lohnsklaven sind. An einem Vierundzwanzig-Stunden-Tag (meiner Meinung nach die beste Form des Tages) schlafen wir durchschnittlich acht Stunden und verlieren zehn durch Arbeit und Pendeln. Damit bleiben uns sechs Stunden für uns selbst. Das soll dann das eigentliche Leben sein. Diese sechs Stunden braucht man oft schon zur Energierückgewinnung und für kleine Instandhaltungstätigkeiten.

Wir verbringen die Wochenenden erst mal damit, Dinge zu erledigen, für die wir sonst keine Zeit haben, vor allem Einkaufen. Am Sonntag dann verfallen wir in eine Erstarrung und versuchen, uns von diesem ganzen Herumgerenne zu erholen. Es wird Zeit, dass wir unsere Zeit zurückfordern.

Nun gibt es natürlich auch Möglichkeiten, *die Qualität* der sechs Stunden, die uns verbleiben, zu erhöhen. Aber darauf werden wir in dem Kapitel zurückkommen, in dem wir uns mit dem »Zuhause« beschäftigen. Vorher müssen wir uns die Möglichkeiten der Reduzierung der Zeit vornehmen, die wir jeden Tag und jede Woche am Arbeitsplatz verbringen. Das ist der Anfang des guten Lebens für Lohnsklaven. Wir müssen die Zeit, in der wir dieser Bedrohung ausgeliefert sind, reduzieren. Während meiner ersten Tätigkeit als Lohnsklave – als ich einen Teilzeitjob in einem Einkaufszentrum hatte – nahm mich eine ältere und recht glamouröse Mitarbeiterin namens Gladys (mit turmhoher Beehive-Frisur, nikotingelben Zähnen und offensichtlich glücklich verwitwet) beiseite und sagte: »Hör mal, junger Freund, du solltest dir über Folgendes Gedanken machen …« Und dann erklärte sie mir, wie man »eine Woche auf Lanzarote« verbringen kann, obwohl man nur einen einzigen Tag vom Jahresurlaub beansprucht hat. Da wir beide von Montag bis Mittwoch arbeiteten, war die Idee dahinter, den Mittwoch freizunehmen, um dann fünf Tage Urlaub in einer warmen, angenehmen Gegend zu machen, von der man rechtzeitig zur nächsten Schicht am Montag wieder zurück sein konnte, als ob nichts gewesen wäre.

Besonders schlau war natürlich, dieser Idee in einer Woche zu frönen, wo sowieso ein Feiertag war, womit sich die Anzahl der freien Tage auf sechs strecken ließ. Anstatt bloß einen vierzehntägigen Urlaub im Sommer zu nehmen, jettete Gladys mehrmals im Jahr zu irgendwelchen europäischen Urlaubsresorts, wo sie schöne fünf bis sechs Tage verbrachte. Da sie auf diese Weise nicht mal ihren vollen Urlaubsanspruch ausschöpfte, konnte sie sich am Ende des Jahres den nicht genommenen Urlaub auszahlen lassen. »Auf diese Weise«, sagte sie augenzwinkernd, »kannst du das ganze Jahr über Urlaub machen und sogar zusätzliches Geld verdienen.« Gladys lebte ihren Traum. Ich war schwer beeindruckt von diesem taktischen Hinweis und möchte dieses Kapitel zum Thema Arbeitsreduzierung in ihrem Sinne schreiben: *von* Langzeit-Drückebergern *für* Langzeit-Drückeberger.

Die vorherrschende Geschäftigkeit und die konventionellen Ideen von Erfolg hinter sich lassen

Wir müssen von der Idee Abschied nehmen, dass Geschäftigkeit – das ständige Tun und Machen – etwas Gutes sei. Die Illusion, sie sei an sich etwas Positives, ist ein Grundpfeiler des Schreckensregimes der Lohnsklaverei. Wenn wir uns nicht zu der Ansicht durchringen können, dass Geschäftigkeit tatsächlich etwas Schlechtes ist, wird das Erörtern von Techniken zur Arbeitsreduzierung in diesem Kapitel keinen Sinn machen. Wir können den Arbeitsaufwand nur reduzieren, wenn wir clever und mit Bedacht vorgehen, aber vorher müssen wir die Idee verwerfen, dass ständiges Tun und Machen erstrebenswert sei.

Produktivität kann etwas Positives sein, ebenso Effizienz und Effektivität. Aber Geschäftigkeit nicht. Geschäftigkeit läuft bloß darauf hinaus, dass man sich abzappelt, um das gleiche Resultat zu erzielen wie jemand, der überhaupt nicht geschäftig ist. Man kann auch derart viel Wind machen um das, was man angeblich erreichen muss, dass man das genaue Gegenteil erzielt. Zu viel Leistungsbereitschaft ist Verschwendung, genau wie zu viel Aktivität. Was soll das alles?

Geschäftigkeit ist vielleicht was für Ameisen, aber nichts Gutes für Menschen. Man verliert jeden Sinn für Qualität und Kultur, weil man sich sinnlosem Gemache hingibt. In dem Roman *Der König auf Camelot* über die Kindheit von König Arthur gibt es ein Kapitel, in dem Merlin den jungen Arthur in eine Ameise verwandelt und ihn in einen Ameisenbau schickt. Es ist ein eigenartiges Kapitel, das sich sehr vom Rest des Buchs unterscheidet. Die Ameisen haben eine Arbeitsgesellschaft organisiert, und T.H. White beschreibt diese als nicht besonders erstrebenswert. Die Ameisen sehen alles durch die Brille der Produktivität, beschreiben jedes Ding als entweder »erledigt« oder »nicht erledigt«, wobei »erledigt« grundsätzlich gut und »nicht erledigt« grundsätzlich schlecht ist. Ein leckerer Happen wird als »erledigt« eingestuft, während der gleiche Happen, wenn sich herausstellt, dass er vergiftet ist, als »nicht erledigt« umdefiniert wird. Alles wird in Gegensätzen betrachtet, das ganze Leben und die nie enden wollende Tätigkeit, etwas Unerledigtes zu erledigen. An einer Stelle wird eine hübsche Satire zum Thema »Und was machst du so?« erzählt. Eine Ameise fragt Arthur:

> *»Und was machst du so?« Der Junge antwortete wahrheitsgemäß: »Ich mache nichts.« Die Ameise war mehrere Sekunden lang sprachlos, so wie es wäre, wenn Einstein Ihnen gerade seine neuesten Ideen zum Thema Weltraum erläutert hätte. Dann fuhr sie alle zwölf Glieder ihrer Antenne aus und sprach an ihm vorbei ins Blaue: »105978/UDC meldet sich aus Sektor fünf. Hier in Sektor fünf ist eine verrückte Ameise. Over.«*

Die Vorstellung, dass Geschäftigkeit etwas Gutes ist, resultiert aus der falschen Annahme, dass es ein Zeichen des persönlichen Erfolgs ist, wenn man gefordert wird. Wenn man fünfzig Stunden die Woche arbeiten muss, ist man ein gefragter Mensch! Ein Mensch, der gebraucht wird und bestimmt ziemlich wichtig ist! Das ist nichts als Verblendung und Unterwerfung unter das Regime jenes Betriebssystems, das behauptet, Arbeit an sich sei schon ein Wert. Diese Einstellung wird Sie sinnlos an Ihren Job festnageln und vom guten Leben abhalten.

Und leider setzt sich die Verehrung des Geschäftigseins bis in die Freizeit fort. Was vielleicht daran liegt, dass es wie ein Orden getragen werden kann. Unglücklicherweise läuft so etwas darauf hinaus, dass die Menschen ihre Freizeitaktivitäten viel zu ernst nehmen, so als wären sie ein weiterer Kampfplatz der Geschäftigkeit, wobei es auf Perfektion ankommt. H.G. Wells beschrieb dieses aufkommende Phänomen 1910 in seinem Roman *Mr. Polly steigt aus*. Dieser Mr. Polly besuchte eines Tages einen Golfplatz und erblickte zwei ältere Herren:

> *... die, wenn sie nur wollten, würdige und entspannte Ehrenmänner hätten sein können, wie sie hingebungsvoll ihrer Freizeittätigkeit nachgingen, die darin bestand, kleine weiße Bälle über große Entfernungen hinwegzuschlagen, und zwar mit einem Ausdruck von Erbitterung und allergrößter Konzentration. Mr. Polly verstand nicht, was das sollte.*

Fast hundert Jahre später unterhielt ich mich mit einer Kollegin, die ganz stolz darauf war, Fan-Fiction zur TV-Serie *Buffy – Im Bann der Dämonen* zu schreiben. Aber sie sprach darüber auf eine merkwürdige Art: Sie raufte sich die Haare und klagte über Abgabetermine und dass sie sich für zu viele verschiedene Schreibprojekte verpflichtet hätte. Wie viel Spaß macht es also wirklich, sich in seiner Freizeit mit Golfspielen oder dem Schreiben von Fan-Fiction über seine Lieblingsvampire zu beschäftigen?

Der Glaube an die Geschäftigkeit geht oftmals einher mit Geld. Aber in einer Welt, wo immer mehr freiwillige unbezahlte Arbeit verlangt wird (und die Lohnsklaven schon glücklich darüber sein müssen, dass sie überhaupt Arbeit haben und sie in der dafür angesetzten Zeit erledigen können – wobei man durchaus von ihnen erwartet, dass sie noch ein paar Überstunden machen, nur so aus Spaß), hängt das Verhältnis zwischen Geld und Geschäftigkeit an einem sehr dünnen Faden. Zum Glück gibt es hier einen Lichtblick. Nämlich, dass man pro Stunde gebucht wird – in früheren Zeiten war dies ein Privileg besonderer Berufsstände wie der Anwälte; denn das könnte helfen, die Verbindung wieder ein wenig zu verstärken. Hey, Arbeitgeber: Wenn ihr euch mit dem hungrigen Prekariat anlegen wollt, könnt ihr sicher sein, dass ihr für jede Stunde, für die ihr uns einkauft, auch bezahlen müsst.

Wir müssen die Art und Weise verändern, wie wir Erfolg im Zusammenhang mit Arbeit definieren. Anstatt zu glauben, dass erfolgreiche Menschen geschäftige Menschen sind, könnten wir sie ja auch als ineffiziente Personen ansehen, als Leute, die sich viel zu sehr aufopfern, als Menschen, die sehr wahrscheinlich Angst davor haben, etwas Wichtiges zu verlieren, wenn sie unbeschäftigt oder gar illoyal wirken.

Anstatt an einen Zusammenhang zwischen Zeit und Leistung zu glauben, die man in eine Maschine eingeben kann, um erstklassige Ergebnisse zu erzielen, sollten wir das Paretoprinzip beherzigen.[20] Wir könnten Einfachheit und Eleganz valorisieren anstatt Geschäftigkeit. Die Leute mit den übervollen Terminkalendern und dem großen Tamtam, das sie darum machen, sind keine Vorbilder. Das sind eher die bescheidenen Typen, die reinkommen und ihre Aufgabe schnell und effektiv erledigen – denken Sie zum Beispiel an Harvey Keitel in *Pulp Fiction*.

Wenn es darum geht, unsere Angelegenheiten zu organisieren, vor allem bei der Arbeit, könnten wir die schnellste und einfachste Lösung bevorzugen und nicht diejenige, die am meisten hermacht. Anstatt das Rad zum tausendsten Mal neu zu erfinden, könnten wir nach Lösungsmöglichkeiten suchen, die bereits vorhanden

---

20 Nach dem Ökonomen Vilfredo Pareto. Es besagt, dass man mit nur etwa zwanzigprozentiger Anstrengung etwa achtzig Prozent aller Probleme lösen kann. (d. Red.)

sind, und sie nötigenfalls für unsere Zwecke zurechtzimmern – und dem Erfinder danken.

Auf der Betoninsel hatte ich die Aufgabe, eine Datenbank auf der Basis von schätzungsweise fünftausend Eintragungen zu entwickeln. Dabei hätte ich bei null anfangen können. Aber um meiner Firma Zeit und Geld zu sparen, nahm ich mir eine schon vorgefertigte Open-Source-Datenbank vor und konnte die Sache innerhalb von wenigen Tagen zum Laufen bringen. Ich glaube, meine Chefs hatten erwartet, die Arbeit würde mehrere Wochen beanspruchen, vielleicht sogar Monate. Es war mir schon fast peinlich, ihnen mitteilen zu müssen, dass ich fertig war. Ich traute mich auch nicht, ihnen zu erklären, wie ich das geschafft hatte, weil ich Angst hatte, man würde mich des Mogelns bezichtigen. Auch wollte ich keine Zeit verschwenden und so tun, *als ob ich etwas zu tun hätte,* wo die Arbeit doch bereits erledigt war, weil ein menschenfreundlicher Nerd die Codes der Allgemeinheit zur Verfügung gestellt hatte.

Doch die Glorifizierung der Geschäftigkeit findet auf allen Ebenen statt. Denken wir nur an das Bruttoinlandsprodukt (BIP). Das BIP wird oft als Maßstab herangezogen – als wichtigste Messlatte – für den Erfolg und internationalen Status eines Landes. Dabei ist es nur eine Momentaufnahme, die durch wirtschaftliche Transaktionen erzielt wird. Es zeigt nur an, dass ein Land besonders geschäftig agiert.

2018 hat die größte Grüne Partei im Vereinigten Königreich einen Free Time Index (FTI) als Alternative zum BIP vorgeschlagen. Ich finde das ziemlich gut. Sie schlug nicht vor, dass wir das BIP völlig vergessen, aber sie meinte, wir sollten aufhören, es mit Erfolg gleichzusetzen. Der FTI, so hieß es, könnte eine Alternative sein, weil wir damit zeigen können, wie viel freie Zeit einer Nation pro Jahr zur Verfügung steht. Auf diese Weise könnte man freie Zeit als Indikator für persönlichen und nationalen Erfolg einsetzen, anstatt zu messen, wie umtriebig wir mal wieder gewesen sind. Unser aller Leben würde dadurch angenehmer werden.

Damit anzugeben, wie geschäftig man mal wieder war, es aber in Quengeleien zu verpacken (»Puh, ich hatte so viel zu tun« usw.), nennt man im Englischen »humblebrag«.[21] Das Tiefstapeln würde es gar nicht geben können, wenn das vorherrschende Programm in unserer Gesellschaft nicht ausgerechnet die Anbetung der Arbeit wäre. Man könnte diese Haltung dadurch beenden, indem man ihr freundlich, geistvoll und ernsthaft begegnet. Wenn jemand sagt: »Oh, nein, ich hab so viel zu tun«, könnte man fröhlich erwidern: »Keine Sorge, du schaffst es, wenn du Schritt für Schritt vorgehst.« Darüber hinaus könnte man noch David Allens Buch *Ich schaff das! – Selbstmanagement für den beruflichen und privaten Alltag* empfehlen. Zu viel Arbeit zu haben könnte man anführen, ist echt ein Problem und bestimmt kein Grund zum Feiern. Fragen Sie die Person, ob Sie ihren Blutdruck messen sollen. Zu viel Arbeit ist kein Statussymbol, sondern ein Versagen bezüglich des persönlichen (oder des Personal-)Managements.

Um es noch einmal zu sagen:

Wir müssen von der Idee Abschied nehmen, Geschäftigkeit sei gleichbedeutend mit Erfolg. Beide Dinge gehören nicht zusammen! Es geht vielmehr darum, Effizienz bei der Arbeit dazu zu nutzen, mehr freie Zeit für andere Dinge zu haben. »Wir sollten jene ehren«, schrieb der Boheme-Ökonom John Maynard Keynes, »die uns beibringen, wie man sich die Stunde oder den Tag pflückt, ganz rechtschaffen, und ja, auch jene wunderbaren Menschen, die in der Lage sind, sich ganz direkt an den Dingen zu erfreuen.«

---

21 Der Begriff »humblebrag« – zu Deutsch: tiefstapeln – wurde von dem Komiker Harris Wittels geprägt. John Lloyd nennt den gleichen Umstand »moast« als Kombination aus »moan« (klagen) und »boast« (angeben).

Und wie sollen wir das hinkriegen? Freut mich, dass Sie gefragt haben! Unser Plan ist zunächst einmal, die Stunden zu reduzieren, die wir mit Arbeit zubringen. Anschließend wäre es wichtig, die Stunden, die wir damit zubringen *müssen,* so angenehm wie möglich zu gestalten, damit sie so weit wie möglich ans gute Leben herankommen. Später werden wir lernen, wie wir unserer Zeit *jenseits der Arbeit* noch mehr Schönheit abgewinnen können – zu Hause und unterwegs –, indem wir albernen und teuren Konsumgewohnheiten die Stirn bieten. Fangen wir also erst mal damit an, die Arbeitszeit zu reduzieren.

Theorie und Praxis der Mittagspause

Beginnen wir unsere Diskussion zum Thema Arbeitsreduzierung zurückhaltend mit einer Erörterung der Mittagspause. Sie wird nämlich so langsam zu einem Auslaufmodell, und es ist unsere Pflicht als lebendige Seelen in den Körpern von Lohnsklaven, sie zurückzufordern. Ähnliches hat Keith Waterhouse in einem meiner absoluten Lieblingsbücher mit dem Titel *The Theory and Practice of Lunch* geschrieben. Verloren gegangen ist seiner Ansicht nach vor allem eine bestimmte Art von Mittagspause. Bei der man nämlich zusammen mit einem Bekannten an einem weiß gedeckten Tisch Platz nimmt, auf dem richtiges Besteck, ein Krug Wasser mit Zitronenscheiben, eine oder mehrere Flaschen Wein stehen und an deren Ende ein Dessert serviert wird. Er erklärt, dass es bei einem solchen Lunch nicht ums Essen geht, sondern um die gute Gesellschaft, das regelmäßige Üben von Großzügigkeit und, am wichtigsten, um die Rückeroberung von Zeit, die bei der täglichen Plackerei verloren geht, damit wir sie dem guten Leben widmen können.

Die Mittagessen der Generation von Waterhouse (er war Jahrgang 1929) fingen kurz nach Mittag an und dauerten, wenn möglich, zwei bis drei Stunden. Auf einer Seite listet der Autor einige Sätze auf, die man während der Mittagspause vermeiden sollte. Einer davon lautet: »Es macht dir doch hoffentlich nichts aus, wenn ich um zwei Uhr abzische – ich habe einen Termin mit jemandem im Büro.«[22]

Was heutzutage unter Angestellten als Mittagspause durchgeht, würde Waterhouse überhaupt nicht als Pause verstehen. Seit der Veröffentlichung des Buchs im Jahr 1986 sind wir tief gesunken. Damals äußerte er die Befürchtung, es könnte sich einbürgern, nur mal kurz eine Stunde wegzugehen, um »etwas zu essen«, und anschließend sofort wieder an seinen Platz im Büro zurückkehren. Was er damals als Ausdruck völliger Verarmung ansah, nämlich, dass die meisten Angestellten ihr Mittagessen *al desko* zu sich nehmen[23] – also ein rasch gekauftes Sandwich oder einen Salat aus der Plastikschüssel am selben Ort vertilgen, wo sie sowieso schon die ganze Zeit sitzen, und dabei Krümel in die Tastatur fallen lassen und die Augen womöglich kein einziges Mal vom flimmernden Monitor abwenden.

Eine Untersuchung einer Website namens totaljobs.com stellt fest, dass die durchschnittliche Mittagspause gerade mal vierundzwanzig Minuten dauert und achtundsechzig Prozent der Arbeitnehmer sie ganz ausfallen lassen. Die Tage des Zusammentreffens

---

22 Andere Möglichkeiten, den Spielverderber zu geben, wären zum Beispiel: »Ich frage mich wirklich, wo du das alles hinpackst …« oder »… nur wenn es hier auch Entkoffeinierten gibt«.

23 Büroangestellte essen an vier Tagen in der Woche ihr Mittagessen am Schreibtisch, wie eine Befragung herausfand, über die der *Telegraph* im Jahr 2017 berichtete. https://www.telegraph.co.uk/business/2017/07/19/average-british-worker-takes-just-34-minutes-lunch-break/

in der Kantine sind im Westen so gut wie vorbei (in vielen asiatischen Ländern gibt es das noch öfter, genauso wie in Skandinavien). Heutzutage gehen die Angestellten eher mal schnell in eine Cafeteria um die Ecke (ein Lokal, das mit kalter Berechnung genau aus diesem Grund dort angesiedelt wurde).

Man kann all das durchaus verstehen. Wenn man deprimiert ist und angewidert und immer noch müde vom frühen Aufstehen und der Fahrt in der U-Bahn, ist es schwierig und wenig wünschenswert, die Anstrengung zu unternehmen, gutes Essen für die Mittagspause zu finden. Es ist auch verzeihlich, dass man keine Lust hat, mit den Kollegen zu essen, die einem sowieso auf die Nerven gehen mit ihrem humorlosen Small Talk, nachdem sie einem mit ihren leisen, aber umso wirkungsvolleren Ausdünstungen die Atemluft verpestet haben. Aber ein gutes Mittagessen einzunehmen, ist eine Schlüsselstrategie, um sich in der Welt der Lohnsklaverei was zu gönnen. Es ist eine gute Möglichkeit, den Arbeitstag wie die Titanic zu versenken, indem man ihn in zwei Teile zerbricht und seinem Körper eine Vitaminspritze und andere Annehmlichkeiten zufügt; denn andernfalls würde er im Bürosessel einen langsamen Tod sterben. Man kann sich die Beine vertreten, die ansonsten verkümmern würden, und sich vor allem der unabdingbar wichtigen und im Grunde leicht realisierbaren Strategie der Arbeitsreduktion hingeben.

Wir werden normalerweise nicht für eine, sagen wir mal, halbstündige Mittagspause bezahlt (schauen Sie nach; in Ihrer Lohnabrechnung ist nichts Derartiges enthalten), also können wir damit machen, was wir wollen. Es geht darum, das Recht auf eine angemessene Mittagspause zu verteidigen und unserem Arbeitgeber nicht auch noch eine halbe Stunde unbezahlte Arbeit zu schenken, um die er gar nicht gebeten hat. Wir sind schließlich keine Gleitzeit-Philanthropen. Selbst wenn wir jeden Tag nur diese halbe

Stunde Mittagspause nehmen, sind das zweieinhalb Stunden pro Woche. Das sind hundertzwanzig Stunden im Jahr,[24] was nicht zu verachten ist, da werden Sie mir sicherlich zustimmen.

Zugegeben, diese hundertzwanzig Stunden bringen nicht viel, wenn sie in Dreißig-Minuten-Stücken über das ganze Jahr verteilt werden, weshalb ich Ihnen dringend raten möchte, eine ganze Stunde Mittagspause einzulegen – das sind umgerechnet zweihundertvierzig zurückeroberte Stunden pro Jahr! So betrachtet, nachdem wir gleichmäßig große Löcher aus unserem wöchentlichen Zeitschema ausgestanzt haben, ähnelt unsere Arbeitswoche inzwischen einem ganz schön perforierten Holzblasinstrument, das allein aus unserer Entschlossenheit gefertigt wurde, das Büro jeden Tag für eine Stunde zu verlassen.

Und es gibt so viele Möglichkeiten, diese Stunde zu verbringen! Auch wenn Waterhouse sagt, dass es bei der Mittagspause nicht nur ums Essen geht, empfehle ich jedoch erst mal, es sich an einer herzhaften, auf Pflanzen basierenden Mahlzeit gütlich zu tun – besonders geeignet sind Chilischoten oder Oliven, um die vom Büroalltag abgestumpften Sinne wiederzubeleben.

Ein großer Fürsprecher des einstündigen Mittagessens ist ein in Leeds lebender Angestellter namens Rob (mit mir nicht verwandt oder verschwägert), der die Möglichkeiten des Lunchs bis zum Äußersten ausreizt. Man kann ihm auf Instagram unter @workerslunchtime folgen. Er geht in Kunstausstellungen, besucht die Tiere auf einem nahe gelegenen Bauernhof, durchstreift die Straße als nachdenklicher Flaneur und hat einmal sogar eine Bingo-Halle betreten, um dort dreißig Minuten zu spielen. Ich bin mir nicht sicher, ob ich als ausgepowerter Lohnsklave genügend Energie hätte, all das zu tun, aber es ist auf jeden Fall erstrebens-

---

24 Wenn wir von achtundvierzig Arbeitswochen pro Jahr ausgehen.

wert und zeigt uns, was alles möglich ist, wenn wir eine Ein-Stunden-Oase in unseren Arbeitsalltag einbauen. Oder wie Rob es ausdrückt: »Mittagspause ist Freiheit«.

Und dann war da noch Leonard Dubkin, ein Amateur-Naturforscher aus Chicago, der sein Mittagessen jeden Tag in einer Papiertüte mitbrachte und sich, weil es in seiner Firma keinen Raum fürs Mittagessen gab, auf dem Parkplatz in sein Auto setzte: »Das war sehr unbefriedigend. Deshalb entschied ich mich eines Tages, einen besseren Ort für meine Mittagspause zu suchen.« Er begann nun, sich während der Mittagspause davonzustehlen und »geheime Orte« aufzusuchen, an denen er wilde Tiere beobachtete. »Als ich auf der Uferböschung saß, um mein Essen zu mir zu nehmen, bemerkte ich einen Schwarm von ungefähr acht Staren, die von einem niedrigen Baum zum nächsten flogen. Ich warf ihnen ein paar Brotkrumen hin, und nach einer Weile kam einer der Stare angeflogen und begann, sie zu fressen …«

Jeden Tag eine einstündige Mittagspause einzulegen ist eine Maßnahme, die man ganz allein und ohne Erlaubnis oder besondere Privilegien durchführen kann. Kein Vorgesetzter kann es Ihnen verbieten, und falls doch, werden Sie dagegen aufbegehren und drohen, die ganz großen Bosse mithineinzuziehen. Wenn ein Angestellter sich jeden Tag eine Stunde Mittagspause gönnt, ist das viel zu unbedeutend, als dass man sich dagegen aussprechen würde. Es wäre auch unglaublich knickrig. Selbst wenn man Ihre Mittagspausen-Dekadenz gerne einschränken würde, wird man es mit großer Wahrscheinlichkeit nicht tun. In Büros mit besonders starrer Arbeitsethik könnte es vielleicht passieren, dass Vorgesetzte und Kollegen Sie drangsalieren, indem sie Ihre lockere Pausenmoral lächerlich machen, aber derartigem Gruppendruck kann man widerstehen. Lachen Sie einfach darüber. Erfreuen Sie sich an Ihrem Mittagessen. Rülpsen Sie laut und herausfordernd bei Ihrer Rückkehr.

Ich habe gehört, dass es sich in einigen Firmen eingebürgert hat – wahrscheinlich in höriger Anlehnung an die Arbeitspraktiken im Silicon Valley –, Pizzas für »das Team« zu bestellen, was dann auf ein Arbeitsessen unter dem Deckmantel von Teamwork und Großzügigkeit hinausläuft. Falls das passiert, empfehle ich Ihnen, die Pizza ein oder zwei Mal dankend anzunehmen, sich dann aber aufgrund gesundheitlicher Probleme davon zu verabschieden, wenn diese Praxis weiterbetrieben wird. Falls dann ersatzweise Salat angeboten wird, erklären Sie, es seien *mentale* gesundheitliche Probleme. Es ist schließlich kein menschliches Grundbedürfnis, acht Stunden lang mit denselben Leuten vor denselben flackernden Bildschirmen zu hocken, sondern eine fiese Dystopie.

Wo wir gerade von Lunch-Dystopie sprechen: Sie haben vielleicht gehört, dass einige Liebhaber alltäglicher Plackerei es sich angewöhnt haben, Nahrungsmittelersatzstoffe wie Soylent zu sich zu nehmen, von denen sie behaupten (oder behauptet haben; das hängt davon ab, zu welchem Zeitpunkt Sie dieses Buch lesen und ob der Firma untersagt wurde, solche Behauptungen aufzustellen), sie würden eine »komplette Mahlzeit« darstellen. Ich frage mich dabei nur, wieso manche freiheitsverachtenden Speichellecker sich überhaupt noch die Mühe machen, dieses Zeug zu trinken, anstatt es sich intramuskulär per Kanüle in den Arsch injizieren zu lassen.

Weil sie einen praktischen Effekt in Bezug auf die Reduzierung von Arbeit und die Einführung des positiven Lebens in den Arbeitstag hat, kann man die zurückeroberte Stunde fürs Mittagessen durchaus als einen moralischen und symbolischen Sieg feiern. Denn wenn Sie die Praxis konsequent durchziehen, wird das Ihrer Seele guttun. Selbst wenn Sie die eine Stunde nur dazu nutzen, um in der Umgebung des Gebäudes herumzustreifen oder dreißig Minuten in irgendeine Richtung auszuschreiten, nur um dann wieder umzukehren, können Sie diese relativ sinnlosen Spaziergänge in dem Bewusstsein unternehmen, dass es sich hier um einen Akt des freien Willens handelt, um Rebellion. Außerdem ist es Ihnen gelungen, nicht in die Falle sogenannter freiwilliger Mehrarbeit zu tappen.

Abgesehen davon, dass Leonard Dubkin die Freuden des guten Lebens bei den Staren fand, hat er sich auch Gedanken darüber gemacht, wie viel freie Zeit der Lohnsklave für den Weg zum Essen aufwenden darf:

> *Als ich an der Brücke mit der Eisenbahntrasse ankam, die die Clerk Street überquert, entschied ich, dass dies der entfernteste Punkt war, bis zu dem ich gehen konnte. Ich brauchte zehn Minuten bis dorthin und würde zehn Minuten brauchen, um zurückzugehen, also hatte ich vierzig Minuten übrig, um Mittag zu essen.*

Auf der Betoninsel wäre das allerdings ein Problem gewesen. Jenseits der Insel zu essen, war praktisch unmöglich. Das Problem war, dass sie so abgelegen war. Um vom höchstgelegensten Außenposten der Zivilisation (einem kleinen Paketshop mit einem angeschlossenen Café) auf die Betoninsel zu gelangen, brauchte man fünfzehn Minuten zu Fuß, also war es so gut wie unmöglich, außerhalb zu essen. Sogar bei einer ganzen Stunde Mittagspause hätte ich die Hälfte der Zeit für den Weg zum Paketshop und zurück verbraucht. Es gab zwar noch einen Kiosk, der etwas näher lag, aber meine Mit-Gestrandeten nannten ihn nicht umsonst den »Sowjet-Laden«. Dort gab es erstaunlich wenig Auswahl, alle bekannten Marken von Esswaren waren nicht vorhanden, und der Verkäufer erwies sich als unglaublich unfreundlich. Genau so, vermuteten meine Kollegen, musste ein Kiosk zur Stalin-Zeit ausgesehen haben.

Auf jeden Fall mochte ich den Sowjet-Laden nicht und hatte auch keine Lust, den langweiligen Weg zum Paketshop zurückzulegen, nur um dort andere geflüchtete Kollegen anzutreffen, was unweigerlich darauf hinausgelaufen wäre, mit ihnen noch langweiligeren Small Talk zu betreiben.

Die Lösung war, das muss ich leider zugeben, eigenes Essen von zu Hause mitzubringen und es, wenn schon nicht *al desko,* so doch in einer der Nischen oder Konferenzräume zu verzehren, während ich auf meinem Telefon herumtippte oder versuchte, mich trotz des Lärms auf ein Buch zu konzentrieren.

Auf diese Weise wurde ich zu dem »Mann, der da drüben Bücher liest«, weil ich mich stets pünktlich in meine bevorzugte Nische zurückzog. Lange Zeit war mir nicht klar, dass ich damit etwas Merkwürdiges tat. Aber eines Tages sprach mich eine Frau im Aufzug an und fragte, ob ich für einen Kurs lernen würde. Zuerst verstand ich nicht, warum sie mich das fragte. Ich war ein bisschen jünger als sie, aber nur ein paar Jahre, und sie konnte nicht annehmen, dass ich noch Student war. »Will die mich etwa anmachen?«, fragte ich mich: »Ja, genau, die will mich anmachen!« Aber ganz offensichtlich war es dermaßen eigenartig, dass jemand »so viel« las, dass diese Dame und ihre tratschenden Kolleginnen sich meine hingebungsvolle Lesetätigkeit nur mit dem Lernen für eine Fortbildung erklären konnten – weil niemand mehr sich vorstellen kann, dass man sich einfach nur einen Moment der Ruhe jenseits von Arbeit und Verpflichtung gönnen möchte!

Wenn man mal vergaß, sein Mittagessen auf die Betoninsel mitzubringen, war das so, als hätte ein Taucher seine Sauerstoffflasche vergessen. Dann war man total am Arsch. Ansonsten aber gab es immer Möglichkeiten, den Inhalt der Tupperdose interessant zu gestalten, wenn man sich darum kümmerte. Ganz so weit habe ich es nicht gebracht, aber mir haben immer diese Essensboxen imponiert, die die Arbeiter in Indien zur Arbeit mitnehmen. Dass ich nur eine Stunde pro Tag zum Lesen hatte (vor der Arbeit war gar keine Zeit dafür, danach nur sehr wenig), lief dem guten Leben eindeutig zuwider, aber zumindest gab es die Gelegenheit dafür. Und das ist auch der Grund, warum ich dafür plädiere, dass Lohnsklaven zumindest die Mittagspause für sich reklamieren. Es ist wichtig, sich an einen ruhigen Ort zurückziehen zu können, um zu lesen. Oder, wenn man kann, heroische Abenteuer zu erleben, die sich höchstens fünfzehn Minuten entfernt abspielen. Falls Sie in Gleitzeit schuften, haben Sie vielleicht sogar die Möglichkeit, zwei Stunden Mittagspause einzulegen.

»Die Mittagspause«, schreibt Waterhouse, »sollte feierlich begangen werden, wie Ostern nach einem langen Winter. Es ist eine Verschwörung. Es ist Urlaub. Es ist greifbare Euphorie, es ist ein in Form gegossener Glücksmoment. Eine exzessiv genossene Mittagspause bringt uns der Seligkeit so nahe, wie es nur möglich ist, ohne sich in eine horizontale Position zu begeben.« Oder, um diese Einschätzung für das moderne Zeitalter neu zu formulieren: Es handelt sich um eine Box mit liebevoll zubereiteten Ingredienzien, deren Genuss wir wie einen Sieg feiern dürfen, weil wir uns eine ganze Stunde des guten Lebens erobert haben. So eine Mittagspause sollte man sich gönnen.

Was anfangen mit dem bezahlten Urlaub?

Das Gute an der Betoninsel ist, dass man uns eine großzügig bemessene Zeit bezahlten Urlaubs zugestand (auch »jährliche Beurlaubung« genannt, was in meinen Ohren eigenartig militärisch klang). Vollzeitbeschäftigte bekamen zwanzig Urlaubstage (vier Arbeitswochen) plus acht bezahlte offizielle Feiertage. Teilzeitbeschäftigte hatten anteilig den gleichen Anspruch.

Als ich zum ersten Mal in die Arbeitswelt eintrat – nicht auf der Betoninsel, sondern woanders –, dachte ich, dies sei ein unglaublicher Luxus. Ich erinnere mich noch, wie ich vier Tage in Berlin verbrachte und dabei dachte: »Ich werde dafür bezahlt. Hierfür. Genau jetzt.« Ich ging in eine Kneipe, bestellte mir ein Glas Bier, setzte mich draußen auf die Veranda, las ein Buch, wurde langsam betrunken und dachte dabei: »Werde ich immer noch dafür bezahlt? Für das hier? Echt?« Es war großartig. Solange ich nicht mehr als zwölf Pfund pro Stunde für Bier ausgab, machte ich sogar Gewinn.

Der Jahresurlaub ist der Silberstreif am Horizont des Lohnsklaven. Wir werden nicht fürs Biertrinken bezahlt, wenn wir arbeitslos sind. Wir werden auch nicht fürs Biertrinken bezahlt, wenn wir selbstständig sind. Es sei denn, wir würden als freischaffende Biertrinker arbeiten, was ich gelegentlich erwogen habe, aber ich konnte nicht herausfinden, woher das Geld dann tatsächlich kommen sollte. Das Leben ist hart.

Ich habe es als »großzügig« bezeichnet, dass uns Urlaub zugestanden wird, tatsächlich aber ist dieser Anspruch gesetzlich festgeschrieben.[25] Großzügig bemessen ist das nur in einem Sinn wie

---

25 In den meisten europäischen Ländern gibt es einen garantierten Urlaubsanspruch von zwanzig Tagen, plus offizielle Feiertage. Wie viele freie Tage man nehmen kann, hängt also von den offiziellen Feiertagen des Landes ab, in dem man arbeitet. In Großbritannien sind es insgesamt achtundzwanzig Tage, in Deutschland neunundzwanzig. Die skandinavischen Länder stehen mit bis zu sechsunddreißig Tagen an der Spitze. Im puritanischen arbeitsbesessenen Amerika gibt es überhaupt keinen Urlaubsanspruch, auf der anderen Seite des Ozeans hat das Wort »Lohnsklaverei« noch einen ganz anderen Klang.

»der Raum in seinem Kopf war großzügig bemessen«, aber nicht im Sinne von »Mensch, unsere Chefs und die Politiker sind wirklich unglaublich großzügig«. Es ist unser Recht, diese bezahlten Arbeitstage zu genießen, und unsere Arbeitgeber müssen sie uns zugestehen, weil sie andernfalls gegen das Gesetz verstoßen. Außerdem hoffen sie natürlich, dass ein bisschen Urlaub unsere Produktivität erhöht. Die einzigen Menschen, denen wir wirklich dankbar sein können, sind die Vertreter der Arbeiterbewegung, die dieses Recht durchgesetzt haben.

Ich habe natürlich auch einige Ideen dazu, wie man seinen bezahlten Urlaub verbringen könnte, aber mein erster Rat ist, diesen Urlaub auch wirklich einzufordern. Es gibt eine bemerkenswerte Tendenz unter Arbeitnehmern, seinen Jahresurlaub sausen zu lassen und einfach weiter zur Arbeit zu erscheinen. Untersuchungen zufolge liegt das daran, dass Lohnsklaven oftmals überarbeitet sind und das Gefühl haben, sie können sich keinen freien Tag leisten, weil sie dann noch mehr ins Hintertreffen geraten. Erinnern wir uns bitte daran, dass das, was an einem Arbeitsplatz passiert, in gewissem Sinne unwirklich ist. Es spielt nicht wirklich eine Rolle, ob man ins Hintertreffen gerät; und falls es passiert, ist Ihr Chef gefordert. Nicht, weil Sie eine unproduktive Arbeitskraft sind, sondern, weil er zu viel von Ihnen verlangt oder Ihnen nicht die notwendigen Ressourcen zur Verfügung stellt, damit Sie Ihren Job erledigen können. Wenn es tatsächlich so viel Arbeit zu erledigen gibt, sollte das Management den Arbeitsablauf verbessern oder mehr Personal einstellen.

Einige dieser Studien legen auch nahe, dass Arbeiter Angst davor haben, den ihnen gesetzlich zustehenden Urlaub einzufordern, weil das zu Lasten der anderen im Team gehen würde. Nur ein schlechter Teamplayer würde so etwas tun, denken sie. Das Gegenteil ist der Fall, ein guter Teamplayer würde sich des Rückhalts seiner Kollegen versichern, wenn es darum geht, einen Erholungsurlaub zu nehmen. Wobei wir diese Pause nicht im Dienste der Arbeitseffizienz machen sollten – unser Urlaub darf nur dem Spaß dienen –, aber es hat sich oft genug gezeigt, dass überarbeitete Menschen nicht in der Lage sind, am Arbeitsplatz ihr Bestes zu geben, womit die Sache nach hinten losgeht. Seinen Jahresurlaub nicht zu nehmen, ist eine Missachtung der Erfolge der Arbeiterbewegung und reduziert drastisch unsere Möglichkeiten, ein gutes Leben zu führen.

Wenn wir uns also einig sind, dass der Jahresurlaub, soweit vorhanden, genommen werden muss: Wie sollen wir ihn dann nutzen? Am schönsten, anspruchsvollsten und angenehmsten ist sicher das Reisen. Dafür ist Urlaub eigentlich da, auch wenn es eine wachsende Manie gibt – falls man einen Verzicht als »Manie« bezeichnen kann –, zu Hause zu bleiben. Es ist grundsätzlich nicht falsch, daheimbleiben zu wollen, aber die Gründe, die hinter diesem Trend stecken, sind problematisch. Die Leute bleiben zu Hause, weil die sinkenden Löhne sie dazu zwingen. Viele verdienen nicht genug, um das Gefühl zu haben, es bleibt etwas übrig. Und wenn wir nicht das Gefühl haben, dass etwas übrig geblieben ist, möchten wir kein Geld für eine nicht unbedingt notwendige Reise ausgeben. Darüber hinaus benötigt man für eine Reise Energie und Willenskraft – wenn man unterwegs ist, aber auch schon beim Organisieren im Vorfeld –, und diese Eigenschaften sind bei Lohnsklaven knapp bemessen. Energie und Willenskraft sind oftmals genau das, was uns fehlt, wenn wir es wundersamerweise doch schaffen, das nötige Geld und die nötige Zeit aufzubringen.

Es ist schade, dass die Menschen nicht mehr so viel reisen wie einst. Das hat so eigenartige Begriffe geprägt wie »Urlaub auf Balkonien« oder »… in den eigenen vier Wänden«. Während meines einführenden Trainings auf der Betoninsel wurden wir aufgefordert, der Gruppe etwas über uns selbst zu erzählen. »Ich mag Kaninchen«, sagte ich. Kaninchen? »Ja, ich mag sie einfach.« Das war nicht mal gelogen. Wer mag denn keine Kaninchen? Ich hatte einfach keine Lust gehabt, freiwillig etwas wirklich Persönliches von mir preiszugeben gegenüber einem Team von schläfrigen Neuankömmlingen. Also hab ich was ganz Allgemeines behauptet. Ein anderer sagte: »Ich mache gern Urlaub in den eigenen vier Wänden« und erzeugte sofort ein Bild von sich in meinem Kopf, wie er zu Hause auf dem Sofa herumlümmelt, umgeben von lauter Müll – leeren Alu-Schalen, Duftkerzen, DVD-Hüllen –, während er seinen schauderhaften Urlaub genießt. Vielleicht wurde meine Aversion dagegen ja dadurch erhöht, dass ich mich in diesem Moment nach nichts so sehr sehnte wie nach Urlaub, am liebsten auf der anderen Seite der Erdkugel. Timbuktu wäre eine ideale Wahl gewesen.

Es ist wirklich traurig, wenn ein Lohnsklave nicht verreisen möchte, weil das Reisen an sich schon eine großartige Kur ist. Man kommt zurück mit Geschichten und Erlebnissen, sinnlichen Eindrücken und intellektueller Erfüllung – all das, was für das gute Leben essenziell ist. Man findet vielleicht sogar neue Freunde und erkennt einen Zusammenhang zwischen der eigenen Gesundheit und der Tatsache, dass man »die Beine ausgestreckt« hat, und zwar im internationalen Maßstab. Schon die einfachsten Dinge werden zum Abenteuer, wenn man sich in einem anderen Land befindet: eine Straße überqueren; eine andere Sprache hören; zum ersten Mal arabische oder kyrillische Buchstaben auf Schildern sehen; die Reaktionen von Menschen in anderen Ländern beobachten, wenn es plötzlich anfängt zu regnen. Das ist das absolute Gegenteil und der reinste Balsam gegenüber der Stagnation am Arbeitsplatz; die beste Kur für diese Krankheit namens »Büro«. In der ersten Folge der Science-Fiction-Serie *Doctor Who* von 1963 fragt der Doktor: »Wenn ihr fremden Sand berührt, die Schreie merkwürdiger Vögel hört und sie über euch fliegen sehen könntet, würde euch das zufriedenstellen?« Die Antwort sollte ein überwältigend lautes »Ja!« sein, denn genau das ist es, was Zufriedenheit erzeugt. Der Arbeitsplatz und eine offene Landstraße sind absolute Gegensätze, und deshalb sollten wir reisen.

Wie reist man? Der Schlüssel ist das »Erkenne dich selbst« der alten Griechen. Wenn Sie gern am Strand auf einem Handtuch liegen und sich von der Mittelmeersonne bräunen lassen, lassen Sie sich nicht von irgendwelchen Snobs dazu überreden, Abenteuerurlaube oder Kulturtourismus zu betreiben. Wenn es Ihre Leidenschaft ist, das Alltagsleben in fremden Ländern kennenzulernen, gehen Sie nicht den gängigen kommerziellen Angeboten auf den Leim. Seien Sie einfach ehrlich zu sich selbst. Da Reisen im Vergleich zum Daheimbleiben teuer ist, sollten Sie sich zu nichts genötigt fühlen. Und da Ihre Zeit jenseits des Arbeitsalltags knapp bemessen ist, sollten Sie dorthin reisen, wo Sie sich erholen und regenerieren können. Kurz gesagt: Fahren Sie dorthin, wohin Sie gerne möchten.[26]

Reisen hat trotzdem nicht unbedingt mit Konsum zu tun. Auf keinen Fall sollte es ein Vorwand dafür sein, noch mehr Shopping im internationalen Maßstab zu betreiben. Manchmal kommt man an den Fallen des Hyperkonsums auch nicht vorbei: Wenn Sie sich

---

26 Dennoch lohnt es durchaus, etwas anderes auszuprobieren, wenn man genügend Zeit, Kraft und Lust dazu hat. In Kanada im Ruderboot zu sitzen und Skipisten herunterzufahren, katapultierte mich jeweils ganz schön aus meiner Komfortzone, aber ich bin froh, es gemacht zu haben. Und als ich nach Hawaii reiste, um dort Meeresschildkröten und die heiligen Orte am Berg Mauna Kea zu besichtigen, stellte ich fest, dass ich trotz allem auch vom Strand von Waikiki fasziniert war: »Setzen wir uns jetzt hier einfach so in die Sonne?«, fragte ich. »Ja«, sagte meine Frau und rieb sich mit Lichtschutzfaktor 50 ein. Worauf mir erst mal nichts anderes einfiel als: »Äh, meinst du, es könnte hier irgendwo Rum-Rosinen-Eis geben?« Ich war wirklich ein Snob.

nichts so sehr wünschen, wie nach Disneyworld zu gehen, werden Sie kaum umhin kommen, die Eintrittspreise für die Themenparks und teuren Hotels zu bezahlen. Und das geht in Ordnung. Aber wenn Sie einfach nur in Mailand herumhängen, sich Chicago anschauen oder in Mumbai ein echtes Curry probieren wollen, dann wäre es die intelligenteste Art, es auf der Basis eines knapp bemessenen Budgets zu tun. Denn das ist eine echte Win-win-Situation: Sie sparen Geld und werden noch belohnt mit einer interessanten nicht standardisierten Erfahrung. Anstatt in einer überall gleichen Hotelkette abzusteigen, die Ihnen eine Luxusblase zur Verfügung stellt, die Sie zu Hause umsonst bekämen, könnten Sie mal Netzwerke wie Couchsurfing oder Buchungsplattformen wie Airbnb ausprobieren. Das ist abenteuerlich und spart Geld. Und anstatt Touristen-Restaurants zu besuchen, könnten Sie einfach ein paar Straßen weitergehen und köstliches Streetfood essen oder in einer jener Bars etwas zu trinken bestellen, wo die örtlichen Lohnsklaven verkehren – Menschen wie Sie und ich also. Anstatt die üblichen Sehenswürdigkeiten zu besichtigen, von denen in den Sonntagsbeilagen der Zeitungen und auf TripAdvisor die Rede ist, könnten Sie Kunstgalerien und kleine Theater ausprobieren, wo man für wenig Geld (vielleicht sogar umsonst) etwas Authentisches geboten bekommt. Seien Sie ein Flaneur in fremden Gegenden. Schauen Sie sich an, wie die Menschen dort leben. Lauschen Sie anderen Sprachen. Spüren Sie, wie fremdartig, chaotisch und überraschend die Wirklichkeit sein kann.[27]

---

27 In Istanbul gab es in dem Viertel, wo ich für neun Pfund pro Nacht untergekommen war, jede Menge laut schreiender Händler, die Teppiche, Obst oder Fische verkauften, aber hinter dem nächsten Hügel befand sich ein futuristisches Einkaufszentrum, das es locker mit der Oxford Street hätte aufnehmen können. Die Grenze zwischen diesen beiden Welten zu überqueren, war total spannend. Als träte man aus einer Filmszene in die andere.

Welche Strategie Sie auch verfolgen, wenn Sie einen Urlaub buchen, ich plädiere sehr dafür, es wirklich selbst zu tun. Buchen Sie Ihren Flug und Ihre Unterkunft selbst, informieren Sie sich vorab selbst, und überlegen Sie, wohin Sie wirklich gerne reisen würden. Idealerweise sollten Sie dies von Ihrem Arbeitsplatz aus tun, wo Sie dafür bezahlt werden, Ihre Zeit zu verschwenden. Es ist wirklich erstaunlich, dass es überhaupt noch Reisebüros gibt. Ihre bloße Existenz zeigt doch, dass sie genug Geld verdienen mit dem Plus, das zwischen Ihrer Zahlung und den tatsächlichen Reisekosten liegt. Sparen Sie Geld, und buchen Sie selbst. Das geht wahrscheinlich sogar schneller.

Allen, die behaupten, Reisen sei teuer, sei gesagt, dass es durchaus günstig sein kann, wenn man bedenkt, welche Erfahrungen man dabei macht. Vierhundert Pfund sind eine Menge Geld, wenn man es für einen Dildo oder eine Ananas ausgibt. Aber es ist kein schlechter Preis für einen dreistündigen Flug und vier Tage Abenteuer in einer ganz anderen Umgebung. Die Kosten für diese Reise verdoppeln vielleicht Ihre monatlichen Ausgaben, aber das, was Sie dafür bekommen, ist garantiert viel mehr wert.

Nach zweieinhalb Jahren auf der Betoninsel, in denen ich meine Idee und meine Taktik für den Jahresurlaub immer wieder neu bedachte, kann ich nun ein fertiges System liefern. Aber es ist nicht nur das Ergebnis von viel Nachdenken über das gute Leben, sondern auch von Gesprächen mit anderen Ausgestoßenen, die erzählten, sie würden in ihrer freien Zeit nichts tun, sondern »einfach genießen, nicht auf der Arbeit zu sein«. Entweder wollten sie uns nicht erzählen, was sie während ihres Urlaubs getan hatten, oder sie hatten tatsächlich nichts mit ihrer freien Zeit anzufangen gewusst und sie lediglich dafür genutzt, Dinge zu erledigen oder fernzusehen. Falls das der Fall sein sollte, sind sie in die »Boxenstopp-Falle« gegangen, auf die wir später noch zu sprechen kommen: Die Idee, dass die Zeit jenseits der Arbeit nichts weiter als einen Boxenstopp darstellt, also lediglich eine Gelegenheit, die Batterie aufzuladen, um anschließend noch mehr zu arbeiten. Auf diese Weise nutzt man den Jahresurlaub nicht sinnvoll und schon gar nicht im Sinne des guten Lebens. Sowohl der Urlaub als auch das gute Leben können nämlich, wenn sie richtig genutzt werden, Inseln der Freiheit erschaffen inmitten der ansonsten uninspirierenden Hektik des Alltags.

»Die Ferien waren sein Ein und Alles«, schreibt H.G. Wells über seinen gebeutelten Einzelhandelsangestellten Mr. Polly, »und der Rest war nichts weiter als trauriges Dahinvegetieren.« Lassen wir nicht zu, dass unsere Ferien noch mehr »trauriges Dahinvegetieren« darstellen. Egal, ob wir uns der Herausforderung des Reisens stellen oder zu Hause bleiben, wichtig ist, dass wir den Jahresurlaub nicht einfach vergeuden, um Besorgungen zu machen, einzukaufen oder sonstige normale Dinge zu tun.

Hier kommt mein Vorschlag, wie man mit dem Jahresurlaub umgehen kann:

Zehn Prozent Ausruhen, Entspannen und Kräftesammeln. Denn die Arbeit laugt uns aus, und es ist nötig, dass man sich ein bisschen verwöhnt: Sie können sich zum Beispiel irgendwelche sinnfreien Filme auf Netflix anschauen, einen Unterhaltungsroman lesen oder einfach lange ausschlafen. Aber lassen Sie nicht zu, dass dies den Hauptteil Ihres Urlaubs ausmacht, weil Sie dann in die soeben genannte Falle geraten, ihn nur als Boxenstopp zu sehen.

Sechzig Prozent echte Freude. Der beste Weg, den Großteil seines Jahresurlaubs zu nutzen, besteht darin, Spaß zu haben. Lassen Sie nicht zu, dass Ausruhen, Entspannen und Kräftesammeln von diesem Anteil etwas wegnehmen. Lassen Sie nicht zu, dass Besorgungen und Alltagsangelegenheiten etwas schmälern. Nutzen Sie die Zeit, um zu reisen, Neues kennenzulernen, mit Ihrer Familie und Ihren Freunden zusammen zu sein. Machen Sie neue Erfahrungen, schauen Sie sich die Sterne an, gehen Sie raus in die Natur, schwimmen Sie in wilden Gewässern, *schmecken* Sie die Annehmlichkeiten und die Fülle des Lebens. Das ist die beste Art, respektvoll mit der Zeit umzugehen, die Ihnen zur Verfügung steht. Egal was sonst noch an Ihren freien Tagen oder in Zukunft geschehen mag, diese Zeit haben Sie jedenfalls genossen.

Dreißig Prozent Kreativität. Es geht uns auch darum, unsere Kreativität im Leben zu erhöhen, vergessen wir das nicht. Der Jahresurlaub bietet eine gute Gelegenheit dazu. Er ist eine Unterbrechung, eine Lücke im Alltag, in der das Leben sich entfalten kann. Arbeiten Sie an Ihrem Fluchtplan, wenn Sie möchten. Geben Sie sich der kreativen Weiterentwicklung des Heims als dem Zentrum Ihres Lebens hin. Suchen Sie nach langfristigen kreativen Möglichkeiten, die Sie verfolgen und weiterspinnen möchten. Im Laufe der Zeit werden diese Anstrengungen auf jeden Fall Früchte tragen, und diese Früchte werden immer sichtbarer. Während des Urlaubs kreativ – und produktiv – zu sein kann auch einen Kontrapunkt setzen zur vorherrschenden Konsumkultur, weil Sie sich nun echten Freuden hingeben.

Das alles kann man fein justieren nach den eigenen Bedürfnissen. Wenn Sie das Gefühl haben, der Jahresurlaub stellt die einzige Möglichkeit dar, überhaupt echte Freude zu haben, verschieben Sie den Schwerpunkt unbedingt noch weiter in diese Richtung. Aber seien Sie auch hier vorsichtig, nicht in die Boxenstopp-Falle zu geraten, indem Sie die Balance zu sehr in Richtung Ausruhen, Entspannen und Kräftesammeln verschieben. Wenn Sie den Plan, so wie er Ihnen hier vorliegt, halbwegs beherzigen, sollten diese Probleme eigentlich vermieden werden. Dann können Sie sich einen Freiraum jenseits der Arbeitszeit erobern und kreative Fertigkeiten (weiter-)entwickeln.

Die Kunst des Krankfeierns

Ich verbrachte eine bemerkenswerte Zeit jenseits der Betoninsel, als ich mir eine »Grippe« einfing und vier Tage im Bett liegen musste. Es war großartig. Ich sage »Grippe«, aber ich habe keine Ahnung, was es war. Es könnte sich genauso gut um ein zweifelhaftes Frühstück gehandelt haben. Vielleicht auch um einen Voodoo-Fluch, den meine Feinde gegen mich ausgesprochen haben. Ich bin mir nicht sicher. Aber etwas bewirkte, dass ich vier Tage im Bett bleiben musste, und das war kein schlechter Deal.

Am Abend meines ersten Krankheitstages kam mein Freund Spencer vorbei. Er trug einen Smoking und war auf dem Weg zu einer Preisverleihungsfeier, was mit seiner blöden Arbeit zu tun hatte. Ich ging in Pyjama und Bademantel zur Tür, leicht schwindelig wegen der Medikamente. »Mann, hast du ein Glück«, sagte er zur Begrüßung, »ich bin schon ewig nicht mehr krank gewesen.«

Ich gebe zu, dass Kranksein nicht mein Lieblingszustand ist. Ich mag es lieber, wenn meine biologischen Funktionen intakt sind und meinen Geist nicht über Gebühr belasten. Schließlich gibt es jede Menge Dinge zu erledigen, und eine gute Gesundheit ist natürlich ein Grundpfeiler des guten Lebens. Außerdem habe ich Angst vor Schmerzen und vor dem Tod. Aber Spencer hatte nicht ganz unrecht. Es hat etwas für sich, wenn man krank ist. Vor allem ist es eine grundehrliche Möglichkeit, sich vom Gefängnis fernzuhalten.

Sogar wenn man ziemlich krank ist, kann man sich noch der Freude des Ausschlafens hingeben. Man kann locker in Pyjama und Hausschuhen herumschlurfen, anstatt sich die deprimierenden Arbeitsklamotten anzuziehen. Das Gefühl von weichem Plüschteppich unter den Fußsohlen ist auch nicht zu verachten. Man kann seine Lieblingsmusik spielen, ein paar Lieblingsbücher oder Zeitschriften durchblättern, ohne etwas dabei lernen oder im Kopf behalten zu müssen. Man kann sich sogar mit der Struktur des Deckenverputzes beschäftigen und schauen, wie viele Gesichter oder andere Muster dort zu finden sind.

Und dann wären da noch die Drogen. Es wurde immer wieder darauf hingewiesen (von William S. Burroughs, Keith Richards und anderen), dass Drogen auch Spaß machen können. Trinken Sie ein bisschen Hustensaft, und beobachten Sie anschließend, wie Ihr Bewusstsein sich ausdehnt und verzerrt wie in der Titelsequenz der Sechzigerjahre-Science-Fiction-Serie *The Outer Limits*.

Als ich klein war, fuhren meine Eltern total auf Homöopathie ab. Da homöopathische Kügelchen größtenteils aus Zucker bestehen, schmecken sie ganz gut, und es macht Spaß, sie zu zerbeißen. Es gibt wirklich keinen Grund, sich schuldig zu fühlen, wenn man einen Tag lang nichts Produktives tut, weil man krank ist. Vielleicht verbringen Sie ja den ganzen Tag damit, im Bett Sherlock-Holmes-Geschichten zu lesen. Warum nicht? Sie können ja nichts anderes tun. Sie sind niemandem etwas schuldig. Sie sind krank. Entspannen Sie sich.

Selbst Ihre kaltherzigsten Freunde und Verwandten werden Sie pflichtschuldigst bemitleiden, wenn Sie krank sind. Wenn sie sich nicht bemüßigt fühlen, Ihnen gute Besserung zu wünschen, Suppe zu kochen und Berge von Früchten neben Ihrem Bett aufzuschichten, sind Sie ermächtigt, ihnen gehörig die Leviten zu lesen, sobald Sie wieder gesund sind.

Ein ordentlicher rasselnder Husten ist eine wunderbare Sache. Genauso wie das Pulen am Schorf, das Aufstoßen von seltsam verfärbten Schleimklumpen und Fürze-von-sich-Geben, die nach Kerosin riechen. Und dann wäre da noch das Schönste aller Krankheitserlebnisse, die Euphorie nach einem Kotzanfall.

Aber natürlich müssen Sie nicht *wirklich* leiden, um sich krank zu melden. Man kann auch so tun als ob und eine angenehme Wie-ein-Fisch-im-Wasser-Zeit zu Hause verbringen. Sie könnten *gesundheitsbedingt* zu Hause bleiben anstatt krankheitsbedingt, weil Ihre Gesundheit ja wirklich gefährdet wird von den unangenehmen Auswirkungen der Umgebung an Ihrem Arbeitsplatz. Das Einüben einer »kranken Stimme« ist etwas, das wir alle schon mal praktiziert haben. Früher habe ich mich manchmal heiser gehustet, bevor ich meinen Chef anrief, um ihn um einen freien Tag aufgrund einer vorgeschobenen Krankheit zu bitten.

Auf der Betoninsel jedoch habe ich diese Praxis neu überdacht. Anstatt meinen Chef davon zu überzeugen, dass ich krank bin, lasse ich ihn wissen, dass ich es vortäusche. Wen interessiert schon, was der Chef von einem denkt? Rufen Sie ihn einfach an, und erklären Sie ihm mit fröhlicher Stimme, dass Ihnen hundeelend ist und Sie auf keinen Fall zur Arbeit kommen können. Haha! Das wird Ihren Chef ganz schön nerven, aber er wird sich hüten, Ihre Krankheit in Zweifel zu ziehen. Das ist die Büroversion davon, einem Tiger den nackten Hintern zu zeigen, während er hinter den Gitterstäben im Käfig liegt.

Wenn Sie freundlicher veranlagt sind und dem Tiger nicht den nackten Hintern zeigen wollen, was ich absolut in Ordnung finde, könnten Sie in leicht unterwürfigem Ton erklären, dass Sie »grippeähnliche Symptome« haben und dass Sie zum Arzt gehen werden, wenn die Sache sich nicht schlagartig verbessert. Falls Sie diese Show schon mal abgezogen haben, könnten Sie auch den immer passenden Spruch »Ich glaube, ich habe was Schlechtes gegessen« zur Anwendung bringen.

Aus praktischen Erwägungen ist es eine gute Idee, Ihre vorgeschobenen Krankheitstage in der Mitte der Woche zu nehmen. Die meisten Leute geben vor krank zu sein, um ihre Wochenenden zu verlängern. Daher ist es viel glaubhafter, wenn man sich stattdessen Dienstag, Mittwoch und Donnerstag krankmeldet. Dann am Freitag zur Arbeit zu erscheinen ist auch ganz witzig. Dann sind Sie super ausgeruht und locker drauf, weil Sie sich eine Auszeit gegönnt haben, während Ihre Kollegen total erschöpft sind, denn sie haben ja die ganze Woche geschuftet.

Melden Sie sich auch nicht für einzelne Tage krank; es sollten mindestens drei sein oder die ganze Woche. Ein Mensch wird nur gelegentlich krank, und die Anzahl der Krankmeldungen sollte glaubhaft wirken. Also sollten Sie die Auswirkungen einer angeblichen Virusinfektion so weit wie möglich ausdehnen. Es gibt tatsächlich ein Verfahren, anhand dessen die Leute aus der Personalabteilung die Abwesenheit der Mitarbeiter bemessen, die sogenannte Bradford-Formel. Diese Formel funktioniert nach der Theorie, dass kurze, regelmäßig stattfindende Abwesenheiten wesentlich störender sind als längere, weniger regelmäßige. Daher wird die Anzahl der *Abwesenheiten* bemessen, nicht die Anzahl der Tage, an denen man fehlt. Wenn man eine ganze Woche lang die Füße hochlegt, kann man dieses System an der Nase herumführen, denn wenn man länger abwesend ist, kann dies bedeuten, dass die entsprechenden Eintragungen in der Personalakte insgesamt untadeliger aussehen. Klingt seltsam, ist aber wahr.

Doch egal, ob Sie wirklich krank oder nur angeblich krank sind: Sie sollten auf jeden Fall das Beste daraus machen. Aktivitäten, die dem guten Leben zuzurechnen sind, sind hier wichtig – entweder indem Sie sich verlorene Zeit zurückholen oder indem

Sie Ihre kreativen Fähigkeiten ausbauen. Außerdem sollten Sie so wenig wie möglich über Ihren blöden Job nachdenken.

Falls Sie Schuldgefühle haben, weil Sie sich krank gemeldet haben – und sich womöglich als schlechter Teamplayer fühlen –, denken Sie bitte daran, dass Sie zuerst mal ein biologisches Wesen sind, ein Säugetier, und dann erst ein Angestellter. Ihre Loyalität gehört zuerst Ihrem Körper und Ihrem Geist. Das Wichtigste ist, dass Sie sich wohlfühlen. Und wenn Sie vor allem aus dem einen Grund zur Arbeit gehen, weil Sie Geld verdienen müssen, um gesund zu bleiben, macht es erst recht keinen Sinn und ist völlig kontraproduktiv, wenn Sie Ihre Gesundheit ausgerechnet der Arbeit opfern.

Schneefrei!

Eines Abends im März raste ein Sturm über Europa, den die britischen Zeitungen »The Beast from the East« nannten, und kam schließlich auch in Schottland an. Am Morgen wurde der gesamte öffentliche Verkehr eingestellt, und die Regierung riet dringend vom Fahren im eigenen Pkw ab. Die Meteorologen warnten vor schwerem Unwetter von »möglicherweise lebensbedrohlichen Ausmaßen«. Die Sache war ernst. Was machte ich also? Ich holte meine kanadischen Schneeschuhe aus dem Schrank (erstaunlich, dass sie die diversen Krimskrams-Verringerungsaktionen überlebt hatten) und weckte in mir den Geist von Captain Scott, dem Bezwinger der Antarktis: Ich begab mich auf eine gefährliche Expedition zur Betoninsel. Es dauerte fast zwei Stunden, bis ich durch das stille schneebedeckte Wunderland gestapft war – bestaunt von Menschen, die zu Hause geblieben waren und jetzt durch die Fenster linsten. Zweimal fiel ich hin, aber der Schnee war so dick und weich, dass es sich anfühlte, als würde ich auf einen Stapel Kissen fallen. Es machte einen Riesenspaß. Trotzdem war ich total erschöpft, als ich im Büro ankam.

Aber warum, warum nur hatte ich mir nicht schneefrei genommen? Schneefreie Tage sind doch so selten! In Schottland kommen sie alle paar Jahre mal vor. Ich hätte gemütlich zu Hause bleiben können, mit einer Wärmflasche und Glühwein. Stattdessen ignorierte ich die Unwetterwarnung und saß schließlich in kalten, nassen Klamotten an meinem verhassten Arbeitsplatz.

Warum? Das will ich Ihnen sagen.

Ich hatte mir ziemlich oft freigenommen und deswegen völlig idiotische Schuldgefühle entwickelt. Ich hatte einiges von meinem Jahresurlaub verschwendet, war der Trägheit verfallen und hatte mich anschließend krankgemeldet. Deshalb wollte ich diesen Schneesturm als Gelegenheit nutzen, mich im Büro sehen zu lassen, ohne dort besonders vielen Kollegen zu begegnen. Ich stellte mir vor, dass ich in dem verlassenen Büro einen ruhigen Tag verbringen würde und dann auch noch behaupten konnte: »*Ich* bin da gewesen, *ich* bin zur Arbeit gekommen.«

Ich hatte tatsächlich dieses paranoide Gefühl, meine Kollegen könnten mich inzwischen als Drückeberger einstufen. Ein solches Gefühl sollte man gar nicht erst aufkommen lassen. Als »Bummelant« bezeichnet zu werden spielt doch überhaupt keine Rolle. Alle Gefühle und Gedanken bezüglich der Arbeit bleiben sowieso im Büro: Deine Kollegen denken nicht mehr an dich, egal ob positiv oder negativ, wenn sie erst mal zu Hause sind bei ihren Ehemännern oder Ehefrauen. Alle Meinungen, die im Büro existieren, sind nicht real. Sie bleiben im Büro wie Gespenster, die dort herumspuken.

Ich hatte mir auch gedacht, einfach nur so für mich, dass es irgendwie spaßig wäre, wenn ich den Schnee bezwungen hätte. Mir hatte die Idee gefallen, dem »Team« eine E-Mail zu schicken, mit einem Foto von mir, dem größten Drückeberger von allen, wie ich im leeren Büro saß. Sie würden ihren Augen nicht trauen: »Was? Rob? Im Büro? Nie im Leben!«

All das verkehrte sich auf spektakuläre Weise in sein Gegenteil: Mrs. Chippy – ausgerechnet! – hatte in einem nahe gelegenen Hotel übernachtet, weil sie es am Abend zuvor nicht geschafft hatte, durch den Schnee nach Hause zu kommen. Also saß ich nun sieben Stunden lang mit ihr im Büro. Frustriert dachte ich an den Glühwein, den ich zu Hause stehen hatte. An die Wärmflasche. An die totale Kontrolle, die ich über die Heizkörper gehabt hätte. Daran, wie schön es wäre ohne Mrs. Chippy, die die ganze Zeit über wie ein blödes Huhn herumgackerte. Was für ein Narr ich doch gewesen war.

Wenn Sie also jemals die Gelegenheit haben sollten, an einem Tag mit Schneesturm zu Hause zu bleiben, dann bleiben Sie auch zu Hause! Machen Sie sich keine Gedanken darüber, dass Sie präsent sein sollten, egal, wie viele Tage Sie in der letzten Zeit krankgefeiert haben. Spielen Sie nicht den Helden. Tun Sie nicht so, als könnten Sie auch nur im Entferntesten so etwas Heldenhaftes veranstalten wie Captain Scott in der Antarktis. Und falls Sie noch ein Paar alte Schneeschuhe irgendwo haben, schmeißen Sie sie in den Müll.

Teilzeitarbeit

Mein mittleres Jahr auf der Betoninsel konnte ich mit Teilzeitarbeit überstehen. Ich wünschte, ich könnte mehr vorweisen für diese zusätzlichen zwei freien Tage pro Woche, die ich zu Hause verbringen durfte, aber die meiste Zeit las ich Bücher, mixte Cocktails und machte mich mit der Serie *Better Call Saul* auf Netflix bekannt. Ist ja auch egal. Es war das beste Jahr in meiner Zeit als Lohnsklave, und ich kann das allen sehr empfehlen, die arbeiten müssen, aber nicht zu viel von sich selbst dabei verlieren möchten. Die Gewissheit, dass man bald schon wieder zur Arbeit gehen muss, kann zu einer enormen Belastung werden, wenn man sich gerade in der Badewanne entspannen will. Aber wenn es gelingt, die Woche im Sinne der Freiheit umzugestalten – von 2 : 5 auf 4 : 3 –, dann ist das ein großartiger Sieg.

Wenn Sie Ihre Arbeitszeit auf eine Drei-Tage-Woche reduzieren, sind Sie auf einen Schlag zwei Tage Schufterei losgeworden, wodurch Sie volle hundertvier Tage Freiheit pro Jahr gewinnen. Sie entreißen der Plackerei fünfzehn bis zwanzig Stunden pro Woche, außerdem ein paar Stunden zermürbender Pendelei, ein paar, die Sie morgens schlaftrunken darauf verwenden, sich auf die Arbeit vorzubereiten, einen ganzen Batzen langweiliger Mittagspausen und ungefähr zehn Stunden, die wiederum nötig waren, um sich von der Plackerei zu erholen. Das ist ziemlich viel Zeit, die Sie sich mit einem einzigen ganz konventionellen Manöver vom System zurückholen können.

Sie könnten Ihre neu gefundene Zeit auch hier dazu nutzen, einen ambitionierten Fluchtplan auszuarbeiten, um auch noch die übrig gebliebenen drei Tage loszuwerden, indem Sie auf Heimarbeit oder Ähnliches umstellen. Aber selbst wenn Sie sich dafür entscheiden, die gewonnene Zeit nur für Annehmlichkeiten des guten Lebens zu verschwenden, indem Sie sich Bücher ausleihen oder ein heißes Bad nehmen, sind Sie immer noch besser dran, als wenn Sie weiterhin Vollzeit arbeiten würden. Teilzeitarbeit kann ein großer Schritt sein auf dem Pfad der totalen Freiheit – ist aber schon für sich gesehen eine befriedigende Angelegenheit.

Das Leiden an der Lohnarbeit wird auf jeden Fall reduziert, wenn man ihr weniger Zeit widmen muss. Wenn man nach vier Tagen des Vögelbeobachtens oder des Blasens von Rauchringen wieder ins Büro kommt, vergeht der erste Tag meist wie im Flug. Der zweite Tag wird schon beschwerlicher, aber er stellt ja auch schon den Wendepunkt dar, und die Mittagspause machen Sie in der Gewissheit, dass Sie den Hauptteil Ihrer Arbeitswoche bereits hinter sich haben. Der dritte Tag ist dann der letzte und fühlt sich an, als würden Sie einfach nur noch locker den Berg hinunter ins Ziel rollen.

Für alle, die das erstrebenswert finden, sind hier die einzelnen Schritte aufgeführt, wie man von einem Vollzeitjob in Teilzeit übergehen kann:

1. Reduzieren Sie Ihre Lebenshaltungskosten. Es wäre zweifellos günstig, Ihre neuen Arbeitszeiten mit Ihren Konsumwünschen in Einklang zu bringen. Sie haben den grundlegenden ökonomischen Zusammenhang zwischen Arbeit und Konsum bereits verstanden: Was auch immer Sie konsumieren, muss mit mühevoller Schufterei bezahlt werden; sonst müssen Sie Schulden machen, was vermieden werden sollte. Arbeitszeitreduzierung bedeutet immer auch, dass man seine Konsumgewohnheiten verringert. Verlegen Sie sich auf Minimalismus, Genügsamkeit und die »freie Lebensart« und die Lebensfreude des Epikureismus – das sollte für jemanden, der sich dem guten Leben verschrieben hat, keine große Herausforderung sein. Wer das gute Leben kennt, weiß aus Erfahrung, dass die wahren Freuden wenig oder gar nichts kosten. Wenn nötig, ziehen Sie in eine kleinere Wohnung oder eine weniger teure Gegend, um sich an die neuen Erfordernisse anzupassen. Falls ein Umzug Ihnen zu anstrengend scheint, denken Sie daran, dass die Alternative darin besteht, viele weitere Jahre in Vollzeit-Plackerei zu verbringen.

2. Schauen Sie sich nach Teilzeitjobs um. Richten Sie E-Mail-Benachrichtigungen bei den üblichen Jobvermittlungs-Websites ein, bewerben Sie sich ausdrücklich nur für Teilzeitjobs, die von Ihrer

Wohnung aus bequem und ohne großen Zeitverlust erreichbar sind. Schauen Sie sich die eingegangenen Angebote wöchentlich an, werfen Sie den Großteil weg, weil Sie dafür entweder über- oder unterqualifiziert sind. Wenn etwas Akzeptables dabei ist, bewerben Sie sich. Wenn Ihnen der Job dann tatsächlich angeboten wird, greifen Sie zu, oder nutzen Sie das Angebot, um bei Ihrem aktuellen Arbeitgeber eine Reduzierung der Arbeitszeit herauszuschinden.

3. Überzeugen Sie Ihren Chef davon, Ihre Arbeitszeit zu reduzieren. Die beste Art, einen Teilzeitjob zu bekommen, ist nicht, die Arbeitsstelle zu wechseln, sondern die Arbeitszeit in Ihrem aktuellen Job zu reduzieren. Besser, Sie schlagen sich mit dem Teufel herum, den Sie kennen – vor allem, wenn Sie dadurch den Umgang mit ihm reduzieren können. Damit alles gelingt, müssen Sie die Vorteile einer Teilzeitbeschäftigung gut vermitteln können. Für einen Arbeitgeber kann es unangenehm sein, einen Mitarbeiter zu beschäftigen, der nicht wie die anderen die ganze Woche über eingespannt werden kann. Aber es gibt gute Argumente für Teilzeitarbeit, die Sie darlegen können:

Legen Sie sich erstens einen Grund zurecht, warum Sie Ihre Arbeitszeit reduzieren wollen. Eine Aussage wie »ich hasse diesen Job und möchte hier so selten wie möglich persönlich anwesend sein« wird womöglich als Beleidigung oder Undankbarkeit aufgefasst. Sie könnten aber zum Beispiel vorbringen, dass Sie die gewonnene Zeit für Ihre Kinder benötigen. (Wenn das möglich ist. Ein Kind vorzuschützen, das Sie gar nicht haben, dürfte auf Dauer nicht haltbar sein.) Oder Sie argumentieren mit dem Aufbau einer Heimarbeitstätigkeit (idealerweise eine Beschäftigung, die jene Fähigkeiten verbessern wird, die Sie der Firma Ihres Chefs zur Verfügung stellen). Oder Sie sagen, dass Sie nachgerechnet haben und es für ökonomisch sinnvoller halten, nur noch drei statt fünf Tage pro Woche zu arbeiten, um die Kosten der Fahrt zum Arbeitsplatz zu minimieren oder um die Einstufung in eine neue Steuerklasse zu vermeiden (oder beides). Ein überzeugender Satz in diesem Zusammenhang wäre: »Ich kann es mir nicht leisten«, weil das auch heißt, dass es eine ökonomische Notwendigkeit gibt. Etwas, das nichts mit Ihren Idealen zu tun hat.

Lassen Sie zweitens durchblicken, dass die Änderung Ihrer Arbeitszeiten der Firma Kosten sparen wird. Und weil Sie ein Team Player sind, fänden Sie das wichtig. Räumen Sie ein, dass es für Sie eine Herausforderung sein wird, Ihren Job nun in fünfzehn oder fünfundzwanzig statt in fünfunddreißig oder vierzig Stunden zu erledigen, dass Sie aber gelernt haben, effizienter zu arbeiten und glauben, dass das möglich ist. In Wirklichkeit kann Ihr langweiliger Fulltime-Job in Teilzeit auch genauso gut erledigt werden, wahrscheinlich sogar von einem Schimpansen, aber das müssen Sie ja nicht unbedingt erwähnen.

Zeigen Sie sich drittens flexibel. Gestehen Sie zu, zusätzliche (bezahlte) Arbeitsstunden leisten zu wollen, wenn Not am Mann ist, und an allen wichtigen Meetings teilzunehmen (ebenfalls gegen Bezahlung), die außerhalb Ihrer vereinbarten Stunden stattfinden. Bieten Sie an, in den ersten Tagen dieses neuen Arrangements Überstunden zu machen, um unerledigte Aufgaben zu übernehmen. (Keine Angst, das wird nicht passieren, verbringen Sie einfach nur weniger Zeit auf Facebook.)

Falls Ihre Firma von den Angestellten verlangt, in beweglichen Strukturen zu arbeiten, fordern Sie sie auf, Nägel mit Köpfen zu machen. Wenn Ihre Firma von dem nervigen »Hot-Desking« profitieren will (bei dem sich verschiedene Mitarbeiter zu verschiedenen Zeiten einen Büro*arbeitsplatz* teilen), sollte sie schon aufgrund ihrer eigenen Prinzipien die Teilzeitarbeit zulassen. Bewegliche Strukturen eröffnen auch die Möglichkeiten von Job-Sharing (bei dem zwei Personen eine *Stelle* teilen), von Heimarbeit und komprimierter Arbeitszeit (längere Schichten, dafür weniger Tage arbeiten). All das kann in Arrangements für Teilzeitarbeit einfließen, wenn dies erforderlich sein sollte.

Falls weitere Argumente gebraucht werden, könnte man auch darauf hinweisen, dass Teilzeitarbeit im Trend liegt: Sie ist in allen wirtschaftlich hoch entwickelten Ländern auf dem Vormarsch (mit der bemerkenswerten Ausnahme der USA).

Der chinesisch-amerikanische Schriftsteller Lin Yutang favorisierte einen »Halb- und Halb-Lebensstil«. Er schrieb, dass wir darauf achten sollten, eine Balance zu finden »zwischen Handeln und Nicht-Handeln, zwischen dem Sich-Hineinstürzen in die Welt sinnloser Geschäftigkeit und der vollständigen Flucht aus einem Leben der Verantwortlichkeiten«. Vielleicht würden wir ja gar nicht vor der Arbeit davonlaufen, wenn sie nur fünfzehn bis zwanzig Prozent unserer Zeit pro Woche in Anspruch nähme. Vielleicht – wie ich beinahe, aber doch nicht ganz in diesem mittleren Jahr auf der Betoninsel herausfand – kann sie sogar Vergnügen bereiten.

Schwerathletik: Komprimierte Arbeitszeit

Ich bewunderte jene Mit-Gestrandeten auf der Betoninsel, die routinemäßig ins Büro kamen, um sich als Schwerathleten dem auszusetzen, was man »komprimierte Arbeitszeit« nennt. Komprimierte Arbeitszeit ist eine neue Idee, die von modebewussten Managern eingeführt wurde, die behaupten, es würde sie nicht interessieren, *wann* ein Arbeitnehmer arbeitet, solange er oder sie es einfach *tun*. Komprimierte Arbeit erlaubt es einer Lohnsklavin zum Beispiel, ihre achtunddreißig Stunden in vier statt fünf Tagen abzuarbeiten, wie es traditionell in der Arbeitswelt gefordert wird. Solche langen, intensiven Schichten sind zwar gnadenlos hart, bescheren einem aber einen ganzen freien Tag und reduzieren die Zeit in der U-Bahn oder im Bus immerhin um zwanzig Prozent. Trotzdem geht es dabei um ameisenhaftes Verhalten im Gegensatz zur Leichtigkeit des Grashüpfers. Es geht um rücksichtsloses Hochwuchten von schweren Steinblöcken anstelle von kleinen Ziegelsteinen – damit man den Job rasch erledigen und anschließend nach Hause gehen kann.

Ich habe es nie geschafft nach diesem System zu arbeiten. Wenn ich hin und wieder einmal länger arbeiten musste, hatte ich sehr bald Magengrummeln, saß dabei noch dazu im fast vollständig verlassenen Büro und bekam von der Putztruppe in gebrochenem Englisch oder mittels Zeichensprache zu verstehen, dass ich bitte mal die Füße hochnehmen soll, damit man unter meinem Schreibtisch staubsaugen konnte.[28] Wie schafften es Leute mit komprimierter Arbeitszeit nur, mit ihren Marathons zurechtzukommen? Es ist ziemlich offensichtlich, nicht? Sie schafften es *nicht*. Ich sah sie nie an ihren Arbeitsplätzen, wenn ich selbst Überstunden machte. Sie warteten, bis alle nach Hause gegangen waren, und dann

---

28 Als ich mich mit den Putzkräften unterhielt, musste ich darüber nachdenken, wie wichtig ihre Arbeit war (wenn auch nicht so wichtig wie die Arbeit von Putzkräften etwa in Krankenhäusern), wie schlecht sie aber dennoch bezahlt und behandelt wurden. Ich wiederum erledigte einen total nutzlosen Job und wurde wie ein Experte behandelt. Wenn ich jemals wieder einen konventionellen Job annehmen muss, werde ich mich um einen bewerben, der wirklich einen Nutzen hat, auch wenn das bedeuten sollte, dass ich weniger Geld verdiene. Vielleicht sollten Sie auch mal darüber nachdenken.

schlichen Sie sich im Schutz der Dunkelheit davon. Ganz schön aufgeweckt!

Folglich empfehle ich, komprimierte Arbeitszeiten anzunehmen, wenn sie angeboten werden. Schlimmstenfalls werden Sie vier lange Tage arbeiten und dann den Freitag (oder Montag oder Mittwoch) für sich haben, um dem guten Leben nachzugehen. Im besten Fall werden Sie sich rausschleichen, wie meine früheren Kollegen es getan haben, und sich ein paar Extrastunden zurückerobern aus dem Abgrund des sinnlosen Büroalltags.

Arbeit von zu Hause (oder von unterwegs)

Zu Hause arbeiten ist, soweit es mich betrifft, der Heilige Gral des Lohnsklaven. Manche Menschen kritisieren, Heimarbeit würde die Grenzen zwischen Arbeit und Privatleben verwischen, und das sei schlecht. Es würde dazu verleiten, zu Hause Extra-Arbeiten zu erledigen, die man sonst nicht tun würde, weil man freihätte. Außerdem würden die heimische Umgebung und der Zugang zur Schallplattensammlung bewirken, dass man nie mit der Arbeit fertig wird. Meiner Meinung nach gibt es Möglichkeiten, diese eher zweitrangigen Probleme mithilfe von Selbstdisziplin in den Griff zu bekommen. Ein paar einfache Regeln wie »Ich höre grundsätzlich um siebzehn Uhr auf zu arbeiten, und alle nachträglichen Einfälle müssen ignoriert oder auf einem Notizblock notiert werden, um sie später zu erledigen«, können da helfen. Der Preis, den man im Gegenzug gewinnt, ist, DASS MAN NICHT ZUR ARBEIT GEHEN MUSS.

Selbst wenn Sie sich brav um neun Uhr morgens an Ihren Heimarbeitsplatz setzen und bis siebzehn Uhr fleißig sind, ohne sich zwischendurch ablenken zu lassen, hat das den Vorteil, dass Sie die Arbeit im Pyjama erledigen können. Endlich kann der Traum, dass die Telekommunikation zu Ihrem Vorteil eingesetzt wird, realisiert werden. Endlich müssen Sie nicht mehr zum Arbeitsplatz und zurück pendeln! Endlich können Sie freche, nichtssagende E-Mails aus dem Schaumbad senden!

Das Problem der körperlichen Anwesenheit am Arbeitsplatz löst sich dank der Heimarbeit in Nichts auf. Genau wie die Paranoia, dass der Chef oder eine Kollegin plötzlich hinter Ihnen steht und sagt: »Hey! Sie arbeiten ja gar nicht, Sie lesen einen Blog!«. Die Tage, an denen Sie Ihre Arbeit zwar schon erledigt haben, aber dennoch drei weitere Stunden im Büro vergeuden müssen, wird es nicht mehr geben. Sie sind zu Hause! Wir geraten nicht länger in Versuchung, die überzuckerten Kekse aufzuessen, die eine wohlmeinende Kollegin mitgebracht hat, weil wir uns jetzt ein gesundes Arbeitsumfeld nach unseren eigenen Vorstellungen aufgebaut haben. Wir können aufstehen und gymnastische Übungen machen, ohne uns dafür schämen zu müssen. Andererseits besteht auch die Möglichkeit zu rauchen: Zigaretten, Zigarren, Pfeife, Joints – wie es uns gefällt!

Wir müssen uns deswegen nicht schuldig fühlen, selbst wenn die Kollegen augenzwinkernd anmerken: »Oh ja, wir arbeiten wohl von zu Hause aus, was?« Die Festlegung, von neun bis fünf arbeiten zu müssen, ist willkürlich und altmodisch. Wir verschwenden ja jetzt schon jede Menge Zeit auf Facebook, weil wir nicht genug zu tun haben, wo ist also das Problem, wenn wir unsere Zeit »verschwenden«, indem wir kochen oder Geige spielen oder eine Burg aus Kissen bauen? Lohnsklaven haben sich schon immer vor der Arbeit gedrückt – das ist unser Recht und unsere Pflicht –, also können wir das auch in der bequemen Umgebung unserer eigenen Wohnung tun. Die Firma wird von solchen Arrangements sogar noch profitieren, weil die Lohnsklaven ausgeruhter und glücklicher sind.

Von zu Hause aus arbeiten kann man einmal pro Woche machen oder auch mehrmals, jeden Tag oder immerzu. Das bestimmen Sie selbst und sonst höchstens noch Ihr Chef, der Sie zuerst vielleicht runterhandeln will. Aber wenn Sie jetzt mit einem einzigen Tag anfangen, können Sie später immer noch eine Erweiterung verlangen. Vielleicht können Sie sogar noch ein anderes Modell zur Arbeitsreduzierung durchsetzen: komprimierte Arbeitszeit zum Beispiel. Sie können sich alles Mögliche überlegen und in Kombination vorschlagen, warum nicht?

Als ich irgendwann genug Mut beisammen hatte, um einen Heimarbeitstag pro Woche zu fordern, formulierte ich meine Frage bewusst so: »Ich möchte gern von zu Hause aus arbeiten, so wie Mrs. Chippy.« Indem ich auf einen Präzedenzfall hinwies, konnte ich deutlich machen, dass ich nun wirklich nichts Radikales forderte. Als mir das Ganze zugestanden wurde, arbeitete ich besonders gewissenhaft und lieferte mehr als verlangt. Damit wollte ich die Botschaft aussenden, dass Heimarbeit durchaus produktiv und auch aus Sicht der Chefs eine nützliche Angelegenheit sein kann. Wie ich schon sagte: Selbst wenn wir sorgfältig und diszipliniert von zu Hause aus arbeiten, können wir das immer noch im Pyjama tun. Alleine dadurch haben wir unsere Arbeitsbedingungen schon in nicht zu verachtendem Ausmaß verbessert. Außerdem kann man sich eventuell noch vor diesem und jenem drücken, aber das sollte man nicht gleich zu Anfang tun.

Wir können auch an Projekten arbeiten, die wir im Büro absichtlich nicht beendet haben, damit wir zu Hause nur noch ein paar Klicks machen müssen, und die Sache ist erledigt. Das hilft dabei, die Konzepte »Heimarbeit« und »Ergebnisse liefern« miteinander zu verbinden, was über einen längeren Zeitraum hinweg zu unserem Vorteil gestaltet werden kann. Wir können das unvermeidliche Gequatsche in die Bürozeit verlagern und damit Platz schaffen für anspruchsvollere Arbeiten, die sich besser in ruhiger häuslicher Atmosphäre erledigen lassen, um auf diese Weise kreativer und produktiver zu werden, egal ob in puncto übernommener Aufgaben oder klammheimlich in die Wege geleiteter Projekte zur Erlangung des guten Lebens.

Lohnsklaverei ist nicht so schwer zu ertragen, wenn man die Arbeit mit Hausschuhen an den Füßen erledigen kann, während *Daydream Nation* von Sonic Youth oder *Miles Smiles* von Miles Davis im Hintergrund erklingen und ein gutes warmes Essen sowie eine Episode der *Sopranos* für die Mittagspause auf einen warten. Oh, und außerdem sollte man guten Kaffee oder Tee dahaben; nicht diese Plörre, die man im Büro aus dem Automaten bekommt. Von zu Hause aus arbeiten ist zwar immer noch Lohnsklaverei und bereichert das Leben bestimmt nicht genauso wie die vollständige Flucht aus der Knechtschaft, aber wenn man schon arbeiten muss, dann ist eine Verbesserung der Arbeitsbedingungen auf jeden Fall erstrebenswert.

Eine letzte Sache noch zu diesem Thema: »Heimarbeit« muss nicht unbedingt von zu Hause aus erledigt werden. Man kann sich auch in eine Bibliothek setzen oder in ein Café oder auf eine sonnenbeschienene Bergspitze, solange man über eine Internetverbindung verfügt und telefonisch erreichbar ist. Es ist natürlich Ihre Entscheidung, ob Sie dies Ihrem Chef mitteilen, aber der Punkt ist, dass »Arbeit von zu Hause« oder »Arbeit von unterwegs« vielleicht besser beschrieben werden sollten als Arbeit jenseits der Ablenkungen und Anfeindungen im Büro.

Ihre beste Zeit und wie man sich den Zombie zunutze macht

Ein »Top-Tipp«, den zu verwirklichen ich zugegebenermaßen nur langsam erlernt habe, lautet: Arbeite so wenig wie möglich nach der Uhr, um auf diese Weise deine Zeit »zu befreien« und das zu verwirklichen, was wir »das wahre Leben« nennen könnten. Oh ja. Viele unserer eigenen administrativen Aufgaben können zum Beispiel in einer sitzenden Position und mit einer Internetverbindung erledigt werden. Banking, Investment, eBay-Verzeichnisse, persönliche E-Mails, online Lebensmittel einkaufen, soziale Medien nutzen – das alles kann vom Schreibtisch aus erledigt werden, ohne dass man diese Aufgaben in die Wochenenden verlagern muss, wo sie nur unsere Möglichkeiten, das gute Leben aktiv zu verwirklichen, behindern würden.

Selbst wenn die meisten Arbeitgeber so etwas offiziell untersagen, sind eine Menge Lohnsklaven selbstverständlich damit beschäftigt. Vielleicht tun Sie das ja ohnehin schon, dann wäre mein einziger Rat, dabei methodischer vorzugehen und niemals zuzulassen, dass derartige bürokratische Aktivitäten Ihr Leben zu Hause beeinträchtigen.

Man kann diese Dinge optimieren, indem man Listen anlegt – am besten digital –, auf denen alle Kleinigkeiten verzeichnet sind, die man noch erledigen muss. Wenn Sie zu Hause sind und mit Ihren Kindern spielen oder ein gutes Buch lesen, und Sie daran denken müssen, dass Sie ja noch diese Zugfahrkarte buchen oder die E-Mail von Tante Malcolm beantworten müssen, können Sie das einfach zu Ihrer Liste hinzufügen, indem Sie eine Handy-App oder ein simples Textverarbeitungsprogramm benutzen und die Sache auf den kommenden Montag vertagen, wenn Sie wieder an Ihrem Schreibtisch im Büro sitzen. Keine Kompromisse. Ich bin davon überzeugt, dass Arbeitnehmer dies auch schon vor der Erfindung des Internets betrieben haben. Früher schickte man einen Untergebenen los, um Besorgungen zu machen, oder legte Privatbriefe, ohne dass sie Hinweise auf den wahren Absender enthielten, in das Fach für die ausgehende Post.

Wenn Ihr Antrag auf Heimarbeit genehmigt wurde, können Sie auch noch eine Menge anderer unangenehmer Aufgaben in Angriff nehmen, die Sie vom Büro aus möglicherweise nicht erledigen können. Zu Hause können Sie – neben Verwaltungsaufgaben, die Sie online zu Ende bringen können, wenn sonst nichts los ist – sich sogar Hausarbeiten widmen wie Putzen oder Waschen. Es geht einfach nur darum, unangenehme Pflichten aus der vornehmlich der Familie oder der Freizeit gewidmeten Zeit herauszulösen und sie zu einem Zeitpunkt zu erledigen, wo man andernfalls sowieso bloß ins Leere starren oder sich zu Tode langweilen würde.

Ein ähnliches Thema ist das, was ich »sich den Zombie zunutze machen« nenne, ein mikro-produktives System, das ich fast jeden Tag anwende. Bis zehn Uhr morgens bin ich im Grunde ein absoluter Zombie. Wenn ich um acht aufwache und es irgendwie schaffe aufzustehen, verharre ich für die nächsten zwei Stunden im Zustand eines Untoten. Manchmal nutze ich diese Zeit für mittelprächtige Herumhängerei – trinke Kaffee und tue ansonsten nichts weiter als Zeitschriften durchzublättern oder Radio zu hören –, aber manchmal gelingt es mir auch, mir den Zombie zunutze zu machen.

Sich den Zombie zunutze machen, ist der Versuch, sich diesen frühmorgendlichen Zustand eines selbstvergessenen Golems zunutze zu machen und ihn zum Arbeiten zu nötigen. Der Zombie kann natürlich nur einfache Tätigkeiten durchführen (zum Beispiel den Müll rausbringen) und auf keinen Fall etwas tun, das Aufmerksamkeit oder Bewusstheit voraussetzt. Man sollte von ihm nicht erwarten, dass er eine wichtige E-Mail schreibt oder große Entscheidungen trifft. Außerdem kommt es darauf an, ihm schon im Vorfeld die entsprechenden Befehle zu erteilen, am Abend vorher, wenn man noch im Vollbesitz seiner geistigen Kräfte ist. Bevor man ins Bett geht, kann man sagen: »Zombie, bring den Müll raus!«, und man kann sich fast sicher sein, dass er diesen Befehl am nächsten Morgen befolgt.

Vergessen Sie nicht, dass es sich technisch betrachtet bei diesem Zombie immer noch um Sie selbst handelt, also missbrauchen Sie ihn bitte nicht oder beauftragen ihn gar mit der Durchführung von Verbrechen. Wenn der Zombie ins Gefängnis muss oder von einem Scharfschützen der Armee vom gegenüberliegenden Hausdach aus erschossen wird, könnte das – fürchte ich – auch *Ihr* Wohlbefinden beeinträchtigen.

Eine gute Vorarbeit für diese Methoden – Dinge während der Bürozeiten erledigen oder den Zombie einspannen – ist es, Ihre »besten Zeiten« zu kennen. Dann können Sie diese Methoden anwenden, um sie in den Dienst des guten Lebens zu stellen. Mit »besten Zeiten« meine ich jene Stunden, in denen Sie in der Lage sind, das Beste aus sich herauszuholen – vor allem für Aktivitäten des guten Lebens –, um mit Freude und bei vollem Bewusstsein dabei zu sein. Für Lohnsklaven sind diese Stunden lediglich am Wochenende vorhanden – und dann werden sie noch eingeschränkt durch irgendwelche Notwendigkeiten, zum Beispiel waschen, einen Scheck einreichen oder einkaufen gehen. Wenn wir diese niedrig stehenden Tätigkeiten bündeln und mit unserem Angestelltendasein verbinden (und was ist das schon anderes als eine niedrig stehende Tätigkeit), können wir genug Raum gewinnen, um das gute Leben zu führen.

Normalerweise nimmt man ja an, dass man seine »besten Zeiten« in den Dienst der Arbeit stellen sollte. Aber wenn diese Arbeit aus unkreativer Plackerei besteht und keine großen Entscheidungen von uns verlangt, dann kann man doch den Zombie zur Arbeit schicken. Anders ausgedrückt: Halten Sie sich so lange wie möglich fern von koffeinhaltigen Getränken, und tauchen Sie erst wieder aus den Tiefen Ihrer Bewusstlosigkeit auf, wenn es Zeit ist, nach Hause zu gehen!

Ein ganzes Jahr freihaben? Wie wär's mit einem Sabbatjahr?

Hey, erinnern Sie sich noch an das Konzept des Überbrückungsjahrs? Klar tun Sie das. Das war diese Idee, dass junge Leute sich ein Jahr freinehmen zwischen der Schule und dem Beginn des Studiums. Man konnte einen zeitlich befristeten Job annehmen und dabei lernen, wie man ein Auto wäscht, oder sogar den Horror der Büroarbeit aus erster Hand kennenlernen, um herauszufinden, dass man so was unbedingt vermeiden will. Vielleicht sind Sie ja auch mit Interrail unterwegs gewesen. Oder Sie haben sich bei einer Freiwilligenorganisation gemeldet. Wie auch immer, die Idee dahinter war, dass man anschließend seine Ausbildung als reiferer und gewandterer Mensch fortsetzt, der nun in der Lage ist, bezüglich seiner Zukunft bessere Entscheidungen zu treffen.

Aus irgendwelchen Gründen ist das Überbrückungsjahr nicht mehr besonders beliebt. Die jungen Leute wollen offenbar so schnell wie möglich durch den Schützengraben einer Universitätsausbildung robben, um anschließend auf Teufel komm raus ins Berufsleben einzusteigen. Sie wollen weiterkommen, unbedingt einen Job kriegen, damit sie, wie ich annehme, endlich anfangen können, die gigantischen Schuldenberge abzutragen, die sie durch ihre Studentenkredite und Ausbildungskosten angehäuft haben.

Die Generation Z kann sich keine abenteuerlichen Interrailreisen mehr leisten und schon gar nicht den Anweisungen des *Hitch-hiker's Guide to Europe* folgen. Zu teuer! Zu gefährlich!

Mir hat mein Vater verboten, ein solches Jahr zu nehmen. Ich weiß noch, wie ich ihn gefragt habe, und ich glaube, in diesem Zusammenhang wurde der Begriff »groteske Idee« verwendet. Also machte ich mich auf den Weg zur nächstliegenden Universität mit den schlichtesten Zugangsvoraussetzungen. Das war wahrscheinlich das Beste, was ich in diesem Moment tun konnte, aber die Idee, zu reisen und meinen Neigungen zu folgen, ist geblieben. Und so entschloss ich mich mit sechsundzwanzig meine verlorene Freiheit wiederzugewinnen, indem ich meinen Job hinschmiss und *sieben* Überbrückungsjahre nahm. Das hast du nun davon, Dad!

Tatsächlich kann man ein Überbrückungsjahr nehmen, wann immer man möchte. Man muss auch nicht jung sein. Eine Möglichkeit ist, es mit dem Segen des aktuellen Arbeitgebers zu tun. Die korrekte Bezeichnung dafür ist nun »Sabbatjahr«, und man kann es bezahlt, halb-bezahlt oder unbezahlt nehmen; das hängt von der Firmenpolitik ab. Alternativ dazu kann man es auch ohne Erlaubnis nehmen, indem man einfach kündigt, ein Jahr lang tut, was man möchte, und sich anschließend einen neuen Job sucht, nachdem man neue Erfahrungen gemacht hat und sich dadurch vielleicht sogar neue Möglichkeiten aufgetan haben.

Wenn man den Antrag für ein Sabbatjahr stellt,[29] sollte man dem Chef eine solide Vision dessen darlegen, was man in diesem einen Jahr ohne Arbeit vorhat, und auch eine Begründung dafür, warum um Himmels willen, er das genehmigen soll. Deshalb war

---

29 Ich erinnere mich an eine Kollegin auf der Betoninsel, die sich ein Sabbatjahr nahm, um mehr Zeit für ihre Kinder zu haben. Und das, nachdem sie einige Jahre zuvor schon ihre Elternzeit genommen hatte. Auch nett.

ja mein Vater nicht mit meiner Idee eines Überbrückungsjahrs zufrieden: Ich hatte keinen vernünftigen Plan. Daher hatte er den Eindruck, ich wollte einfach bloß ein Jahr lang gar nichts tun. Sie sollten also erst mal die Arbeitsplatz-Richtlinien Ihrer Firma studieren, bevor Sie einen formellen Antrag stellen. Denn wenn die Idee eines Sabbatjahrs dort als »grotesk« eingestuft wird, können Sie sich die Mühe sparen, eine Begründung zu entwerfen und bei Ihrem Chef zu Kreuze zu kriechen.

Typische althergebrachte Begründungen für ein Sabbatjahr sind das Bedürfnis zu reisen; sich Zeit für einen todkranken Freund oder Verwandten zu nehmen; Recherchen zu machen; handwerkliche Fähigkeiten zu verbessern; wieder zurück zur Schule zu gehen; irgendetwas Freiberufliches zu probieren; als Freiwilliger aktiv zu sein; ein Buch zu schreiben; dem Partner oder einem Kind dabei zu helfen, persönliche oder berufliche Ziele zu verfolgen; sich um seine psychische Gesundheit zu kümmern …

Natürlich hilft es, ein konkretes Projekt für ein Sabbatjahr anzuführen und die Möglichkeit in den Raum zu stellen, anschließend darüber zu berichten, aber ich denke, man kann sich genauso gut ein paar Lügengeschichten ausdenken und dann ein Jahr lang einen draufmachen – um sich anschließend irgendwie herauszureden. Begründungen gibt es bestimmt unendlich viele. Besser wäre es natürlich, man könnte etwas vorzeigen, damit man nicht das ganze Jahr über Angst vor der Rückkehr hat, weil man bei der ersten Begegnung mit dem Chef vielleicht dasteht wie Pik Sieben.

Wenn Sie ihn also davon überzeugen wollen, dass ein Sabbatjahr eine gute Idee ist, könnten Sie darauf hinweisen, dass Sie nach Ihrem Sabbatjahr etwas Wertvolles in die Firma einbringen werden: besondere Fertigkeiten, die Sie sich während des Jahres angeeignet haben oder einfach die Aussicht darauf, dass Ihre Arbeit nach einem Jahr Pause von besserer Qualität sein wird.

Falls das alles unplausibel wirkt, wäre die Alternative eine selbstinitiierte Arbeitspause, auch bekannt unter der Bezeichnung »die hohe Kunst, zeitweilig einen Job zu verlassen, um später zurückzukommen oder woanders weiterzumachen«. Als ich das erste Mal nach Glasgow zog, hatte mein Mitbewohner einen Freund namens Paul, der sich als jemanden beschrieb, der gerade eine Karriereunterbrechung hatte. Für mich klang das damals wie »Faulpelz«, weil die Idee einer Karriereunterbrechung sich für viele Menschen nur wie eine andere Bezeichnung für »unfreiwillig arbeitslos« oder »gefeuert und noch nichts Neues gefunden« anhört (was eindeutig ein Ergebnis der Arbeitsbesessenheit unserer Gesellschaft ist). Denn wen interessiert schon, was die Leute denken? *Sie selbst* wissen doch am besten, warum Sie Ihren Job aufgegeben haben. Und Sie wissen auch so ungefähr, wann es Zeit wird, wieder zurückzugehen. Falls Sie die Absicht haben, so etwas auszuprobieren, sollten Sie vorher sicherstellen, dass Sie genug Geld besitzen – Fluchtkapital – und Ihre Ausgaben für den entsprechenden Zeitraum im Griff haben. Mehr dazu finden Sie in *Ich bin raus*.

In seinem Buch *Die Vier-Stunden-Woche* schlägt Timothy Ferriss vor, man solle mehrere Karrierebrüche im Laufe seines Lebens in Kauf nehmen. Eine solche Pause nennt er »Mini-Ruhestand«. Der Gedanke dahinter ist, dass man seinen Ruhestand in Raten nimmt. Die frei gewordene Zeit kann man dann nutzen, um an einem Projekt zu arbeiten, das einfach nur Selbstzweck ist, oder um die eigenen Fertigkeiten als Lohnsklave zu verbessern – oder um einen Plan zu entwickeln, wie man endgültig aussteigt. Man kann diese Zeit auch tatsächlich als Ruhestand nutzen und mehr Zeit mit Menschen verbringen, die man mag. Dann steigt man voll ein in das gute Leben. Auf jeden Fall kommt es mir besser vor, seinen Ruhestand in Raten zu nehmen, während man noch jung und gesund ist – vor allem wenn man zudem die Option hat, später wieder ins Arbeitsleben zurückzukehren –, anstatt ihn bis ins hohe Alter aufzuschieben, wenn man womöglich gar nicht mehr in der Lage ist, ihn zu genießen. Wenn man alles auf den einen Moment des In-Rente-Gehens ausrichtet, kann man sich schwer verzocken. Denn es kann passieren, dass man den Ruhestand überhaupt nicht erlebt. Man kann Krebs bekommen oder einen Unfall erleiden. Und was wäre dann wirklich erreicht? Ganz genau: ein Stammplatz auf dem Friedhof.

Der Gedanke, dass das Sabbatjahr dazu da ist, sich in irgendeiner Form zu verbessern, muss auch gar nicht zwangsläufig verfolgt werden. Es wäre schon ein Akt der Selbst-Verbesserung, das gute Leben zu leben ohne irgendwelche Verpflichtungen oder formale Kriterien. Selbst wenn das Jahr sich als »Fehler« herausstellen sollte – wenn Sie zum Beispiel auf halbem Weg nach Madagaskar herausfinden, dass Sie eigentlich gar nicht gerne reisen, oder falls Sie nicht über das Vorwort des Buchs hinauskommen, das Sie schreiben wollten –, können Sie immer noch als im positiven Sinne anderer Mensch ins Arbeitsleben zurückkehren und hätten eine Menge toller Geschichten vom Scheitern zu erzählen. Die Leute werden Sie dafür lieben. Ernsthaft.

Tatsächlich hat die Erfahrung eines Sabbatjahrs, selbst wenn man sie nur einmal im Leben gemacht hat, den Effekt, dass man zu einer wesentlich interessanteren Persönlichkeit wird. Stellen Sie sich bloß mal jemanden vor, der nach dem Studium direkt zu arbeiten angefangen hat und es bis zum Ruhestand geradlinig durchgezogen hat. Um Himmels willen! Es ist wirklich besser, ein Risiko zu wagen, anstatt sein ganzes Leben lang nie etwas Aufregendes getan zu haben.

Zurück zur Schule?

Noch mal die Schulbank zu drücken, sozusagen als umgekehrtes Sabbatjahr, ist eine beliebte Methode für Lohnsklaven, dem Alltagstrott zu entrinnen. (Es gibt noch andere Optionen, die in diesem Buch nicht diskutiert werden. Eine vorübergehende Versetzung beispielsweise oder ein Auslandsaustausch.) Auch das kann mit dem Segen des Arbeitgebers stattfinden oder auf eigene Initiative und eigene Kosten.

Sehr angenehm ist natürlich, wenn der Arbeitgeber Sie voll oder teilweise bezahlt, während Sie sich weiterbilden, oder wenn er Sie nach dem Ende des Studiums wieder in die Firma zurück holt. Das muss Ihrem Arbeitgeber aber blöderweise nützlich erscheinen. Er wird wie gesagt von Ihnen erwarten, bei Ihrer Rückkehr neue Fähigkeiten oder zusätzliche Kenntnisse in die Horror-GmbH miteinzubringen. Und das könnte darauf hinauslaufen, dass Sie irgendwelche langweiligen Management-Kurse besuchen, was zweifellos ein noch schlimmeres Schicksal darstellt als das, was Sie schon jetzt erleiden.

Sich ins akademische Leben zu flüchten kann durchaus ein vernünftiger Schritt sein, aber wenn Sie es nur deshalb tun, um weg zu sein, brauchen Sie ja nicht den Vorwand des Studiums. Sie können Ihren Job schließlich aus vielen Gründen kündigen (oder auch ohne einen triftigen Grund). Aber wenn Sie einfach nur aussteigen wollen und genug Geld auf der Bank haben, um eine Weile über die Runden zu kommen (was wahrscheinlich der Fall ist, wenn Sie mit dem Gedanken an ein Studium spielen), dann kündigen Sie, und gehen Sie aufs Ganze: Erfreuen Sie sich an Ihrem Mini-Ruhestand oder an Ihrem Sabbatjahr, ohne sich die Qual anzutun, wieder die Schulbank zu drücken. Stellen Sie sich doch bloß mal vor, was eine Rückkehr zur Schule oder an die Uni alles mit sich bringt!

Sie müssen all das gesparte Geld – das Sie im Schweiße Ihres Angesichts und mit verzweifeltem Blick auf die Uhr verdient haben – wieder für die Uni ausgeben, wodurch Sie deren Bürokratie finanzieren und damit die Sklavenarbeit von anderen. Dabei können Sie es auch für Schnaps und ein Musikinstrument ausgeben und für ein Jahr Miete – und am Schluss sind Sie der neue Jimi Hendrix.

Falls es Ihnen aber nicht darum geht, einfach nur für ein Jahr (oder mehrere) aus dem Arbeitsleben auszusteigen, sondern Sie wirklich vorhaben, zurück zur Schule zu gehen, sollten Sie sich auf jeden Fall fragen, warum Sie das tun. Wenn Sie nostalgisch an Ihre alten Schul- oder Unizeiten zurückdenken, dann bedenken Sie, dass Sie inzwischen einige Jahre älter sind und ein solches Leben womöglich nicht mehr so großartig finden wie beim ersten Mal. Wenn Sie sich ein neues Fachgebiet aneignen wollen, um nach dem Abschluss beruflich eine neue Richtung einzuschlagen, bedenken Sie, dass Sie dann mit vielen anderen, deutlich jüngeren Menschen konkurrieren werden.[30]

Falls nun aber Ihr Interesse an einer Rückkehr zur Schule klar und eindeutig ist, weil Sie zum Beispiel Lust darauf haben, etwas Neues zu lernen – Sie könnten vielleicht eine Kunstschule besuchen –, und aus purer Freude heraus zu studieren, weil Sie Ihren Erfahrungshorizont erweitern wollen: Das wäre allerdings ein *wirklich* guter Grund. Dann sollten Sie die entsprechenden Informationsangebote im Internet ohne Hast lesen. Und durchaus mal ein Risiko eingehen! Vergessen Sie nicht, dass es auch andere Möglichkeiten jenseits der offiziellen Institutionen gibt: Sich autodidaktisch etwas anzueignen mag vielleicht auf dem Arbeitsmarkt

---

30 Das muss nicht zwangsläufig ein Problem darstellen, aber man darf vor solchen Dingen nicht die Augen verschließen. Sie müssen dann Ihre Erfahrung als angestellter Lohnsklave als Trumpf miteinbringen, wenn Sie sich ein neues Arbeitsfeld erobern wollen.

nicht viel bringen, aber es kann Ihr Leben bereichern. Anstatt eine formale Ausbildung zu verfolgen, könnten Sie sich auch ein Beispiel an Leonardo da Vinci nehmen, der nur Unterricht in Mathematik und Literatur genossen hatte, und sich alles andere selbst beibrachte, oder H.P. Lovecraft, der nur die Highschool besuchte und dort für lange Phasen suspendiert war, weil er zu seltsam war.

Eine Rückkehr zur Schule oder an die Universität ist auf jeden Fall eine Möglichkeit, eine gewisse Zeit die eigenen Lebensumstände zu ändern, aber es ist keine wirkliche Flucht aus dem Lohnsklaven-Dasein und führt nicht zwangsläufig zum guten Leben.

Weniger Pendeln

Das Pendeln ist womöglich die schlimmste Phase des ganzen Arbeitstags. Man hängt an einem Griff oder klammert sich verzweifelt an eine Metallstange, starrt mit müden Augen auf hundert verhinderte Lottokönige, die alle einen Schnupfen haben. Sie trotzen dem Wetter, unvorhergesehenen Verzögerungen im Betriebsablauf, defekten Fahrkartenautomaten, vorlauten Kontrolleuren, und das alles, nachdem Sie sich der übertriebenen Hoffnung hingegeben hatten, Sie könnten in einem Buch lesen. Diesen Horrortrip müssen Sie dann eine Stunde lang mit stoischer Miene ertragen, ohne Streit anzufangen. Alles nur, um irgendwo hinzukommen, wo Sie in Wahrheit überhaupt nicht sein wollen. Das ist eine der härtesten Seiten des Lohnsklaven-Arbeitstags, und Sie haben noch nicht mal die Stempeluhr betätigt.

In meinem letzten Jahr auf der Betoninsel fuhr ich zumeist mit der Bahn zur Arbeit, aber an einem bestimmten Punkt entschloss ich mich zu Fuß zu gehen. Die Fahrt mit der U-Bahn dauerte dreißig Minuten (zehn Minuten im Zug und dann noch den Fußweg von der Station bis auf die Insel), aber ich brauchte nur fünfundvierzig Minuten, wenn ich komplett zu Fuß ging. *Per pedes* unterwegs zu sein, war für mich schon lange ein Wert an sich, und so verschaffte ich mir im Büro bald einen Ruf als Exzentriker. Meine Exzentrizität wurde noch verstärkt durch die Tatsache, dass ich in Doc-Martens-Stiefeln am Arbeitsplatz ankam und nun zu wesentlich bequemeren Halbschuhen wechselte. Das fanden die anderen Schiffbrüchigen wahnsinnig komisch, weil ihre Ideen von dem, was erlaubt ist und was nicht – auch generell im Leben –, vielleicht ein bisschen engstirnig waren.

In Wahrheit sind unsere Füße unser bestes Transportmittel. Zu Fuß zur Arbeit zu gehen, beinhaltet zumindest, dass wir eine gewisse angenehme Verbundenheit mit der Natur entwickeln. Ich hielt zum Beispiel regelmäßig an einer speziellen Straßenecke an, um mir anzuschauen, wie weit die dort lebenden Ameisen inzwischen mit ihren Arbeiten gekommen waren. Außerdem betätigt man sich damit körperlich vor und nach einem Arbeitstag als sitzender Deskjockey. Darüber hinaus spart man noch die Kosten für die öffentlichen Verkehrsmittel (womit man den Gewinn maximiert, den uns die Arbeit bescheren soll, denn Geld zu verdienen, ist ja der eigentliche Grund, warum wir das alles auf uns nehmen). Die Frage, wie viel Weg man sich zumuten möchte, entscheidet darüber, ob man zu Fuß zur Arbeit gehen kann, daher ist die Entfernung zum Arbeitsplatz hier wieder einmal wichtig.

Viele reden immer davon, wie viel Spaß es macht, mit dem Fahrrad zu fahren. Zweifellos ist das Fahrradfahren eine großartige Sache, aber nicht unbedingt erstrebenswert für jene, die gerne zu Fuß gehen. Man mag ja schneller ans Ziel kommen und sich weniger anstrengen müssen, aber es ist auch gefährlich – angesichts der Tatsache, dass die übrige Welt dem Verbrennungsmotor verfallen ist. Ein Moment der Unaufmerksamkeit vonseiten des Fahrradfahrers oder des Autofahrers und schon kann alles vorbei sein. Oder man rammt eine Autotür, die gerade geöffnet wird. Oder fährt in ein Schlagloch. Man kann sogar ohne triftigen Grund vom Rad fallen. Das jedenfalls wäre typisch für mich. Ich mache andauernd Fehler. Weil ich keine Lust habe, irgendeiner Sache meine uneingeschränkte Aufmerksamkeit zu widmen. Aber Fahrradfahren – vor allem während der Stoßzeiten – passt nicht dazu, sich Tagträumereien hinzugeben. Und diese neumodischen Klappräder sehen sowieso schon so aus, als könnten sie sich jederzeit eigenmächtig zusammenklappen, ohne abzuwarten, ob die Person im Sattel ihr Ziel schon erreicht hat. Ich möchte diese Form eines möglichen Todes unbedingt vermeiden. Ich bin ziemlich groß und wie erwähnt ziemlich dünn – zudem habe ich noch diese runden Brillengläser –, sehe also zu würdevoll aus, um auf einem zusammenbrechenden Drahtesel zu sterben. Alle, die bei meinem Tod zugegen wären, würden sich köstlich amüsieren.

Wenn ich gerade keinen Job habe, mache ich mir meine Umgebung etwa um acht so langsam bewusst und denke kurz daran, dass ich jetzt normalerweise im Zug oder im Bus aus dem dreckigen Fenster starren würde – hätte ich das Missvergnügen, angestellt zu sein. Dieser selbst gestrickte Gedanke macht mich unendlich dankbar; egal, welche Probleme und zweitrangigen Schwierigkeiten an diesem Tag vor mir liegen. Ich rufe mir in Erinnerung, dass ich jetzt hier im Bett liegen oder in Ruhe frühstücken darf. Ich muss nicht die ganze Zeit den Augenkontakt mit den anderen Fahrgästen vermeiden. Oder mit hoch gestelltem Mantelkragen auf einem windigen Bahnsteig stehen und darüber nachdenken, ob ich heute vielleicht den Verstand verliere und mich vor den herannahenden Zug werfe mit den Worten: »Leb wohl, grausamer Arbeitsmarkt!«

Das Pendeln aufzugeben oder zu reduzieren, ist mit das Schlauste, was ein Lohnsklave tun kann, um sein Leben zu verbessern.

Wenn man das schafft, erhält man nicht nur zwei Stunden pro Tag zurück (das sind zehn Stunden pro Woche, wenn man Vollzeit arbeitet, und damit mehr als die Arbeitszeit eines ganzen Tages), sondern man wird mit einem Schlag auch eine Menge Misshelligkeiten los, die damit einhergehen.

Es gibt zwei offensichtliche Möglichkeiten, dem Pendeln zu entkommen: Die eine besteht darin, die eigene Wohnung näher an den Arbeitsplatz oder den Arbeitsplatz näher an die Wohnung zu verlegen. Ersteres beinhaltet, dass man umziehen muss, was die meisten Menschen gerne vermeiden. Aber wenn man zur Miete wohnt und keine Eigentumswohnung hat und eher ein Minimalist als ein Konsument ist, sollte es trotzdem nicht zu schwierig sein. Wie schon gesagt, würden wir dadurch zehn Stunden pro Woche gewinnen beziehungsweise fünfhundertzwanzig pro Jahr, was ganz schön viel ist, oder?

Als ich 2004 in einem Büro arbeitete, hätte ich fünfzig Minuten im Bus zum Arbeitsplatz zurücklegen müssen. Also entschied ich mich, in eine Wohnung gleich um die Ecke des Büros zu ziehen. Dadurch konnte ich die Zeit, die ich für den Weg zur Arbeit benötigte, auf einen fünfminütigen Spaziergang reduzieren. Einmal rief mich ein Kollege morgens um zehn vor neun an und fragte mich, ob er mich mitnehmen könnte, um mir seinen neuen BMW zu zeigen. Da lag ich noch im Bett.

Diesen speziellen Weg zur Arbeit vermisse ich sehr. Das hat richtig Spaß gemacht. Oftmals bin ich um 9:40 Uhr aufgestanden, habe mir die Zähne geputzt, mich angezogen und bin losgeflitzt. Unterwegs holte ich mir noch in einem nahe gelegenen Imbiss eine Frühlingsrolle, wo eine freundliche mit Frittierpfannen hantierende Dame dachte, ich würde »Rod« heißen. Ich war dann um zehn – in letzter Minute – am Arbeitsplatz; mit meinem Frühstück in der Hand.

So dicht am Büro zu wohnen, hatte auch einen anderen Vorteil: Ich konnte zum Mittagessen nach Hause gehen. Anstatt mir ein Sandwich aus dem Automaten zu ziehen oder unter falschem Namen eine weitere Frühlingsrolle zu ordern, konnte ich kurz mal nach Hause laufen und dort eine heiße Suppe oder ein vegetarisches Nudelgericht verspeisen oder zwei Episoden von *The Fall and Rise of Reginald Perrin* ansehen, einer Sitcom über die Flucht vor der Arbeitswelt. Ach, das waren noch Zeiten!

Die allgemeine Notwendigkeit des Pendelns ergab sich durch die Erfindung der Vorstadt. Die Idee war, dass wir dort in großen Häusern leben, meilenweit entfernt von den Geschäftszentren. Wenn die Stadtplaner stattdessen die Wohnraumverdichtung favorisiert und die Gebäude nach oben, anstatt in die Fläche und in die Natur, gebaut hätten, wäre das Pendeln heutzutage so ereignislos wie eine Aufzugfahrt ins Erdgeschoss. Aber so wie es aussieht, sind die Vorstädte die Wohngebiete der Strebsamen, und die müssen jeden Tag die Strecke von der Wohnung zum Arbeitsplatz und wieder zurück bewältigen, um das zusammenzukratzen, was sie haben wollen. Ganz so wie die Bären und legendären haarigen Riesen, »Bigfoots« genannt, die sich offenbar in Amerika auf den Weg in die Städte machen, weil es auf dem Land (dank der sich ausbreitenden Vorstädte) nichts mehr zu futtern gibt. Eine gute Lösung des Pendlerproblems wäre also, endlich den in die Irre führenden Traum vom Eigenheim am Stadtrand aufzugeben. Wohnt in der Innenstadt. Das ist mein Rat. Legt euch eine Einzimmerwohnung zu, weit oben in den Wolken und trotzdem direkt am Puls der Stadt.[31]

---

31 Zu teuer? Vielleicht in London, Paris und New York, aber nicht in Glasgow, Montpellier oder Montreal.

Aber um nun endlich zur anderen Möglichkeit zu kommen, dem Pendeln zu entgehen: Man kann ja auch den Arbeitsplatz näher an die eigene Wohnung rücken. Das klingt jetzt so ein bisschen wie »soll der Berg doch zum Propheten kommen«, aber tatsächlich stehen uns hier verschiedene Lösungsmöglichkeiten zur Verfügung. An erster Stelle steht natürlich die Bitte, die Arbeit von zu Hause aus erledigen zu dürfen. Das reduziert den Weg zum Arbeitsplatz auf das Schlurfen von der Bettkante zum Küchentisch. Man kann das Frühstück zu sich nehmen, während man auf Skype wartet oder dass die E-Mails aus dem Büro herübergebeamt werden. Alles bezahlterweise!

Je nach Ihrer Qualifikation und Ihren Karriereambitionen könnte es auch eine vielleicht kühne, möglicherweise aber auch angenehme Alternative sein, den Arbeitsplatz zu wechseln, damit Sie es nur noch ein paar Minuten zu Fuß zur Arbeit haben. Schauen Sie sich mal nach Schildern in Ihrer Nachbarschaft um, auf denen »Aushilfe gesucht« steht, und unterhalten Sie sich mit dem Chef der betreffenden Firma, um herauszufinden, ob Sie ihn mögen. Das war eine nicht unübliche Praxis unter den Freundinnen meiner Mutter, als ich noch klein war. Während die Männer massenweise aus den Vorstädten in die Innenstadt pendelten – was gegen acht Uhr eine regelrechte Massenflucht hervorrief –, übernahmen die Hausfrauen die Jobs als Reinigungskräfte oder Aushilfen in der Kantine der nahe gelegenen Schule oder als Verkäuferin in einem Laden oder als Kellnerin in einem Lokal während der Mittagszeit.

Auch ich habe schon ernsthaft über so etwas nachgedacht. In der Nähe meiner jetzigen Wohnung gibt es einige kleinere Geschäfte: einen Schlachter, einen Kiosk, einen Laden für handwerklich hergestellte Lebensmittel, einen Nachbarschaftsladen, einen Buchladen, eine Bäckerei, eine Reinigung und ein kleines Restaurant. Ich frage mich, ob eines dieser Geschäfte sich das Vergnügen gönnen würde, mich sechs Monate lang zu beschäftigen, wenn ich es mal nötig haben sollte. Natürlich hoffe ich auf den Buchladen, aber ich würde mir auch die blutbefleckte Schlachterschürze umhängen, wenn ich dadurch dem nächsten Pendler-Job entgehen könnte. Wir haben ja schon über die konventionellen Ideen von Erfolg, vor allem das Karrierestreben, diskutiert, und wissen, dass ein Job in erster Linie dazu da ist, Geld zu verdienen. So betrachtet, könnte die Nähe des Arbeitsplatzes durchaus ein besonderer Vorteil sein und einiges aufwiegen.

Wenn es uns allerdings gelingt, die Arbeitszeit so zu reduzieren, wie ich es weiter hinten in diesem Kapitel beschreibe, wird die Zeit, die wir aufs Pendeln verschwenden genauso reduziert.

Der eigentliche Sinn dieser Reduzierungsmaßnahmen liegt allerdings darin, der Arbeitswelt Zeit abzuzapfen und sie anderen Tätigkeiten zuzuführen. Das hilft uns, Räume zu erobern, die wir im Namen des guten Lebens nutzen.

Wie wir unsere Zeit verwenden, sagt sehr viel aus über die Art und Weise, wie wir unser Leben verbringen. Und diese wiederum wirkt sich direkt auf unsere Persönlichkeit aus. Es wird Zeit, dass wir die besten Zeiten unseres Lebens zurückerobern. Auch wenn wir der Arbeit nicht komplett entgehen können, so können wir ihr doch entgegentreten wie einer einfallenden feindlichen Armee, um unsere Freiheit an unseren Grenzen zu verteidigen. Bestehen wir auf angemessenen Mittagspausen, nehmen wir uns ein Sabbatjahr, reduzieren wir das Pendeln: All das wird uns helfen, rote Linien zu ziehen, um unsere unwiederbringliche, nicht wiederherzustellende Lebenszeit zu schützen und in unserem Sinne zu nutzen.

Wie man sich im Büro wohlfühlt, ohne verrückt zu werden

Um nicht verrückt zu werden, versuchen die Menschen üblicherweise, sich auf die Silberstreifen am Horizont zu konzentrieren. Man kann sich zum Beispiel auf seinen Urlaub freuen. Oder sich versichern, dass man ja immerhin Geld verdient.

Diese Silberstreifen sind ja durchaus real. Denn wenn man arbeitslos ist und kein Geld hat, fühlt sich alles an wie eine Zeitbombe. Alles, was Sie besitzen, wird irgendwann zur Neige gehen oder kaputtgehen, und dann brauchen Sie Geld. Als Lohnsklave müssen Sie sich vor dieser Art von teilweise tief sitzenden Ängsten immerhin nicht fürchten.

Nur leider haben wir keine *Zeit*. Nun ja, das ist nicht ganz richtig ausgedrückt. Auf der Betoninsel hatte ich massenweise Zeit, aber ich konnte damit nichts weiter anfangen, als sie wie ein Wahnsinniger ins Feuer zu schaufeln, weil ich jede einzelne Stunde, jeden einzelnen Tag so schnell wie möglich hinter mich bringen wollte – bis zum nächsten Wochenende, bis Weihnachten, bis zum Ruhestand oder zum Lebensende.

Ich wurde ein Meister des Wegduckens und Abtauchens, ein Experte darin, wie ich jeder Verantwortung entgehen konnte. Ich merkte, dass ich angesetzte Meetings so weit entfernt wie nur möglich anberaumte – in Aberdeen zum Beispiel. Damit ich vier oder fünf Stunden Arbeitszeit im Zug verbringen konnte, wo ich mit diesem ganzen Bürokram nichts zu tun hatte und stattdessen ein Buch lesen oder die vorbeiziehende Landschaft betrachten konnte. Diese Taktik funktionierte bei mir so halbwegs, weil ich einen Ausstiegsplan und ein Enddatum im Kopf hatte. Ich musste einfach nur meine Zeit irgendwie herumkriegen. So etwas funktioniert nicht, wenn Sie den Entschluss gefasst haben, deutlich mehr Zeit, womöglich Ihr ganzes Arbeitsleben, an einem Ort wie der Betoninsel zuzubringen. Denn diese Art von Zeitverschwendung und Arbeitsvermeidung verlangsamt unsere Zeitwahrnehmung[32] und macht uns verrückt. Herumzutrödeln, stellte ich fest, ist eine ziemlich anstrengende Art und Weise, seinen Arbeitstag zu bewältigen, geschweige denn ein ganzes Arbeitsleben.

Anstatt mir mehr Möglichkeiten auszudenken, meine Zeit zu verschwenden, änderte ich also meine Taktik und suchte ernsthaft nach einer Möglichkeit, mich mit etwas Vernünftigem zu beschäftigen. Ich entschloss mich zum Beispiel, direkt mit diesem schrecklichen Computersystem zu arbeiten, auf dem ich einmal pro Monat andere Leute anlernen sollte. »Vielleicht«, dachte ich, »gelingt

---

32 Trotzdem ist sie üblich, und vielleicht haben Sie selbst sich ja auch schon derartiger Taktiken bedient. David Graebers Buch *Bullshit Jobs* ist voll mit Geständnissen von Menschen, die sich am Arbeitsplatz unerlaubter Praktiken bedienen, um nicht durchzudrehen. Einer von Graebers Befragten installierte Lynx auf seinem Computer am Arbeitsplatz, einen Webbrowser, der nur Text darstellt und wie ein DOS-Bildschirm aussieht. So konnte er im Internet surfen, während alle, die einen Blick auf seinen Bildschirm warfen, glaubten, er würde wichtige technische Probleme lösen. Ganz schön schlau!

es mir ja, dieses System weniger schrecklich zu gestalten. Vielleicht kann ich es in Ordnung bringen.«

Gegenüber meinem Chef argumentierte ich, dieser plötzliche Aufgabenwechsel hätte seinen Grund darin, dass die Probleme mit dem Computersystem meine Anlern-Seminare sabotierten und das Vertrauen der Anzulernenden untergruben (was ja auch stimmte). Es sei also besser, dieses Problem schon im Vorfeld zu lösen. Das erlaubte mir, etwas zu tun, das ich gut konnte: ein bisschen Programmieren, ein paar ästhetische Verbesserungen, das Ausmerzen von Störfaktoren und das Verbessern der schlechten Betriebsanleitung. Ich konnte meine tatsächlichen Fähigkeiten nutzen, um etwas Nützliches zu tun, anstatt der Bullshit-Tätigkeit nachzugehen, für die ich eingestellt worden war. Das war natürlich viel befriedigender. Je mehr ich mich da reinkniete und je nützlicher ich mich fühlte, umso schneller vergingen die Arbeitsstunden, und umso leichter fiel es mir, die unangenehme Umgebung auf der Betoninsel zu vergessen.

Totale Hingabe

Hingabe an die Arbeit bedeutet natürlich nicht, dass die deprimierende Natur des Arbeitens in einem Büro keine Bedeutung mehr hat. Aber sie bringt uns in einen Bewusstseinszustand, der uns vor den Auswirkungen dieser tristen Umgebung schützt. Anstatt sich die ganze Zeit auf einen völlig vagen Silberstreif am Horizont zu fixieren, liefert uns die Taktik der totalen Hingabe so etwas wie einen Schutzanzug, der uns Büroastronauten vor dem Vakuum der menschenfeindlichen Umgebung des Arbeitsplatzes bewahrt.

Etwas, das ich zu meinem Job auf der Betoninsel mitbringen konnte und was meine Mit-Gestrandeten dort nicht hatten, war die Fähigkeit, mich in einen Flow-Zustand zu versetzen. Ich glaube, das liegt daran, dass ich Bücher geschrieben, mich also mit langfristig angelegten Projekten beschäftigt hatte, die meine volle Konzentration erforderten. Damit war ich vertraut.

Der Flow[33] ist ein Bewusstseinszustand, in den man eintreten muss, um etwas richtig gut zu machen, um kreativ sein zu können. Wenn man im Flow ist, werden alle Ängste und Frustrationen aus dem Bewusstsein ausgeblendet, und man wird total konzentriert, kann sich auf die übernommene Aufgabe fokussieren und sie bewältigen.

Zuerst zögerte ich noch, ob ich am Arbeitsplatz in diese Flow-Zustände eintreten sollte. Das klingt jetzt vielleicht lächerlich, aber ich verbinde den Flow immer mit der Magie des Schreibens. Dieselbe Technik zu benutzen, um meinen verhassten, dummen Alltagsjob durchzustehen, kam mir wie ein Sakrileg vor. Ich habe meine Flow-Zustände immer geschützt, weil sie sehr fragil sind und man immer das Gefühl hat, sie könnten irgendwann zu Ende sein. Wenn ich also eine besondere Fähigkeit hatte, in diesen Flow einzutreten, wollte ich sie nicht verschwenden, um Projekte von anderen zu verwirklichen.

Nach einigen schwierigen ersten Monaten lernte ich aber, dass das Einsteigen in diese Flow-Zustände nicht nur eine Methode ist, gute Arbeit zu leisten, sondern auch eine ideale Möglichkeit, einen Arbeitstag durchzustehen, ohne verrückt zu werden. Im Flow tendiert man dazu, sich selbst und seine Umgebung zu vergessen. Im Büro bedeutet das, dass man die klingelnden Telefone und das nervige Getratsche der Kollegen nicht mehr wahrnimmt. Man verliert auch das Zeitgefühl, hört also auf, ständig auf die Uhr zu schauen.

---

33 Der Begriff wurde in den Siebzigerjahren von dem aus Ungarn stammenden Prof. Mihály Csíkszentmihályi in die Psychologie eingeführt. (d. Red.)

Das bedeutet, dass man nicht mehr die Zähne zusammenbeißen muss, um jede einzelne Arbeitsstunde durchzustehen. Man lässt sich einfach im Kielwasser des Flows mitziehen, und plötzlich ist schon Mittagspause. Wenn man das am Nachmittag noch mal schafft, ist es plötzlich schon Zeit nach Hause zu gehen. Hurra!

Der Flow hilft uns, glücklich und zufrieden und Herr der Situation zu sein. Er gibt uns das Gefühl, wir würden unsere Tätigkeit »eigenständiger« ausführen. Man kommt sich eher wie ein Handwerker vor. Zumindest wie jemand, der seine Hände und seinen Kopf dazu benutzt, aus einem Rohzustand heraus die Dinge (die Aufgabe, die man übernommen oder die Instruktionen, die man bekommen hat) zu formen und damit ein greifbares Ergebnis zu erzielen. Man fühlt sich, als würde man an irgendeinem Steuerpult sitzen, anstatt nur herumzuwursteln, bis der Zahltag gekommen ist. Der Flow ist gut für die geistige Gesundheit und fördert ganz generell das Wohlbefinden im Büro. Denken Sie jetzt aber nicht, dass Sie dadurch plötzlich Ihren Job lieben werden. Er ist immer noch nur dazu da, Geld zu verdienen.

Um sich den Flow zunutze zu machen, müssen Sie Folgendes tun:

- Schieben Sie möglichst alles beiseite, was Sie ablenken könnte. Falls die Taste des Anrufbeantworters an Ihrem Schreibtischanschluss ständig blinkt, hören Sie sich die Nachrichten an, und schreiben Sie auf, was von Ihnen erwartet wird. Alle Ablenkungen, auf die Sie keinen Einfluss haben, werden ohnehin verschwinden, wenn Sie erst mal in den Flow eingetreten sind.
- Suchen Sie sich eine Aufgabe auf Ihrer To-do-Liste aus. Es wird Zeiten geben, an denen eine bestimmte Aufgabe dringlicher oder wichtiger ist als andere; allerdings empfehle ich,

auf die »Machbarkeit« zu achten. Fragen Sie sich: »Kann ich das *jetzt* erledigen?« Wenn ja, dann haben Sie eine gute Aufgabe gefunden. Falls nicht, teilen Sie diese Aufgabe in kleinere machbare Teilstücke auf, und suchen Sie sich diejenigen darunter aus, die »am machbarsten« sind.
- Vergessen Sie alle anderen Verpflichtungen. Auf Ihrer To-do-Liste stehen möglicherweise fünfzig verschiedene Sachen, aber das spielt im Augenblick keine Rolle. Sie kümmern sich um *diese eine* Sache, die Sie sich ausgesucht haben, weil sie machbar ist.
- Machen Sie sich bewusst, dass diese Aufgabe eine Herausforderung darstellt, der Sie sich stellen müssen, aber dass diese Herausforderung nicht allzu schwierig zu bewältigen ist und Sie sie *jetzt* in Angriff nehmen wollen.
- Fangen Sie an. Dieser einfache Akt des Beginnens (nachdem Sie sich entschieden haben, *diese* Aufgabe zu erledigen und keine andere) bedeutet meist schon, dass Sie in den Flow-Zustand eingetreten sind und Ihre Aufgabe rasch und gründlich erledigen. Behalten Sie im Hinterkopf, dass es okay ist zu scheitern. Aber scheitern Sie nicht.
- Tun Sie alles, was nötig ist, um die Aufgabe zu bewältigen, schreiben Sie E-Mails, füllen Sie Formulare aus, schicken Sie alles ab, haken Sie es auf Ihrer Liste ab.

Der Anfang ist immer am schwersten. Das ist so ähnlich, wie in einen Pool zu springen. Wenn Sie erst mal im freien Fall sind, bekommt dieser unvermeidlich Ihre ganze Aufmerksamkeit, und es gibt nichts anderes mehr – Zuschauer, Nebenschauplätze, Geräusche –, alles verschwindet. Sie haben den Flow erreicht – und damit die Kontrolle übernommen, die Zeit ausgeblendet und die Fähigkeit gewonnen, die nervige Atmosphäre am Arbeitsplatz zu ignorieren.

Und hier noch ein guter Tipp: Ich benutze gerne etwas, was sich die »Pomodoro-Technik« nennt. Sie haben vielleicht schon davon gehört. Dafür stelle ich den Timer auf fünfundzwanzig Minuten ein und arbeite während dieser Zeitspanne intensiv an einer einzigen Aufgabe (die *Pomodoro*), mache dann eine kurze Pause und nehme mir dann eine andere Aufgabe vor, eine neue Pomodoro. Das ist ein gutes System, und ich kann Ihnen nur empfehlen, diese fünfundzwanzigminütigen Intervalle im Windschatten des Flows zu genießen. In der Praxis sieht das so aus, dass ich den Timer einstelle und mir vornehme, innerhalb dieser Zeit eine einzelne Pomodoro zu schaffen, während mir schon so halb klar ist, dass ich beim Klingeln des Timers gar keine Lust haben werde aufzuhören. Also mache ich meistens einfach zwei Stunden lang weiter und bleibe im Flow. Es geht nämlich in erster Linie darum, mich aufzuraffen und mein Gehirn dazu zu bringen, in den Flow zu kommen. Sollte ich allerdings wirklich nicht weiterarbeiten wollen, lasse ich es einfach bleiben und gehe stattdessen spazieren oder mache Musik. Aber in neun von zehn Fällen funktioniert der Trick, und ich gerate auf wundersame Weise in den Flow und arbeite, obwohl ich eigentlich lieber faulenze.

Dieser billige kleine Trick funktioniert im Büro genauso gut wie bei eigenständiger kreativer Arbeit. Wenn der Flow erst mal zustande gekommen ist, ist eine Aufgabe eine Aufgabe. Für mich war es also durchaus in Ordnung, meine »heilige« Schreibtechnik auf mein Angestellten-Dasein zu übertragen. Sie half mir, die Zeit durchzustehen und meine Arbeit besser zu erledigen.

Flow ist eine fantasievolle und produktive Alternative zu der üblichen Überlebensstrategie im Büro in Form von »Geschäftigkeit«. Die Leute in den Büros möchten unbedingt schwer beschäftigt aussehen. Damit der Chef hinters Licht geführt wird und denkt, man wäre motiviert und damit unverzichtbar. Gleichzeitig ist dies aber auch ein Auftritt vor einem Publikum, das aus einem selbst und den Kollegen besteht, ausgehend von der Grundidee, dass nur schwer beschäftigte Menschen gute Menschen sind. Um den Eindruck des Schwerbeschäftigtseins zu erwecken, springen diese Leute ständig zwischen verschiedenen Aufgaben hin und her und erledigen alle schlecht. Weil sie nämlich ihre Aufmerksamkeit und Energie splitten und sich gleichzeitig mit mehreren Browserfenstern beschäftigen, von Aufgabe drei zu Aufgabe zwei springen, während sie gleichzeitig an Aufgabe eins denken, mit der sie nicht vorankommen. Das führt nicht nur dazu, dass sie nichts richtig erledigen, sondern auch gestresst, erschöpft und unglücklich sind. Flow-Zustände sind dem eindeutig vorzuziehen.

Sei ein guter Passagier

Ein Tag im Büro ähnelt einem Transatlantikflug. Wir warten darauf, dass die acht Stunden vorübergehen, im Idealfall ohne Turbulenzen und besondere Ereignisse. Wir versuchen, uns in die wenigen vorhandenen Unterhaltungsangebote zu versenken, in der Hoffnung, dass die Zeit dann schneller verstreicht, aber wir schauen die ganze Zeit auf die Uhr, unter Umständen nur mit einem halben Auge, aber wir tun's. Wir wollen endlich aufstehen, die steifen Beine strecken und Richtung Ausgang laufen.

Wir schauen aus dem Fenster (das zu unserer eigenen Sicherheit nicht geöffnet werden kann) auf die Welt dort draußen – und besinnen uns dann eines Besseren: Lieber nicht an die Welt da draußen denken, sonst wird die Versuchung zu groß, doch noch hinauszuspringen, bevor die Zeit dafür gekommen ist.

Wir sehen uns die anderen an und fragen uns, ob sie auch so unruhig sind. »Ist das normal?«, fragen wir uns. »*Kann* so was normal sein?« Die ganze Angelegenheit ist widernatürlich: Man bekommt Krämpfe; isst Dinge, die in eigenartig futuristischen Packungen daherkommen, und trinkt Wasser aus kleinen Plastiktassen. Sogar die Geräuschkulisse in einem Büro ähnelt der in einer Flugzeugkabine: Ich hatte manchmal den Eindruck, ich würde in einem Airbus sitzen, weil das Geräusch der Klimaanlage dem Rauschen der gefrorenen Atmosphäre und dem Dröhnen der Triebwerke jenseits der Trennwand so sehr ähnelte.

Diese Gedanken kamen mir eines Nachmittags auf der Betoninsel, als Smudge, meine Nachbarin auf diesem Trip, ungeduldig vor sich hinschnaufte. Sie ist eine schlechte Passagierin, seufzt ständig theatralisch über die herrschende Unbequemlichkeit, während ihre Ungeduld und ihre Frustration über den Arbeitstag die anderen ständig daran erinnern, dass die Uhr tickt. Sie kommt einem ständig mit so grandiosen Erkenntnissen wie: »Es ist ja schon drei Uhr«, oder: »Sind es wirklich noch acht Tage, bis wir unseren Lohn bekommen?«

Hier folgt für Sie wieder ein Auszug aus meinem *Tagebuch eines Geknechteten*:

Ihre kindliche Ungeduld empfinde ich als besonders peinlich. Da ich direkt neben ihr sitze, wenn sie ihre allgemein gehaltenen Klagen vage in den Raum wirft, sodass niemand sich besonders angesprochen fühlen muss, denken einige der Kollegen womöglich, sie würde mit mir sprechen und nun auf meine Antwort warten. Normalerweise ignoriere ich sie und tue so, als hätte ich mächtig viel mit meiner Tastatur zu tun, wie ein Flugzeugpassagier, der sich angestrengt in seine Lektüre vertieft. Aber manchmal habe ich das Gefühl, ich sei ihr eine Antwort schuldig. »Es dauert nicht mehr lange«, sage ich dann, wie ein Vater, der sein Kind zu beru-

higen versucht. »Denk einfach nicht darüber nach.« Es ist wirklich schrecklich, dass sie uns mit ihrem selbstmitleidigen Geseiere ständig an unsere Situation erinnert und damit unsere psychischen Verteidigungsmechanismen zunichtemacht.

Für die arme Smudge war es in gewisser Weise schwieriger als für uns. Sie war die einzige Raucherin und quälte sich zweifellos die ganze Zeit mit ihren Suchtanfällen herum; denn auf der Betoninsel war das Rauchen verboten. Auch das ist wieder eine Parallele zur Flugreise, denn sobald wir gelandet waren (wenn die Bürouhr fünf schlug), warf sie sich ihren Mantel über und klopfte sofort die Taschen nach der Zigarettenpackung ab.

Smudge stammt aus einer Kleinstadt, ein ganzes Stück weit von Glasgow entfernt. Sie musste morgens um sieben Uhr den Überlandbus nehmen, damit sie rechtzeitig um neun im Büro war. Wahrscheinlich klingelt ihr Wecker morgens um halb sechs. Sie hat mir mal gestanden, dass sie sowohl auf der Hin- wie auf der Rückfahrt schlief. Kein Wunder, dass sie mental nicht in der Lage war, einen vollen Arbeitstag beziehungsweise eine ganze Flugreise unbeschadet zu überstehen.

Aber Smudge war nicht die einzige schlechte Passagierin. Es gab noch andere, die ständig seufzten, zur Decke schauten oder obsessiv auf die Uhr starrten. Ein Typ aus der Personalabteilung, der manchmal am Schreibtisch neben mir arbeitete, wimmerte und ächzte die ganze Zeit vor sich hin und raufte sich die Haare wie ein Wahnsinniger. Ein anderes Mal, als Sybil und Prince Chunk, die lautesten unter uns, nicht im Büro waren, hörte ich jede Menge mir noch unbekannte Laute, die alle ihren Ursprung im frustrierten Stöhnen der Kollegen hatten. Alle wollten raus aus dem Flugzeug und so schnell wie möglich runter aufs Rollfeld.

Dies alles erwähne ich hier, um deutlich zu machen, dass wir lernen müssen, gute Passagiere zu sein, wenn wir am Arbeitsplatz eine halbwegs tolerierbare Atmosphäre haben wollen, um unseren Langstreckenflug so schnell wie möglich hinter uns zu bringen. Wir müssen das Verstreichen unserer Lebenszeit ignorieren und uns so tief wie nur möglich in die Arbeit versenken (oder in heimliche anders geartete Aktivitäten wie das Aufstellen von Fluchtplänen). Wir müssen unsere Ängste überwinden (oder zumindest damit umgehen lernen). Wir müssen bestimmte Regeln beachten (zum Beispiel, nicht gigantische Mengen von Essen zur Arbeit mitzubringen in dem falschen Glauben, das würde für eine angenehmere Atmosphäre sorgen). Wir müssen höflich und respektvoll mit den anderen Passagieren umgehen, ohne sie in unsere eigenen paranoiden Fantasien einzubeziehen. Und vor allem müssen wir leise sein.

Das Gehirn abschalten

Eine verbreitete Überlebenstaktik[34] unter Lohnsklaven, die einfach nur den Tag hinter sich bringen wollen, ist das Abschalten des Gehirns; es im Grunde unter den Schreibtisch zu packen, sobald man eingestempelt hat. Das ist zweifellos eine Möglichkeit, ein guter Passagier zu sein (oder zumindest einer, der nicht aktiv dazu beiträgt, unausstehlich zu sein), aber es ist aus verschiedenen Gründen eine schlechte Taktik: Es senkt die Qualität einer Lebenserfahrung, die bereits von ziemlich niedriger Qualität ist; es führt unweigerlich

---

34 Eine kurze Anmerkung zur Unterscheidung zwischen Taktik und Strategie. Eine Strategie ist ein längerfristiger Plan. Eine Taktik ist eine kurzfristige Art und Weise, etwas zu erledigen. Systematisch Geld zu sparen, um früh in den Ruhestand gehen zu können, ist eine Strategie. Einen Tamagotchi zur Hand zu haben, um eine Stunde zu überbrücken, ist eine Taktik.

dazu, dass wir unsere Arbeit schlecht erledigen (weil es die Schwelle senkt, ab der wir auf unsere Arbeit stolz sind); und es sorgt für eine Zunahme der dystopischen Elemente in unserer Umgebung aufgrund von wachsender Inkompetenz und Gedankenlosigkeit.

Das Gehirn abzuschalten, führt auch zu einem graduellen persönlichen Verfall bis hin zu einem quasi-hirntoten Zustand. Denken Sie mal darüber nach: Sie beginnen Ihren Tag wie ein Zombie mit geschwollenen Augen, schaffen es mit knapper Not, Ihren Kadaver aus dem Sarg zu hieven, um sich zum Frühstückstisch zu schleppen, fahren einsam und kontaktfrei mit Bus oder Bahn zum Arbeitsplatz, ergeben sich einem völlig sinnfreien Arbeitsregime und lassen das ganze Trauerspiel schließlich durch ambitionsloses Kochen und eine Stunde drögen Netflix-Konsums ausklingen.

Wenn dann das Wochenende oder gar ein Urlaub bevorsteht, haben wir vielleicht schon vergessen, wie es ist, *nicht* als Hirntoter herumzugammeln. Wenn wir allzu sorglos sind, kann dieser Zustand normal werden und unsere Emotionen vollkommen lahmlegen. Das sollte Sie hinreichend ängstigen.

Anstatt das Gehirn abzuschalten, wenn wir zur Arbeit gehen, ist es auf jeden Fall günstig, einen wachen Bewusstseinszustand anzustreben. Indem wir das tun, gewinnen wir eine große Portion Leben zurück (acht Stunden pro Tag), die wir aus der Todeszone bergen. Ich weiß, es ist anstrengend, den Unannehmlichkeiten des Lebens in einem Büro mit wachem Auge zu begegnen, aber der Zombie-Zustand ist der, den unsere Arbeitgeber am liebsten haben (auch wenn sie das wahrscheinlich nicht zugeben). Trotz ihrer Lippenbekenntnisse, dass nur *glückliche* Angestellte auch wirklich *produktive* Angestellte sind, trotz ihrer Einladungen ans ganze »Team« zu Paintball-Aktivitäten und ähnlichen Vergnügungen haben sie in dieser tayloristischen Welt nur ein Interesse: die Arbeit so weit zu spezialisieren und so schablonenhaft zu gestalten, dass keine geistigen Anstrengungen mehr nötig sind. Das dürfen wir nicht zulassen. Bleiben wir wach.

Hier folgen nun einige Vorschläge zum Thema »Wie bringe ich einen Arbeitstag hinter mich, ohne mein Gehirn auf Eis zu legen«: Nachdem wir unsere Arbeitszeit so weit wie möglich reduziert haben, indem wir die Techniken anwenden, die im zweiten Kapitel beschrieben wurden, sollten wir die Qualität der noch verbliebenen Arbeitszeit verbessern. Es gibt vier Arten von Aktivitäten, mit denen wir die Stunden am Arbeitsplatz verschönern können, die auch unsere Sensibilität ansprechen; und dabei kommt es darauf an, sie in genau dieser Reihenfolge anzugehen.

Erstens: Wir müssen unsere Arbeit zügig und gut erledigen. Das ist das Mindeste, was wir während unserer reduzierten Arbeitszeit tun sollten. Unsere Arbeit zügig und gut zu erledigen, verringert die Gefahr gefeuert zu werden (außerdem können wir dann zumindest ein Quäntchen Stolz empfinden, denn wir haben unsere Arbeit erledigt, egal, wie nutzlos sie ansonsten sein mag) und gestattet uns, den Flow zu nutzen, der dafür sorgt, dass die Zeit schneller vergeht. Wenn Ihre Arbeit wirklich von einem Paar Händen ohne Verbindung zu Körper und Geist erledigt werden kann, stellen Sie sich doch mal vor, wie viel produktiver Sie sind (oder wie viel besser die Qualität Ihrer Arbeit ist), wenn Sie Ihr kreatives, hyperkompetentes Gehirn dabei benutzen. Wenn Sie bewusst und einfühlsam arbeiten, werden Sie immer Wege finden, wie Sie Ihre Arbeit verbessern und rascher erledigen können, sodass Sie auf dem nächsten Level weitermachen können.

Zweitens: Wir müssen einige persönliche Angelegenheiten (Finanzpläne, eBay-Listen oder persönliche E-Mails schreiben) an den Arbeitsplatz verlagern. Das tun wir, wie schon gesagt, um die Qualität der Zeit jenseits der Arbeit zu maximieren. Anstatt diese lästigen bürokratischen Tätigkeiten an den Wochenenden oder während der Mittagspause zu erledigen, können wir uns auf diese Weise Zeit freischaufeln für qualitativ hochwertige Tätigkeiten des guten Lebens.

Drittens: Wir sollten uns mit dem befassen, was ich »Karrieregymnastik« nenne. Dafür nutzen wir die Zeit am Arbeitsplatz auf ähnliche Weise wie ein Gefängnisinsasse seine Zeit im Knast: Anstatt die ganze Zeit die Wand anzustarren, nutzt der kluge Gefangene seine Zeit, um seinen Körper im Fitnessraum des Gefängnisses in Form zu bringen. Karrieregymnastik machen wir, indem wir unsere Zeit am Arbeitsplatz dazu nutzen, unsere Kenntnisse zu erweitern. Zum Beispiel solche, die wir für eine freischaffende Tätigkeit benötigen oder mit denen wir uns für einen anderen Job qualifizieren oder um unsere Wiedereinstiegschancen zu erhöhen, falls wir einen Mini-Ruhestand anstreben. Wir sollten nach gefragten Kenntnissen suchen, indem wir mit Leuten in anderen Abteilungen oder auf anderen hierarchischen Stufen reden und sie bitten, uns ein paar Dinge beizubringen. Wenn wir schon nicht Zeit, Geld oder Material einheimsen können, so ist es doch möglich, neue Fertigkeiten, neues Wissen und nützliche Informationen mit nach Hause zu nehmen. Die Hoffnung und die persönliche Hingabe, die damit einhergehen, helfen uns wach zu bleiben und sorgen wiederum dafür, dass die Zeit schneller vergeht.

Ich muss Sie sicherlich nicht extra darauf hinweisen, dass die Aktivitäten auf Level zwei und drei an Ihrem Arbeitsplatz untersagt sind. Bitte vergessen Sie also nicht, sich ein Arbeitsfenster mit plausibler Lohnsklaven-Arbeit auf dem Bildschirm offenzuhalten, damit Sie dorthin wechseln können, um wieder einer offiziellen Tätigkeit nachzugehen, falls ein Kollege oder ein Vorgesetzter auf ein Schwätzchen vorbeischaut.

Viertens: Wir sollten unsere Aufmerksamkeit darauf verwenden, die Situation am Arbeitsplatz zu verbessern. Wenn wir unsere Arbeit gut gemacht und uns ein wenig Zeit genommen haben, ein paar Dinge für uns selbst zu erledigen, sollten wir jede weitere verfügbare Zeit dazu nutzen, die Situation an unserem Arbeitsplatz im Sinne aller zu verbessern. Dazu könnte gehören, ein Handbuch über all das zu schreiben, worin Sie gut sind, und es auf einem Server für alle verfügbar zu machen; diesen Server auf Vordermann zu bringen, damit allgemein wichtige Dokumente leichter zu finden sind oder indem Sie alte Verzeichnisse verbessern; nach Möglichkeiten suchen, logistische Abläufe schneller und billiger zu machen und eine diesbezügliche Empfehlung auszusprechen; Vorschläge zur Abschaffung oder Reduzierung zeitaufwendiger Abläufe machen, die aus Tradition oder Trägheit nie verändert wurden; auf eine Leiter steigen, um einen störenden Klebestreifenrest zu beseitigen, der dort hängen geblieben ist, als die letzte Weihnachtsdekoration abgenommen wurde …

Keine Angst, dass Sie nun ständig solche Dinge tun müssten. Sie werden Level vier der Arbeitszeitverbesserung nur selten erreichen; also wird es kaum so weit kommen, dass man Sie als den hyperaktiven Saubermann wahrnimmt. Aber kleine gelegentliche Verbesserungen tragen dazu bei, das Arbeitsklima angenehmer zu gestalten. Warum es nicht versuchen? Es schadet nicht und ist eine gute Methode, wach zu bleiben und seine geistigen Fähigkeiten für etwas Lohnendes einzusetzen. Es hilft zu verhindern, dass das Büro sich endgültig in eine Dystopie verwandelt.

Sie werden sich nicht ständig allen vier Formen der Aktivität widmen können. Viele Tage werden vollgestopft sein mit Aktivitäten auf Level eins, ohne Zeit für persönliche Angelegenheiten. Vielleicht werden Sie Level vier nie erreichen, weil Ihre reduzierten

Arbeitsstunden schon gefüllt sind mit Aktivitäten aus Level drei. Aber genau so sollte es auch sein: Es geht darum, Ihren Arbeitstag mit Aktivitäten zu füllen, die Ihr Empfindungsvermögen beanspruchen und Sie davor bewahren, in den Zombie-Zustand zu verfallen.

Verlängern Sie niemals Ihren Arbeitstag, um Aktivitäten von Level zwei, drei oder vier auszuführen. Wenn die Zeit um ist, hat das Verlassen des Büros höchste Priorität.

Wann immer Sie Schluss machen, können Sie sich noch eine kleine Gedächtnisübung gönnen und sich einprägen, was Sie am folgenden Tag erledigen wollen. Dann werden Sie einmal mehr Ihren Job so gut und gründlich wie möglich erledigen, um sich anschließend persönlichen Aufgaben zu widmen und so weiter. Aber es lohnt sich, die besagten Aufgaben vorab aufzulisten und bei Bedarf auch nicht zu vergessen, sich den Zombie gefügig zu machen, indem Sie einige leichte Übungen für Ihr verpenntes Ich am frühen Morgen reservieren.

Die vier Level der Aktivität werden Ihnen hoffentlich dabei helfen, die Notwendigkeit der Gehirnabschaltung zu reduzieren. Sie werden nicht mehr andauernd auf die Uhr starren müssen, bis es endlich wieder so weit ist, sich einer so abenteuerlichen Aufgabe zu widmen wie »zur Kaffeemaschine und wieder zurück zu gehen«. Sie haben jetzt eine ganze Liste von Aktivitäten, die Sie erledigen können, ohne in den hirntötenden Zustand vollkommener Anästhesie zu geraten. Haben Sie alles erledigt, was heute anstand, und es sogar gut erledigt? Dann dürfen Sie sich jetzt mit persönlichen Dingen beschäftigen. Haben Sie genug Karrieregymnastik für den heutigen Tag gemacht? Schön, dann wäre es jetzt an der Zeit, etwas in Ihrer unmittelbaren Umgebung zu verbessern. Das sollte Sie dazu befähigen, Ihren Arbeitstag bei vollem Bewusstsein zu bewältigen, und ist auf jeden Fall eine bessere Strategie, als sich innerlich in den Modus »kaum noch lebendig« zu versetzen. Anstatt Ihr Gehirn auszuschalten, sollten Sie es nutzen, um Ihren Job gut zu erledigen, sich selbst mehr Handlungsmöglichkeiten zu erschließen und Ihre Umgebung zu verbessern – in dieser Reihenfolge.

Digitale Entgiftung

Angesichts der Tatsache, dass wir sehr viel Arbeitszeit vor einem Bildschirm verbringen – und zwar nicht aus freien Stücken –, sollten wir damit nicht weitermachen, wenn wir zu Hause angekommen sind. Und doch tun wir das offensichtlich. Wir tun es, weil wir völlig geschafft sind. Wir haben tagsüber so viel Kraft verschwendet, dass wir uns nur noch entspannen und abhängen wollen. Am einfachsten und naheliegendsten ist es da, den Fernseher einzuschalten. Das Problem dabei ist, dass wir Entspannung mit diesem hirntoten Zustand verwechseln, in den wir verfallen, wenn wir in der Arbeit sind. Wir verbringen den ganzen Tag damit, uns angesichts des Horrors des Büroalltags zu betäuben, und haben nach Feierabend gar keine Lust mehr, uns in einen Zustand völliger Bewusstheit zu begeben. Aber das ist nicht so toll. Dieser »Feierabend-Lethargie« sollten wir nicht nachgeben.

Sich in der Freizeit nur mit Bildschirmen zu befassen bedeutet, dass wir das Leben auf Abstand halten. Ich muss oft an diese Szene in *The Blair Witch Project* denken, einem Film, der von einem Film handelt, und in dem jemand sagt: »Ich verstehe schon, warum du diese Videokamera so gern hast. Das ist nicht die Wirklichkeit. Es ist eine total gefilterte Wirklichkeit. Man kann damit so tun, als wäre alles nicht so, wie es tatsächlich ist.« Der Film kam 1999 in die Kinos und handelte von Ereignissen, die sich 1994 zugetragen hatten; daher geht es in dem Zitat noch um Videos. Aber in der geäußerten Ansicht liegt heute noch viel mehr Wahrheit, denn in unserem digitalen Zeitalter werden echte Abenteuer des Lebens auf kurze »Momente« reduziert und der Instagram-Filter eingesetzt, um sich noch einen weiteren Schritt von der Wirklichkeit zu entfernen. Aber wir wollen das Leben nicht auf Abstand halten. Wir wollen das gute Leben führen. Wir wollen die Dinge aus erster Hand erfahren. Wir wollen wach bleiben!

Es gibt vier verschiedene Arten von Bildschirmen, die uns schwach machen und uns aus der Wirklichkeit herausholen. Man könnte sie auch als vier verschieden große Fenster ansehen, durch die wir jeweils in dasselbe schwachsinnige Universum starren. Hierbei handelt es sich um: den Fernseher, den Laptop, das Tablet und das Smartphone. Das Kino könnte Nummer fünf sein, obwohl es uns immerhin dazu zwingt, uns ganz konkret auf das zu konzentrieren, was uns gezeigt wird. Die Kombination aus einem verdunkelten Raum und einem hohen Eintrittspreis fordert von uns größtmögliche Aufmerksamkeit. Wenn wir unsere Kinobesuche auf einige Male pro Monat begrenzen, stellen sie jeweils eine wertvolle Auseinandersetzung mit einer Kunstform dar und sind nicht, wie das bei anderen Bildschirm-Arten der Fall ist, ein passiver Konsum von Schund, der uns in unendlichen Variationen vor Augen geführt wird. Ein Kinobesuch kann sogar einen regelrechten Spaziergang einschließen, wovon einen das Glotzen auf den Fernsehbildschirm generell abhält.

Es gibt verschiedene Möglichkeiten, mit diesen Geräten umzugehen, die uns allesamt vorgekautes Zeug präsentieren. Einen Fernsehapparat kann man zum Beispiel aus dem Fenster werfen. Statt fernzusehen, kann man auf dem Laptop immerhin ein Programm anschauen, das man wirklich frei ausgewählt hat. Wir müssen uns nicht mehr mit nervtötenden Soaps auseinandersetzen oder schwachsinnigen sogenannten Reality Shows. Stattdessen können wir uns eine Stunde lang hinsetzen und eine wirklich gute Komödie oder ein Drama oder eine Dokumentation anschauen. Und weil wir es am Laptop machen, anstatt vor einem dieser widerlichen Plasmabildschirme, gerät das Ganze auch nicht aus allen Fugen. Wir können uns eine Stunde oder so damit beschäftigen und dann wieder etwas anderes tun.

Das Tablet kann man auch aus dem Fenster werfen, ganz locker wie ein Frisbee, oder es als Brotschneidebrett benutzen. Wie die Leute sich für so etwas wie ein Tablet begeistern können, ist mir schon immer ein Rätsel gewesen. Das sind die schlimmsten Geräte von allen. Die Leute, die sie entworfen haben, scheinen vergessen zu haben, dass ein Computer entweder in die menschliche Hand passen oder allein stehen können muss. Um ein Tablet überhaupt benutzen zu können, muss man sich extra einen schicken kleinen Ständer kaufen, ohne den es kaum benutzbar ist. Und dann sitzen wir katzbuckelnd davor, tippen aggressiv auf dem Bildschirm herum und wünschen diesem blöden Ding den Tod oder wenigstens eine vernünftige Tastatur. Das ist total unelegant und hat dem Fortschritt in der Computertechnik oder der Telekommunikation nicht den geringsten neuen Aspekt beschert. Das Tablet kann weg.

Bleibt noch das Smartphone übrig – das man eventuell zugunsten irgendeines Dummphones aufgeben könnte, auch wenn uns Letzteres keinen Zugang zum Internet und seinen unendlich vielen Ablenkungen verschafft, sondern nur dazu da ist, damit zu telefonieren und ab und zu eine Nachricht zu verschicken, so wie das schon Charles Dickens getan hätte. Aber als ein relativ später Smartphone-Einsteiger bin ich immer wieder beeindruckt davon, wie viele kleinere Probleme damit gelöst und wie viele andere Geräte dadurch ersetzt werden können. Es wäre doch Quatsch, sein Schweizer Taschenmesser wegzuwerfen, bloß weil wir uns nicht im

Griff haben und dem drängenden Gefühl, es anfassen zu müssen, nicht widerstehen können. Stecken Sie Ihr Smartphone einfach irgendwo hin, wo Sie es nicht erreichen können – in die Tasche eines im Schrank hängenden Mantels beispielsweise –, und vergessen Sie es zugunsten angenehmer Offline-Aktivitäten (welche das sein könnten, werden wir gleich noch erörtern) und des guten Lebens. Denn das gute Leben fördert die Vorstellungskraft, die Kreativität und selbstgesteuertes Handeln – alles Dinge, die von Bildschirmen nicht angeregt werden.

Im Dezember 2018 berichtete der *Guardian,* dass manche Menschen sich einer Psychotherapie unterziehen müssen, um sich aus ihrer Bildschirm-Abhängigkeit zu befreien. Offensichtlich ist das also ein bekanntes Phänomen, dem viele Menschen (mit unterschiedlichem Erfolg) im Privatbereich zu begegnen suchen. Tatsächlich lässt sich das einfach bewerkstelligen. In dem Maße, wie wir uns ablenken lassen, indem wir gewohnheitsmäßig zwischen verschiedenen sozialen Medien hin und her wechseln, können wir uns auch Offline-Aktivitäten ausdenken, an die wir uns halten können. Das ist angenehmer, als tyrannisch alle Bildschirme zu verbannen. Wenn wir unsere Tage mit Formen der Entspannung und des Konsums füllen, die nichts mit Bildschirmen zu tun haben, wird das sicherlich einen Schneeballeffekt haben. Dann nämlich, wenn die Lichter in unserem Gehirn nach und nach wieder angehen und wir uns daran erinnern, wie es ist, selbstständig zu denken. Eine Liste mit einer Auswahl solcher Offline-Aktivitäten zu haben, ist eine ähnliche Möglichkeit wie das oben diskutierte Aufstellen einer Hierarchie von Aktivitäten am Arbeitsplatz. Auch wenn wir uns bei der Bildschirm-Entwöhnung an keine Reihenfolge halten müssen. Ich gebe hier nur ein paar einfache Anregungen für lohnende Offline-Aktivitäten, die unsere Freizeit ausreichend füllen können, sodass wir nicht ständig das Bedürfnis haben, nach dem iPhone oder dem Laptop zu greifen oder den Fernseher einzuschalten.

Welchen Offline-Aktivitäten können wir uns also zuwenden? Ich muss Ihnen, liebe Leserin und lieber Leser, nicht unter die Nase reiben, dass Lesen eine ausgezeichnete Ablenkung ist. Da ich davon ausgehe, dass Sie sich dies hier nicht per Hörbuch zu Gemüte führen oder sonst wie vorgelesen bekommen, lesen Sie also bereits. (Hallo übrigens!) Aber vielleicht lesen Sie a) nicht mehr so viel wie früher, weil es inzwischen so viele Ablenkungen durch andere Medien gibt; b) nicht mehr so viel Belletristik wie früher, weil Sie wesentlich weniger gut konzentriert sind und auch Angst haben, Ihr Kopf könnte platzen, weil er schon so viel aufnehmen musste; und c) benutzen Sie inzwischen eher ein Gerät wie einen Kindle oder ein iPhone dafür.

Ich empfehle statt solcher Geräte die Rückkehr zum gedruckten Buch. Das hält Sie von den Bildschirmen fern und erlaubt Ihnen, kurz innezuhalten bei all jenen Informationen, die bei E-Books meist auf der Strecke bleiben: die eigenartigen Details auf der Copyright-Seite; das altmodische »ebenfalls bei Penguin erhältlich«; kleine Formulare zum Ausschneiden in alten Büchern, mit denen man einen Katalog beim Verlag bestellen konnte;[35] außerdem finden wir Randnotizen oder Widmungen an Leser, die womöglich schon lange tot sind,[36] sowie die betulichen »Hinweise zur Typografie«, die auf ihre schräge Art seltsame, mitunter politische Geschichten erzählen. All das geht bei E-Book-Readern verloren.

---

35 Einmal stieß ich auf ein Formular, wo die Portotarife für Großbritannien, »BEPO und Irland« aufgeführt waren. Was ist BEPO? Hatte ich da etwa einen Hinweis darauf gefunden, dass es mal einen Teil des Vereinigten Königreichs gab, der nicht mehr existiert? Ist er im Meer versunken?
36 Wer war »Polly, Weihnachten 1981«? Eine Geliebte, die Schwester oder ein Papagei? Wir werden es nie erfahren.

Und natürlich führt das Lesen von echten Büchern auch dazu, dass man Bücher kauft (idealerweise in einer echten Buchhandlung) oder Zeit in einer öffentlichen Bibliothek verbringt. Das alles sind angenehme Tätigkeiten, die man offline erledigen kann, in einer Umgebung, die dazu anregt, Kontakt aufzunehmen, sich zu bewegen und tatsächlich spürbare Erfahrungen zu sammeln. Das alles regt den Verstand an und führt zu kreativem Denken, das für das gute Leben unerlässlich ist.

Kochen ist auch eine angenehme Tätigkeit, zumal man dabei leicht ohne Bildschirm auskommt. Schalten Sie einfach den Fernseher aus, unterbrechen Sie die Essenszubereitung nicht, um irgendwelche sozialen Medien zu konsultieren, suchen Sie nur vorher online nach Rezepten ... *Soziales* Kochen ist auch eine tolle Sache, also das gemeinsame Zubereiten von Mahlzeiten. Ich habe in solchen Fällen die Tendenz, wie ein »Chirurg« zu agieren, dem von seinen »Kollegen« das benötigte Besteck oder von ihnen vorbereitete Zutaten gereicht werden. Aber das ist bloß so eine Angewohnheit, die ich eigentlich loswerden will, weil eine Zusammenarbeit ohne Hierarchie angenehmer ist. Probieren Sie es aus. Gemeinsam zu kochen regt das Gespräch an, verursacht Diskussionen darüber, ob man den Genuss der Gesundheit opfern muss oder nicht, und bietet eine Gelegenheit, gemeinsam kleine Krisen zu erleiden beziehungsweise zu meistern. Dies führt uns schließlich – ähnlich wie das Lesen von Büchern – an Orte jenseits des Internets: gemeinsam essen, ohne Bildschirm. Keine YouTube-Videos bei Tisch; kein Faktencheck in Echtzeit mit Google; keine Fragen an Alexa, ob sie mal eben deine Behauptung überprüfen könne.

Neulich habe ich mich zu Hause einer besonders schönen Offline-Aktivität widmen können, als meine Frau mir den Inhalt ihres Schmuckkästchens vorführte. Eigentlich hatte sie nur die Idee gehabt, alles durchzuschauen, um ein paar überflüssige Teile wegzugeben, aber es lief dann darauf hinaus, dass sie mir zu jedem Stück eine Geschichte erzählte: Wie sie und ihre beste Freundin aus Kindheitstagen ihr Taschengeld gespart hatten, um sich identische Schmuckstücke zu kaufen, um sie ihr ganzes Leben lang aufzubewahren; wie ihr eine andere Freundin einen Ring aus Portugal mitgebracht hatte; wie sie zur *Bar-Mizwa* ein Armband bekam. So viele Geschichten! Und so viele Gelegenheiten, um offline zusammen zu sein und sich etwas zu erzählen. Ganz ohne Bildschirm.

Sich an Freizeitaktivitäten aus Kindertagen zu erinnern – solche aus der Zeit vor der totalen Herrschaft des Internets – kann erhellend sein. Es ist eine gute Übung, mal die Uhr zurückzudrehen und die Tätigkeiten wiederaufzunehmen, denen man sich hingegeben hat, bevor jemand sagte, man solle aufhören herumzublödeln und sich einen Job besorgen. Falls Sie sich nicht mehr daran erinnern, was Sie damals getan haben, fragen Sie Ihre Eltern oder jemanden, mit dem Sie zusammen aufgewachsen sind. Lesen Sie Ihre alten Tagebücher, schauen Sie sich Fotoalben an, um herauszufinden, womit Sie sich beschäftigt haben, suchen Sie nach alten Leidenschaften. Sich einfach mal wieder mit diesen alten Dingen zu beschäftigen (auch wenn Sie sich zuerst vielleicht gar nicht an eine Zeit ohne Internet erinnern können), ist eine angenehme Sache. Und wenn Sie erst mal herausgefunden haben, worum es damals ging, und das wiederaufleben lassen, werden Sie ganz bestimmt Möglichkeiten finden, etwas davon für Ihr Erwachsenenleben und das einundzwanzigste Jahrhundert aufzupolieren. Achten Sie nur darauf, offline zu bleiben.

Das ist erst der Anfang. Spazieren gehen, Sport treiben, Sex haben, Tee zubereiten, Meditieren, Ausstellungen besuchen (alles, ohne ein Smartphone zu benutzen), sich altes Spielzeug vornehmen, Musik hören (echte Schallplatten auflegen, nicht aus dem

Smartphone oder von einem Streaming-Dienst), *selbst* Musik machen (falls Sie ein Instrument besitzen), Textbeiträgen im Radio zuhören, die Natur wiederentdecken, Gedichte schreiben.[37] Erleben Sie, was passiert, wenn Sie ganz einfach nur einem Freund oder einem Geliebten in die Augen sehen (wegen der vielen Bildschirme könnte diese Art der persönlichen Konfrontation zunächst eine ziemlich irritierende und beängstigende Erfahrung sein; stellen Sie sich einfach vor, es sei ein drogenfreies psychonautisches Experiment, eine abenteuerliche Expedition ins Universum B).

Wer zu Hause offline bleibt und solche Dinge tut, dem fällt es leichter, am Arbeitsplatz zu überleben, denn auf diese Weise gibt es eine Art Bedenkzeit zwischen den einzelnen Schichten im digitalen Bergwerk.

Die Kunst des Achselzuckens

Eine andere Möglichkeit zur Bewältigung des Arbeitstags ist das Kultivieren einer gewissen Lässigkeit. Könnte es nicht sein, dass unsere Angespanntheit der Hauptgrund ist für unser Unwohlsein am Arbeitsplatz? Vielleicht sind ja diejenigen am erfolgreichsten im Vermeiden von Stress, die die Kunst des Achselzuckens gelernt haben.

---

37 Das kann zu Anfang schwierig sein, wenn Sie nicht über eine angeborene Begabung verfügen. Aber da es darum geht, offline Spaß zu haben, und nicht darum, ein Meisterwerk zu schaffen, ist es absolut okay irgendwie anzufangen. Beginnen Sie mit einem Haiku. Wenn Sie der Ansicht sind, Haikus seien doof, lesen Sie *Haiku – This Other World* von Richard Wright, einem Afro-Amerikaner, der 1946 nach Paris ging, wo er sich mit Sartre, de Beauvoir und Camus anfreundete. Ein wunderbares Buch.

Hinter dem Empfangspult im Eingangsbereich der Betoninsel hing ein nerviges Poster mit der Botschaft: »Lächeln Sie! Das macht glücklich!« Uns hat es eher unglücklich gemacht. Poster, die motivieren sollen, erzielen fast immer den gegenteiligen Effekt. Alle Lohnsklaven wissen von der verdrießlichen Wirkung derartiger Botschaften.

Eines Tages, nachdem ich das Poster zum hundertachten Mal gesehen hatte, dachte ich mir: »Das sollte man auf jeden Fall mal überprüfen. Jemand, der viel Zeit hat, sollte dem mal nachgehen. Lächeln macht dich glücklich? Verwechseln die, die so was aufhängen, nicht Ursache und Wirkung? Mistkerle!«

Dann fiel mir auf, dass ich tatsächlich gerade viel Zeit hatte – und war kleinlich genug, die Behauptung einer genauen Überprüfung zu unterziehen. Wenn ich herausfinden sollte, dass es Schwachsinn war, würde ich Charlene, die Frau an der Rezeption, darauf ansprechen (»Weißt du was? Was da auf dem Poster steht, ist absoluter Schwachsinn!«), und sie würde sagen: »Ja, genau, ich hab's immer geahnt. Du bist mein Held!« Anschließend würden wir das Ding von der Wand reißen und im Namen der Wahrheit dem Schredder überantworten.

Unglücklicherweise hat Google meiner Tagträumerei ein jähes Ende bereitet, weil sich herausstellte, dass Lächeln die Menschen *tatsächlich* dazu bringt, sich glücklicher zu fühlen. Offenbar geht diese Erkenntnis auf Darwin zurück, der festgestellt hat, dass ein Gesichtsausdruck nicht nur ein Gefühl preisgibt, sondern auch eines erzeugen kann. Diese Beobachtung wurde seither von zahllosen Untersuchungen bestätigt. Wie ärgerlich!

Aber wenn Lächeln dich glücklicher machen kann, dann könnte es auch sein, dass Achselzucken dir dabei hilft, lässiger zu sein und dich weniger schnell von deiner negativ aufgeladenen sterilen und irritierenden Umgebung beeinträchtigen zu lassen. Ich fragte eine Wissenschaftlerin, die ich über eine Service-Hotline anrief. Nachdem sie aufgehört hatte mich auszulachen, konsultierte sie die entsprechende Fachliteratur und sagte: »Ja, ein Achselzucken kann durchaus helfen, eine Angelegenheit indifferenter zu betrachten.«

Wenn wir uns an unserem Arbeitsplatz unwohl fühlen, erniedrigt und deprimiert, schon allein wegen der Tatsache, dass wir dort hingehen müssen, ist es also möglich, dieses Unwohlsein mit einem Achselzucken zu beseitigen. Falls das jetzt nicht sehr hilfreich klingt, sollten wir mal einen Blick auf die antike Kunst des Stoizismus werfen, bei der es im Grunde darum geht, das Achselzucken zu verinnerlichen.

Gemäß dem Stoizismus kann man sich abhärten, indem man sich freiwillig Unbequemlichkeiten auferlegt. Ein moderner Stoiker könnte zum Beispiel im Sommer freiwillig auf die Klimaanlage verzichten und im Winter auf die Zentralheizung. Er würde sich darum bemühen, Hitze oder Kälte zu ertragen, um sich selbst widerstandsfähiger zu machen. Dies passt zwar irgendwie nicht mit meiner bevorzugten philosophischen Schule, dem Epikureismus, zusammen, der einfache Freuden bevorzugt und fordert, das Leben zu genießen. Trotzdem verfolgen beide Schulen das gleiche Ziel, nämlich das Leben leichter und erträglicher zu gestalten. Die Epikureer sagen sich vom Leiden los, indem sie sich auf das gute Leben konzentrieren, aber ohne es zu übertreiben und der Verschwendungssucht zu verfallen. Die Stoiker wiederum versuchen, sich gegen das Leiden zu wappnen, indem sie sich in kleinen Dosen freiwillige Härten auferlegen. Vielleicht kann man also doch einen gewissen Sinn darin erkennen. Während ich auf der Betoninsel still vor mich hin litt und geduldig darauf wartete, bald wieder meinen einfachen Freuden nachgehen zu dürfen, wäre ein Stoiker wahrscheinlich besser darauf vorbereitet gewesen und hätte seine inneren Kräfte darauf verwandt, anlässlich der Härten des Alltags mit den Achseln zu zucken.[38]

Die überwältigende Macht des Brathühnchens

Eines Tages, im Zuge einer schlecht geplanten innerbetrieblichen Fortbildungsmaßnahme, hörten wir, dass Catmando, unser nur selten in Erscheinung tretender Firmenchef, sich gern als »Stützpunktkommandeur« ansprechen ließ. (Wie uns später zugetragen wurde, hatte er einmal direkt für den Premierminister in der Downing Street gearbeitet.) Tja, irgendwie peinlich.

Es gab auch den Fall eines Arbeitsschutzbeauftragten – ein ehemaliger Polyp –, der Geschichten über seine frühere Beschäftigung gern mit »Damals bei der Truppe« begann.

Auf jeden Fall hasste ich diese Obermacker; denn wenn man gezwungen war, ihren Ausführungen zuzuhören, kam dies einer kalten Dusche gleich. Erst heute verstehe ich, wie belastend ihre Büro-Existenz für sie selbst gewesen sein musste. Wenn *ich* schon das Büroleben hasste und glaubt, zu Höherem bestimmt zu sein, wie mochten sich dann erst diese gefallenen Superhelden fühlen? Wenn sie an ihren Schreibtischen hockten und sich die neuesten Codes für Feuerlöscher anschauten, verzehrten sie sich dann in Wahrheit nach so einem richtig schönen Krieg?

Wie ertrugen sie das? Die einzige Lösung ist »Das Brathühnchen«. Das kam mir damals immer wieder in den Sinn, wenn ich

---

38 Mehr über den Stoizismus finden Sie in *A Guide to the Good Life: The Ancient Art of Stoic Joy* von William B. Irvine.

an meinem Schreibtisch auf der Betoninsel saß. Lassen Sie mich das erklären.

Erfunden wurde es von dem Komiker Harry Hill, der einmal auf einen Zwischenrufer aus dem Publikum besonders schräg und schlagfertig reagierte. Die Entgegnung ist inzwischen unter Komikern legendär. Der Zwischenrufer brüllte etwas Typisches zur Bühne hin. (Zumeist handelt es sich um Beleidigungen wie: »Du bist total scheiße«, ganz allgemein, weshalb die meisten Zwischenrufe schnell wieder vergessen sind.) Harry antwortete darauf: »Ja, gut, das sagen Sie jetzt zu mir, aber ich weiß immerhin, dass zu Hause ein leckeres Brathühnchen im Ofen auf mich wartet.« Es ist eine witzige, absurde Entgegnung und total lustig. Er meinte damit, dass er noch ein anderes Leben habe, ein Privatleben mit angenehmen Dingen, die *nichts* mit seinem ja irgendwo albernen Job zu tun haben. Es kann nämlich leicht passieren, dass man von der Arbeit nach Hause kommt und einem nichts Besseres einfällt als fernzusehen oder ein Fertiggericht warm zu machen, bevor man todmüde ins Bett sinkt.

Ich hoffe nur, dass auf Ihre Chefs und Arbeitgeber daheim ebenfalls Brathühnchen im Ofen warten. Wir zunehmend bewusst vorgehenden Lohnsklaven haben ja unsere Projekte des guten Lebens. Diese Projekte beziehungsweise Liebhabereien sind *unsere Brathühnchen*. Wir können alle Beleidigungen während der Arbeit wegstecken, wenn wir zu Hause ein Brathühnchen im Ofen haben. Übergießen Sie es regelmäßig.

Bunter Flitterkram

»Was interessiert Sie ganz speziell an dieser Tätigkeit?«, werden Sie womöglich in einem Bewerbungsgespräch gefragt.

»Na ja«, könnten Sie darauf antworten, »ich sehe diesen Job als eine Art Spielerei an.«

Man wird Ihnen verblüffte Blicke zuwerfen.

»Flitterkram«, werden Sie dann sagen, »Sie wissen schon, so eine Art Christbaumschmuck. Dekoration.«

»Ich verstehe«, lautet die Antwort darauf. Und dann wird man Sie bitten, zu gehen und nicht wiederzukommen. Sie werden auch keine schriftliche Ablehnung bekommen.

Dass Sie Ihren Job als Flitterkram betrachten, ist nicht gerade das, was Ihr Arbeitgeber hören möchte; sei es nun der zukünftige oder der aktuelle. Er möchte hören, dass dieser Job im Mittelpunkt Ihres Lebens steht. Er geht davon aus, dass Sie nichts so sehr lieben, wie am Telefon arglosen alten Menschen etwas aufzuschwatzen, und dass das moderne Ambiente eines Callcenters genau die Umgebung ist, die Sie unglaublich toll, ja sogar supertoll finden.

In unserem Manifest haben wir bereits festgehalten, dass wir nicht arbeiten, weil wir es gern tun, sondern weil wir Lohnsklaven sind. Und dass Arbeit für uns in erster Linie ein Weg ist, unser Dasein in einer unfairen Welt zu fristen, in der die Claims schon längst abgesteckt sind. Auf diese Weise sind wir wesentlich ehrlicher zu uns selbst und weigern uns, die Freuden des guten Lebens zu opfern, damit wir auf der Karriereleiter nach oben gelangen. Denn das wäre ein sinnloses Unterfangen in dieser von blödsinnigen Ideen und Tätigkeiten verseuchten Ecke des kapitalistischen Holodecks.

Verantwortungsvoller und vernünftiger begegnet man einem Job, indem man ihn als Flitterkram betrachtet: als kleine glitzernde

Silberdinger im Nest einer Elster. Damit rücken wir die eigentliche Bedeutung des Jobs in den Mittelpunkt: Wir dürfen durchaus ein bisschen stolz darauf sein, aber wir werden nicht in die Falle tappen, ihn als den Sinn unseres Lebens zu betrachten. Und schon gar nicht als das zentrale Element unserer Identität.

Wenn Sie also jemandem sagen, dass Sie Buchhalter in einer etablierten Firma unten am Fluss sind, sagen Sie damit nicht, dass es Ihnen besonders wichtig ist. Sie können dabei auch denken: »Na, schau her, jetzt weiß er wenigstens, mit welchem Flitterkrimskrams ich mich beschäftige.« Ein Job ist wie ein netter Modeartikel oder ein lustiger neu erfundener Gegenstand, über den Sie mit Freude, aber durchaus distanziert sprechen können.

Besser wäre es, wenn der Job nur eines von vielen Flitterdingern in Ihrem Leben wäre. Zum Beispiel könnten Sie eine wertvolle Briefmarkensammlung von Ihrer Großmutter geerbt haben. Oder Sie haben die Fähigkeit, sich eines Ihrer Schulterblätter auszurenken. Oder Sie haben mal an einem sehr fremdartigen Ort auf der anderen Seite der Erdkugel gelebt und arbeiten nun drei Tage pro Woche in der öffentlichen Bibliothek. Das sind alles nur Fußnoten, Federn am Hut, Dekoration, Flitterkram.

Ich weiß, das klingt merkwürdig und nicht gerade wie eine Offenbarung. Aber wenn wir unseren Job aus einer anderen Perspektive betrachten, hilft uns das zu vermeiden, ihn als wichtigste Quelle unserer Identität anzusehen oder als übermächtige, deprimierende Verpflichtung, vor der alles andere zurückweichen muss. Er ist eine Spielerei, mehr nicht. Keine große Sache.

Zurück zur Natur

»Hey, Rob«, sagte Prince Chunk eines sonnigen Tages auf der Betoninsel zu mir, nachdem er die Füße auf den Tisch gelegt hatte, »wir haben uns von der Natur entfremdet.«

Die Firma hatte ein Abonnement der traditionsreichen, ziemlich akademischen Zeitschrift *Nature*. Aber selbst ohne diese wöchentlich erscheinende Erinnerung hätte niemand diese Bemerkung angezweifelt. Alle eingekerkerten Bürohengste und -stuten wissen sehr gut, dass sie die Verbindung zur Natur verloren haben. Aber es gibt Wege, dieses Problem in den Griff zu bekommen, zumindest ein bisschen. Man kann das Bewusstsein für die Natur schärfen, die sich ja tatsächlich überall um uns herum befindet. Es ist keine besondere, teure Ausrüstung nötig, und man muss auch keine energieaufwendigen Reisen aufs Land unternehmen oder am sowieso schon vollgepackten Wochenende in »Gebiete von außergewöhnlicher Schönheit« aufbrechen. Echt. Muss man nicht.

Ein Vogelfreund (früher »Vogelbeobachter« genannt) setzt alles daran, jeden Vogel schon auf den ersten Blick identifizieren zu können. Er bemüht sich, eine Sensibilität für den Vogel zu entwickeln, sich in ihn hineinzuversetzen. Witzigerweise wird dieses Entwickeln eines »Gefühls« für die Vögel *Jizz* genannt (tja, das ist sonst ein vulgäres Wort für »wichsen«).

Aber man muss ja nicht jede Manie dieser Anorakträger teilen (auch wenn es sich irgendwann mal – je nach Intention – dorthin entwickeln könnte). Für uns Lohnsklaven genügt es völlig, der Natur überhaupt wieder einen Platz in unserem Leben zuzugestehen und – wie die Vogelfreunde – danach Ausschau zu halten. In seinem Buch *How to Be a Bad Birdwatcher* schreibt Simon Barnes: »Ich habe mir eine bestimmte Art des Schauens angewöhnt. Wenn ich einen Vogel sehe, schaue ich immer hin, egal, wo ich gerade bin. Inzwischen ist das gar keine bewusste Entscheidung mehr. Ich gehe nicht Vögel beobachten. Ich beobachte Vögel.« Das ist genau die Einstellung, die wir gegenüber der Natur haben und pflegen sollten.

Als Lohnsklaven haben wir weder Zeit noch Geld für große Expeditionen. Wenn die einstündige Mittagspause vorbei ist, müssen wir zurück ins Büro. Also dürfen wir uns nicht länger als eine halbe Stunde in eine Richtung bewegen, um die Natur im Stil des amerikanischen Naturforschers Leonard Dubkin zu erkunden, der ja ebenfalls eher in städtischen Umgebungen unterwegs war. Auch am Wochenende können wir nicht einfach in die Wildnis aufbrechen, ohne im Hinterkopf zu behalten, dass wir Montagmorgen pünktlich wieder am Schreibtisch sitzen müssen. Anstatt es also darauf anzulegen, der Natur dramatisch und direkt zu begegnen, sollten wir versuchen, sie in unser Alltagsleben zu integrieren. Zum Beispiel indem wir zu »Naturbeobachtern« werden, so wie Simon Barnes es beschrieben hat. Wir müssen nicht extra losgehen, um irgendwo die Natur zu finden. Das kann man auch auf den Straßen der Städte. Aber dazu gehört, die eigenen Wahrnehmungsgewohnheiten zu ändern, so wie ein angehender Vogelfreund lernt, was es mit diesem *Jizz*-Gefühl auf sich hat. »Wenn Sie erst mal angefangen haben, die Vögel durch *Jizz* zu erkennen«, schreibt Barnes, »lassen Sie diese schreckliche Dualität hinter sich, in der wir alle gefangen sind: diese Welt, worin der Mensch auf der einen Seite steht und alles andere auf der anderen.«

Und so entschloss ich mich während meiner Zeit auf der Betoninsel, eine Verbindung zur Natur aufzunehmen, *obwohl* ich mich auf dem unnatürlichsten, von Menschenhand verschandelten Eiland befand, abgesehen vom Bikini-Atoll. Ich habe mich nie als jemand betrachtet, der gern draußen ist; weshalb ich verwundert feststellte, wie sehr mich die Trennung von der Natur belastete. Es war zwar so, dass ich während meiner Zeit in Montreal regelmäßig auf dem Mount Royal unterwegs war, wo ich nach Adlern und Spechten und Ameisenhügeln Ausschau hielt. In Montreal ist man eigentlich nie wirklich »von der Natur entfremdet«, selbst wenn man immer nur drinnen ist, denn die Jahreszeiten haben eine unmittelbare Auswirkung auf das Leben dort: Die sengende Sonne im Sommer und die Schneestürme im Winter beeinflussen direkt die Art und Weise, wie man seinen Tag gestaltet. Das Stadtleben in Schottland ist im Kontrast dazu geradezu gesegnet mit einem ewigen nichtssagenden Grau; was positiv ist, wenn man Dinge zu erledigen hat. Man muss sich nicht mal Gedanken über saisonale Kleidung machen. Man kommt ausgezeichnet durchs Jahr, ohne der Natur viel Aufmerksamkeit zu schenken. Jedenfalls weiß ich nicht, ob meine Streifzüge durch die Natur während meiner Zeit in Montreal daran schuld sind, dass ich das Gefühl habe, mir sei etwas verloren gegangen, oder ob es uns Städtern grundsätzlich so geht (denn wir sind ja, trotz des ganzen Betons und der Smartphones, eben doch Säugetiere). Wahrscheinlich ist Letzteres der Fall.

Um trotz meines traurigen Beton-Daseins mein Verhältnis zur Natur zu verbessern, entschied ich mich, ein Natur-Tagebuch zu führen. Auf diese Weise würde ich meiner Leidenschaft fürs Schreiben nachgehen können und außerdem eine Verbindung zur Natur knüpfen. Bei dieser Übung kam es darauf an, den ganzen Tag über die Augen offen zu halten, um interessante Begegnungen und Vorkommnisse festzuhalten. Ich entwickelte bald eine gewisse Sensibilität für *Jizz*; einen Bewusstseinszustand, der mir sehr geholfen hat, mein erstes Jahr auf der Betoninsel zu überstehen, ohne irre zu werden.

Hier sind zwei Einträge aus meinem Natur-Tagebuch:

29. September

Bei einer Konferenz während der Arbeit bemerke ich einen Regenbogen über der Schnellstraße. Am liebsten hätte ich alle Anwesenden darauf aufmerksam gemacht, aber das wäre wohl ziemlich abwegig gewesen. Regenbögen stehen nicht auf der Agenda.
»Schau«, flüstere ich Kollegin J zu, die neben mir sitzt, »ein Regenbogen.« Sie nickt vor sich hin und gibt ein frustriertes »Aha« von sich, aber die Botschaft ist eindeutig: »Lass mich in Ruhe.« Am liebsten wäre ich auf den Tisch gesprungen, hätte die Papiere in die Luft geworfen und laut gesungen: »Regenbogen! Regenbogen! Regenbogen!«
Glücklicherweise haben wir Fenster in unserem Büro, was nicht überall der Fall ist. Von meinem Platz aus kann ich auf den Scheiben kleine längliche Insekten sehen, hellgrün wie Sprösslinge im Frühling. Sie haben lange, elegante feinmaschige Flügel. Ich habe zum ersten Mal seit meinem Erlebnis mit den Pferdebremsen in Stirling wieder das Bedürfnis, etwas über Insekten zu erfahren. Im Internet finde ich heraus, dass sie »Netzflügler« genannt werden. Sie sind hübsch. Solche Insekten mag ich.

4. Februar

Entdecke eine Bachstelze im Ödland. Sie kommt im Sturzflug herunter, hüpft über den kaputten Beton und läuft dann auf ihre typisch steifbeinige, aber unbeschwerte und geschäftige Art weiter. Es ist herzergreifend, ihr dabei zuzusehen: Ich habe noch nie etwas Lebendiges auf dem Ödland gesehen, bis auf ein bisschen Unkraut. Aber wenn es hier

Vögel gibt, müssen zumindest auch ein paar Insekten vorhanden sein.

Solche Dinge hätte ich niemals bemerkt, wenn ich mir nicht diese neue Aufmerksamkeit für die Natur antrainiert hätte. Ich hätte, wie Kollegin J, auf meine Konferenzunterlagen gestarrt, müde, genervt und deprimiert.

Lohnsklaven, die als Naturforscher unterwegs sind, haben eine lange Geschichte. Ich denke zuallererst natürlich an unseren Freund Leonard Dubkin aus dem Chicago der Siebzigerjahre, der sich, wie ich schon erwähnt habe, die Zeit nahm, während der Mittagspause »geheime Orte« aufzusuchen, um das fröhliche Treiben von Staren, Sperlingen, Motten und Eichhörnchen auf Brachflächen zu beobachten. In seinen Schriften findet man einen gewissen Sinn fürs Abenteuer, den er beim Aufsuchen von Zwischen-Räumen an den Tag legte, wenn er nach versteckten Refugien der Natur suchte.

In seinem Buch *My Secret Places: One Man's Love Affair With Nature in the City* stellt Dubkin seine Mittagspausenausflüge in eine abgelegene Randzone dar, die vor den umliegenden Industriegebieten durch drei riesige Werbeplakatwände geschützt wurde: »Als ich hinter den Reklametafeln stand und mich umschaute, verschlug es mir den Atem. Es gab dort ein weites, leeres Feld in Dreiecksform, das auf der einen Seite von Eisenbahngleisen und auf der anderen von einer Eisenbahnbrücke begrenzt wurde. Wenn ich das Feld als ›leer‹ beschreibe, meine ich damit, dass dort keine von Menschen gemachten Strukturen vorhanden waren, aber für mich war das Gebiet keineswegs leer: Es war bedeckt von einem Teppich aus flach wachsenden rosa und weißen Blumen, und an einer Seite gab es drei Bäume.« Das ist eine schlichte Beobachtung, aber würde sich das Arbeitsleben nicht deutlich verbessern, wenn wir mehr derartige Mikro-Expeditionen unternähmen und Verbindung mit der Wildnis um die Ecke herstellten?

Schon bald wurde sogar das ganz alltägliche Auftauchen einer Taube oder einer Möwe für mich zum Ereignis, denn mir wurde bewusst, dass es hinter ihnen eine ganze Welt von Kreaturen gab, von der ein gehetzter oder deprimierter Lohnsklave normalerweise keine Notiz nehmen würde. Ich sah Blaumeisen, Rotkehlchen, Schwärme von Wildenten, herumflatternde Fledermäuse, kleine Nagetiere, Fasane und einmal, durch das Fenster des Zuges, die hin und her zuckenden Ohren eines Rehs im hohen Gras. Sogar banales Unkraut oder wilde Disteln des Ödlands sahen nun in meinen Augen anders aus, denn sie sagten mir, dass ich nicht in ferne exotische Regionen aufbrechen musste, um die Wildnis zu erleben. Wie Richard Mabey es in *The Unofficial Countryside* ausdrückte, einem anderen wunderbaren Buch über die Wildnis im urbanen Raum: »Der Gedanke, dass es sich bei einer Pflanze um Unkraut handelt, ist im Grunde das, was uns daran hindert, sie genau anzuschauen.«

Ich empfehle daher, ein Natur-Tagebuch vor allem deshalb zu führen, um damit den üblichen Lohnsklaven-Blick auf die Welt zu korrigieren. Versuchen Sie einfach mal, drei Monate lang auf diese Weise Ihr Bewusstsein zu verändern. Falls es nicht funktioniert, war es immerhin ein hehres Projekt und ein interessanter Versuch, den Alltag zu verbessern. Sollte es aber funktionieren, könnte es Ihr Leben verändern, weil es Sie auf eine ganz andere Welt aufmerksam macht. Ehrlich, Sie werden nicht glauben, was es da draußen alles zu sehen gibt.

Das Büro in die Tonne treten

Nachdem jemand aus dem Olymp des Büros, womöglich sogar der Stützpunktkommandeur selbst, das Dekret erlassen hatte, unsere technische Abteilung solle aus dem Westflügel der Betoninsel in den Ostflügel umziehen, hatten wir drei Tage Zeit, um alles auszumisten. Die neuen Räumlichkeiten waren kleiner, weshalb wir nicht so viele Regale und Aktenschränke haben konnten wie zuvor. Glücklicherweise waren wir in erster Linie eine digitale Abteilung, und der ganze Mist in den Schränken und Regalen hatte überhaupt keine Bedeutung. Er stand nur herum, damit wir einen wichtigen und produktiven Eindruck machten.

Zuerst zögerten meine Kollegen noch, mit der Entrümpelung zu beginnen, weil das bedeutete, dass sie etwas taten, das nicht in ihren üblichen Aufgabenbereich des Überlebens im Betäubungszustand fiel. Aber bald kam es auf der Betoninsel zu einer regelrechten Hysterie. Es breitete sich eine Stimmung des fröhlichen Wegwerfens aus. Alle merkten, dass es tatsächlich darum ging, das Büro zu zerlegen – diese verhasste Falle ihrer Sklavenexistenz – und in die Tonne zu treten. Die Kisten, in die der als »vertraulich« deklarierte Papierkram vor dem Schreddern gepackt wurde, reichten nicht aus; so viel Papier wurde plötzlich aussortiert. Also ging jemand los und holte große schwarze Mülltüten, in die wir alles steckten. Die Tüten wurden dann im Flur nebeneinandergestellt und sahen aus wie riesige glänzende Scheißhaufen.

Da ich selbst nichts wegzuwerfen hatte, half ich anderen dabei, hielt die Müllsäcke für sie auf und gab nützliche Tipps wie: »Ach was, das brauchst du nicht, das hast du doch alles auf der Festplatte.« Von einer höheren Warte aus gesehen, half ich dabei, eine Kultur zu etablieren, die wiederum uns half, in einem einzigen Befreiungsschlag riesige Mengen von Büro-Frust loszuwerden und unsere

Lohnsklaven-Gehirne durch etwas zu befreien, das wahrscheinlich ein einmalig in der Karriere stattfindendes Reinigungsritual war. Dank meiner Freude am Minimalismus und eines den Menschen eigenen Impulses, sich von mir helfen zu lassen, indem ich ihnen jede Menge Sachen von den Regalen herunterreichte (ich bin ziemlich groß) und ihre Kartons schleppte (wie ein echter Mann), wurde ich bald zum Anführer des grandiosen Wegschmeißprojekts. Es machte Spaß. Und drei Tage lang kam ich richtig gern zur Arbeit.

In ähnlicher Weise wurde das Ganze auch ein Kurs in firmeneigener Archäologie. Wir stießen zum Beispiel auf die Besitztümer einer früheren Angestellten, der vor langer Zeit die Flucht von der Betoninsel gelungen war. Niemand konnte sich erinnern, ob sie in den Ruhestand gegangen oder in die Arbeitslosigkeit geschickt worden war. Sie hatte damals, als ich zum ersten Mal auf der Betoninsel gestrandet war, dort gearbeitet. Ich brauchte eine Weile, um mich an sie und ihre einstige Rolle zu erinnern – und zwar mithilfe des Papierkrams, den sie angehäuft hatte.

»Igitt, was ist denn das?«, fragte jemand.

Es war ein altes Stück Seife in einer Plastikschachtel.

Ich erinnerte mich daran, dass die Geflüchtete, Misty Malarky Ying Yang, ihre eigene Seife zur Arbeit mitbrachte, weil sie auf die Standardseife im Büro allergisch reagierte. »Hier macht einen doch echt alles krank«, dachte ich. »Man sollte die ganze Insel abriegeln wie einen abgeschalteten Nuklearreaktor.«

Als wir weiterbuddelten, förderten wir weitere persönliche Dinge Misty Malarky Ying Yangs zutage. Dinge die mindestens zehn Jahre alt waren: Feuerzeuge, Batterien, Nagellack, Lippenbalsam, falsche Wimpern, ungeöffnete Flaschen Mineralwasser. Offenbar hatte sie, nachdem man ihr erklärt hatte, dass sie frei sei, ihren Arbeitsplatz fluchtartig verlassen. Sie hatte noch ihren Computer heruntergefahren, sich ihre Handtasche geschnappt, die Jacke übergeworfen und war gegangen, ohne an den ganzen Krimskrams auch nur noch einen Gedanken zu verschwenden. Womöglich hatte sie sich nicht mal verabschiedet. »Geh!«, hatte sie wahrscheinlich gedacht. »Jetzt, sofort.« Ihr kleines Vorratslager war ein deutlicher Hinweis auf ein sehr abruptes Verschwinden. Wie eine Szene aus Pompeji.

Nachdem wir unsere Archive ausgemistet hatten, musste ich noch einen Kampf mit den Abteilungsleitern durchfechten, die sich weigerten, die alten Unterlagen zu entsorgen. Wir hatten die sieben Aktenschränke und sechs Regale inzwischen auf einen Schrank und ein nicht mal vollständig gefülltes Regal reduziert. Dabei verringerten wir Gewicht und Umfang des Archivs auf ein Sechstel. Meiner Ansicht nach sagte das viel aus über die Effektivität unserer Abteilung. Das war das tatsächliche Verhältnis zwischen Nutzen und Nutzlosigkeit auf der Betoninsel. Auf einen Teil sinnvoller Arbeit kamen fünf Teile nutzlose Angeberei und leere Geschäftigkeit. Wir machten viel Wind um nichts.

Es war einfach toll, einen Großteil des Krempels aus unserem Büro in die Tonne zu treten. Danach hatte ich sogar kurz das Gefühl, psychisch wieder im Gleichgewicht zu sein. Falls Sie also mal die Gelegenheit haben, in Ihrem Büro eine *Große Wegschmeiß-Aktion* zu initiieren, kann ich das nur empfehlen. Falls das für Sie in weiter Ferne liegen sollte, tun Sie es trotzdem. Heben Sie so wenig Papierkram wie möglich auf, führen Sie gelegentlich eine Mini-Säuberung durch. Und falls Ihnen jemand auf die Nerven geht, schmeißen Sie ein paar Sachen der betreffenden Person in den Müll, wenn sie gerade nicht da ist. Wahrscheinlich wird sie es gar nicht merken, und Sie fühlen sich auf jeden Fall gut dabei.[39]

---

[39] Das ist einer der Selbsthilfe-Tipps, die Sie nur von Robert Wringham bekommen.

TEIL ZWEI

ZU HAUSE

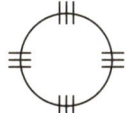

Das Problem des Zuhauses

Das Problem des Zuhauses ist ein Problem des Konsums

Bei der Arbeit sind wir immer in der Defensive. Angesichts der Sinnlosigkeit unserer täglichen Verrichtungen am Schreibtisch und unserer Entfremdung von dem, wofür es eigentlich gut sein soll, geht es für uns ums nackte Überleben. Tagtäglich wehren wir uns gegen Ablenkungen, beißen in saure Äpfel, ignorieren Beleidigungen unserer Intelligenz, bemühen uns, nicht an das große Ganze zu denken, und machen immer weiter, Stunde um Stunde bis zum Wochenende.

Zu Hause ist das anders. Zu Hause sind wir überhaupt nicht in der Defensive. Dort haben wir die Möglichkeit etwas *aufzubauen*, sinnvolle eigene Projekte in Angriff zu nehmen. Und indem wir diese Projekte vorantreiben, werden wir die Gebieter dieser Projekte und sind keine untergeordneten Sachbearbeiter mehr. Das Zuhause gibt uns die Chance, mehr zu tun, als nur zu überleben. Das mag nicht immer einfach sein, weil man abgelenkt werden kann – durch Fernsehen, Tiere, Hausarbeiten, Müdigkeit nach der Arbeit –, aber zumindest ist das Potenzial vorhanden, etwas zur Entfaltung zu bringen. Und das bleibt uns in unserer Lohnsklaven-Existenz im Allgemeinen versagt.

Unglücklicherweise sind wir nicht die Einzigen, die diesen speziellen Unterschied zwischen Arbeitsplatz und Zuhause bemerkt haben. Auch die Agenten der Konsumindustrie bestärken uns in solchen Ideen. Sie versucht ständig, diesen Bereich zu kolonisieren, indem sie ihn mit Spielzeugen und Geräten füllt, die keinen Beitrag zum guten Leben leisten. In *Ich bin raus* habe ich geschrieben, dass »wir verzweifelt versuchen, uns unsere Würde durch den Konsum zurückzuholen«, nachdem man sie uns am Arbeitsplatz genommen hat. Ich habe aufgezeigt, wie Konsum und Arbeit zwei Teile eines einzigen Mechanismus' sind, der uns gefangen hält. Konkreter ausgedrückt: Wenn wir einen großen Flachbildfernseher kaufen, müssen wir dafür bezahlen, indem wir zur Arbeit gehen. Und während der Arbeit wächst in uns die Sehnsucht nach einem noch größeren Fernseher (oder einem anderen Gerät), um die Beleidigung zu kompensieren, Tag für Tag am Schreibtisch sitzen zu müssen. Das wird dann zum häuslichen Problem, wenn wir nicht wachsam sind. Das Zuhause kann den Arbeitsaspekt in unserem Leben befestigen sowie das Elend und die Unterordnung, die damit einhergehen.

Eine Folge davon ist der wetteifernde oder defensive Konsum. Es kann schnell passieren, dass man sich für arm hält, wenn die Nachbarn und Kollegen mehr erreicht haben oder mehr Geld verdienen. Das sind vor allem Statusängste: Was man hat, ist nicht groß genug oder neu genug oder klassisch genug oder angesagt genug oder ordentlich genug oder chaotisch genug oder in der richtigen Gegend der Stadt.

Aber alldem kann man entkommen, und das Zuhause kann für den Lohnsklaven zu einer Basis des guten Lebens werden. Dieses Kapitel wie auch das fünfte (»Wie wir unser Zuhause in ein Paradies des guten Lebens verwandeln können«) zeigen auf, wie man diese Probleme in den Griff bekommt. Es geht darum, das eigene Zuhause in ein wahres Zentrum des guten Lebens und eine Quelle der Annehmlichkeiten zu verwandeln. Die eigene Wohnung sollte ein Ort zum Kraftschöpfen werden und nicht zu einem weiteren Klotz am Bein. In diesen Kapiteln finden Sie praktische Tipps, die ich während meiner Zeit auf der Betoninsel gelernt habe und an die ich mich aus meiner Zeit des guten Lebens in Montreal erinnere. Wichtiger noch als das individuelle Anwenden dieser Tipps ist allerdings das Hervorbringen einer neuen Haltung dem eigenen Zuhause gegenüber. Wir müssen ein neues Bewusstsein dafür entwickeln, was wir von unserem Zuhause erwarten.

Ein Heim sollte ein Ort der Ruhe sein, ein Rückzugsort zum Nachdenken und letztlich ein Raum für Kreativität. Das ist auch die Reihenfolge, in der diese Dinge zumeist erreicht werden: Ruhe, Nachdenken, Kreativität.

Als Erstes müssen wir alles aus unserem Heim verbannen, was uns vom Wesentlichen ablenkt – alles, was nicht zu Ihrer Idee vom guten Leben passt –, mit dem Ziel, einen Zustand der Ruhe zu erreichen. Als Nächstes müssen wir unser Zuhause so einrichten, dass es zu einem Rückzugsort zum Nachdenken wird. Damit meine ich, es mit wenigen Dingen auszustatten, die aber eine wirklich besondere Bedeutung haben. Und schließlich können wir damit anfangen, kreativ zu werden und Dinge – Gegenstände, Verhaltensweisen, Ideen – aus unserer neuen Umgebung zu exportieren. Solche kreativen Bestrebungen werden sich im Laufe der Zeit ganz von allein entwickeln, wenn wir uns erst einmal einen ruhigen Rückzugsort zum Nachdenken eingerichtet haben.

Das Zuhause ist kein Ort für passiven Konsum. Es ist ein Ort für Kreativität. Diese Kreativität äußert sich zuerst einmal in der Verbesserung des Zuhauses selbst. Wenn das erreicht ist, wird sich Kreativität in Form von Handlungen ergeben, die uns nur um ihrer selbst willen Freude bereiten, aber unser Leben deutlich angenehmer machen. Dinge wie Backen, Brauen, Nähen oder das Flicken von Kleidung. Schließlich wird man nur noch so übersprudeln und einen solchen Überschuss erzielen, dass man darüber nachdenken kann, ob man sich vielleicht auf Heimarbeit verlegen möchte, um eigene Produkte zu exportieren. Das ebenfalls in einer guten Reihenfolge: Die Vervollkommnung des Heims ist der erste Schritt; darauf folgt die Entwicklung neuer kreativer Fähigkeiten; was der Schaffung einer angenehmen Umgebung zugutekommt und zu weiteren kreativen Impulsen führt.

Wenn wir uns die geschichtliche Entwicklung anschauen, sehen wir, dass die Menschen die Idee des passiven Konsums immer mehr ablehnen. So gesehen ist der Fortschritt also auf unserer Seite. Die Menschen interessieren sich immer weniger fürs Fernsehen, weil es sie dazu zwingt, sich zu einer bestimmten Zeit an einem bestimmten Ort hinzusetzen; was nicht mehr zu der Generation passt, die mit dem Internet und den demokratisierten Medien, die in Verbindung damit entstanden sind, aufgewachsen ist. Wir wollen selbst entscheiden, wann und wo wir uns mit etwas beschäftigen. Und wir verlangen, dass wir mit dem, was wir konsumieren, interagieren können. Minimalvoraussetzung sind hier interaktive Spiele oder soziale Medien. Aber vielleicht möchten wir eine eigene Band gründen, eigene Kunstwerke malen oder unsere eigenen Geschichten schreiben. Podcasts und YouTube sind praktisch das neue Fernsehen und Radio, denn es war nie so einfach und lohnend, Inhalte selbst zu produzieren. Und ehrlich gesagt ist es auch interessanter, weil wir als Teil eines kleinen Publikums direkt auf das reagieren können, was jemand in Heimarbeit hergestellt hat. Diese Medien erzeugen eine neue Form von Intimität, verbinden Gleichgesinnte miteinander, anstatt ihnen Shows von Berühmtheiten vorzugaukeln, die einer fernen Welt angehören, mit der wir nichts zu tun haben. Kleine kreative Tätigkeiten sind genau das, worum es geht, und wir sollten stolz sein, wenn es uns gelingt, die alten passiven Formen des Konsums zu überwinden, um uns der *Produktion* eigener Werke zuzuwenden. Anstatt sich unterhalten zu lassen, können wir uns selbst oder einander gegenseitig unterhalten. Anstatt nur etwas zu empfangen, können wir einen Beitrag leisten.

Heutzutage ist ein Zuhause, das nur auf passiven Konsum ausgerichtet ist, immer weniger attraktiv, und in ein paar Jahren wird es ganz undenkbar sein. Als ich kürzlich eine Reise nach Kopenhagen unternahm, stieß ich im Designmuseum auf ein interessantes Ausstellungsobjekt mit dem Titel »Das dänische Wohnzimmer im zwanzigsten Jahrhundert«. Es bestand aus einem Sofa und zwei Sesseln, die vor einem Fernsehapparat standen, über dem eine schwache Lampe mit großem kitschigem Schirm hing. Es war eine deprimierende Inszenierung, und mir tat das Herz weh, als ich mir vorstellte, dass viele Millionen Menschen in den europäischen und nordamerikanischen Vorstädten ihre Leben um dieses Arrangement herum verbracht haben. Auf der anderen Seite war mir absolut bewusst, dass es sich hierbei um ein *Museumsstück* handelte: Ein Objekt aus der Vergangenheit. Ich kann mich noch an diese schrecklichen Zeiten erinnern, als man »vier Stühle vor einem Fernsehapparat« gruppierte, was einst eine erstrebenswerte Vision war. Aber die Zeiten dieses Arrangements sind gezählt. Im fortschrittlichen Kopenhagen befindet es sich bereits hinter Panzerglas in einem Museum, als würde es sich um die Überreste eines Mammuts, eine restaurierte Spitfire oder eine verrostete Wäschemangel handeln.

Manche Leute fremdelten damals schon mit diesen »vier Stühlen vor einem Fernsehapparat«. Vielleicht weil sie ahnten, dass das nicht für immer so bleiben würde. Auf dem Plattencover von Marilyn Mansons *Portrait of an American Family* ist eine aus Pappmaché und menschlichem Haar hergestellte vierköpfige Familie zu sehen, die in einem Wohnzimmer mit niedriger Decke verrottet. Alle blicken den Betrachter an, der den Platz des Fernsehapparats eingenommen hat. Manson präsentiert uns dieses absonderliche Arrangement als Horrorversion von etwas längst Vergangenem. Und dann war da noch die britische Sitcom mit dem Titel *The Royle Family*, wo eine Familie, bestehend aus liebenswerten Personen, vor einem Fernseher sitzt, Junkfood isst und dabei furzt. Wer kann sich so etwas anschauen, ohne sich der eigenen traurigen Passivität bewusst zu werden?

Heutzutage wollen wir Heimstudios haben, in denen wir Musik oder Podcasts produzieren, vielleicht auch Dunkelkammern, um Fotos auf altmodische Weise zu entwickeln, oder Räume, in denen wir zeichnen oder nähen können. Wir wollen Küchen, in denen es nicht nur die Mikrowelle zum Aufwärmen von Fertiggerichten gibt, sondern in denen wir unsere eigene Marmelade kochen, Fleisch räuchern und Bier brauen können. Wir wollen eine Anmutung von Mikroproduktivität in den eigenen vier Wänden. Ich glaube, das ist ein schöner Einstellungswandel und ein wertvoller Beitrag zum guten Leben. Wir sollten in diese Richtung weitergehen. Ruhe in Frieden, passiver Konsum! Ruhet in Frieden, ihr vier Stühle vor dem Fernseher!

Der Autor Will Self erklärte seinem Assistenten Matthew de Abaitua, dass alles in ihrer Hütte im ländlichen Suffolk unmittelbar dem Schreiben dienen solle. Alles war dazu da, Mr. Self zu dem Stuhl vor seiner Schreibmaschine zu leiten. Die Bücher auf dem Regal sollten ihn daran erinnern, auf welches Ziel er hinarbeitete.

Alles, was langweilige Bequemlichkeit fördern könnte, wurde entfernt, um ihn nicht von der eigentlichen Sache abzulenken. Es muss nicht erwähnt werden, dass dazu auch der Fernseher gehörte. Genauso könnten wir unser Zuhause einrichten. Damit es unmittelbar dem guten Leben dient; ohne Ablenkungen durch Konsum. Alles könnte uns dahin leiten, wirklich das zu tun, was wir tun wollen.

Sonst noch was? Ja. In einem Heim könnte es um *bewusstes* Leben gehen: achtsam und ohne uns von solchen Angewohnheiten oder Tendenzen ablenken zu lassen, die wir von der Gesellschaft oder unseren Eltern übernommen haben. In einem Heim könnte es auch darum gehen – egal, ob es sich um den Haushalt eines Paares oder eine Wohngemeinschaft handelt –, so etwas wie Gemeinschaftssinn zu stiften. Zum guten Leben gehören auch Liebe und Freundschaft, genauso wie geregelte Zusammenarbeit und gemeinsam erlebte Annehmlichkeiten. Anlässlich des hundertjährigen Bauhaus-Jubiläums schrieb die spanische Architektin Eva Franch i Gilabert neulich: »In den frühen Zwanzigern hat das Bauhaus bereits das vorgeführt, wozu viele Schulen und Institutionen sich heutzutage außerstande sehen – alle einzelnen Aspekte des Lebens als Raum für Design und Kreativität anzusehen.«

Tja, Schulen und Institutionen sehen sich dazu heutzutage wohl deswegen außerstande, weil sie sich der aufgeblähten Bürokratie verschrieben haben. Wir hingegen können das im kleineren, überschaubaren Rahmen unseres Zuhauses umsetzen. Es beginnt damit, dass wir unser Heim einrichten, und geht weiter, wenn wir Gewohnheiten entwickeln, Besitztümer erwerben, Partys veranstalten oder Freunde einladen oder einfach, indem wir darin wohnen. Wir können ein kreatives und angenehmes Leben führen, auch wenn wir sparsam und minimalistisch sind. Aber vor allem, schrieb Franch i Gilabert, stellte das Bauhaus die Frage: »Wie wollen wir zusammenleben?« Und das ist in der Tat ein guter Startpunkt, wenn wir uns an die Frage der Gestaltung unseres Zuhauses machen. Anstatt zu fragen: »Wie viel Zeug können wir kaufen?« oder: »Wie viele Zimmer oder Quadratmeter können wir uns leisten?«, beziehen wir uns auf die Grundfrage: »Wie wollen wir zusammenleben?«

Zwei Warnungen

Wenn wir über unser Zuhause nachdenken, müssen wir aufpassen, dass wir nicht Opfer des Klaustrosphären-Effekts oder des Boxenstopp-Effekts werden.

Klaustrosphären sind futuristische Wohnungen in dem Science-Fiction-Roman *This Other Eden* von Ben Elton. Darin wird beschrieben, wie die Menschen fast ihre gesamte Zeit in ihren Klaustrosphären leben und nur selten vor die Tür treten, weil sie Angst vor Luftverschmutzung oder sonstigen Gefahren haben. Das Essen und die Fernsehunterhaltung werden in die Klaustrosphäre eingespeist oder zirkulieren in einem geschlossenen internen System, ohne dass die Bewohner die Möglichkeit haben, zu erkunden, was sich jenseits ihrer individuellen Muschelschale befindet. Die Leute bleiben einfach zu Hause, verbrauchen ihre Energie und warten darauf, dass der von ihnen als unvermeidlich betrachtete soziale und ökologische Zusammenbruch eintritt.

Das Buch wurde Anfang der Neunzigerjahre geschrieben, als es immerhin schon eine Tendenz gab, zu Hause zu bleiben und fernzusehen, anstatt in die Kneipe oder in die Natur zu gehen. Das Ganze muss damals plausibel gewesen sein, war aber vor allem ein Werk der Imagination. Heute, im Zeitalter des Internets, muss man sich solche Langzeit-Stubenhocker nicht mehr ausdenken.

Wir wissen, dass sie bereits existieren – *Gamer,* die ganze Wochenenden im Pyjama verbringen, um virtuellen Währungen nachzujagen. Wer will ihnen das verübeln? Wenn die Fahrt zur Arbeit enervierend und entfremdend ist, wenn die Teilnahme an sozialen Ereignissen im Vergleich zum Home Entertainment immer teurer wird, und wenn die Weltpolitik immer mehr zerfasert und Ängste produziert. In einer solchen Situation kann man schon mal dem Drang nachgeben, die Vorhänge zuzuziehen und zu Hause zu bleiben. Es ist einfach und verführerisch, mit der Welt nur noch dadurch zu kommunizieren, dass man aus seinem Versteck heraus anklagende Tweets schickt. Aber was ist das für ein Leben?

Der Klaustrosphären-Effekt ist ein Fluch der Konsumkultur: Sie machen ein paar große Firmen sehr glücklich, wenn Sie zu Hause bleiben und deren Zeug mit wachsendem Appetit in sich reinstopfen und damit einen immer größeren Markt schaffen. Den Supermarktketten und Energieunternehmen wie auch Amazon, Netflix, Apple, Google und den Giganten der sozialen Medien genügt es vollauf, ihre Produkte in unsere Schlupflöcher zu pumpen und unser Geld auf ihre Bankkonten umzuleiten, während die Welt zusammenbricht, weil die ganze Zeit überall weiter nach fossilen Brennstoffen gebohrt wird. »Bleib, wo du bist«, sagen sie, »wir übernehmen die Arbeit für dich, du musst bloß zahlen, und wir sorgen dafür, dass du weiterhin bequem leben kannst.«

Die andere Seite der Medaille ist der vorne bereits kurz erwähnte Boxenstopp-Effekt. Der Boxenstopp ist der Moment, wenn ein Rennwagen anhalten muss, um aufgetankt zu werden oder neue Reifen zu bekommen, bevor er wieder ins Rennen geht. Wenn der Klaustrosphären-Effekt ein Fluch der Konsumkultur ist, hat der Boxenstopp-Effekt seine Wurzeln in der Arbeit. Ein freier Abend, ein Wochenende oder sogar ein Urlaub können, wenn wir nicht aufpassen, dazu führen, dass wir einzig und allein deshalb einen

Stopp machen und auftanken, damit wir anschließend am Arbeitsplatz wieder gut funktionieren. Das war ja das Hauptargument für den bezahlten Urlaub, dass die Lohnsklaven besser arbeiten würden, wenn sie sich ab und zu mal ausruhen dürfen, anstatt sich totzuarbeiten, bevor sie ihre optimale Leistung erbracht haben. Das ist der Blick auf die Freizeit durch die Brille der Arbeit. Er übersieht, dass wir heutzutage die Möglichkeit haben, das gute Leben zu führen und unsere Freizeit aktiv zu genießen, ohne sie in irgendeine Beziehung zur Arbeit zu bringen.

Ich gestehe, dass ich mit diesen beiden Problemen während meiner Zeit auf der Betoninsel zu kämpfen hatte. Aber dank meiner Partnerin konnte ich mich immer wieder retten, wenn ich zu tief in dem Sumpf des einen oder anderen versunken war. Wir nahmen uns vor, abends Eröffnungen von Kunstausstellungen zu besuchen, ins Kino zu gehen, beim Montagabend-Quiz im Pub zuzuschauen und an den monatlichen »Horrorfilm-Abenden« bei Freunden teilzunehmen. Meine Lust am Reisen verschwand auch nur selten; also reisten wir durch Europa oder Nordamerika, wann immer sich eine Gelegenheit bot. Und nachdem wir ein freies Zimmer hatten, luden wir auch öfter mal Freunde von auswärts zum Übernachten ein.

Tut also alles, was in euren Möglichkeiten steht, um den Boxenstopp-Effekt und den Klaustrosphären-Effekt zu vermeiden, meine Freunde. Und denkt während der nachfolgenden Kapitel über das Leben im eigenen Zuhause daran, dass diese beiden Versuchungen wirklich überall lauern!

Wie wir unser Zuhause in ein Paradies des guten Lebens verwandeln können

Nach dem ersten Jahr meiner Zeit auf der Betoninsel entschieden wir uns umzuziehen. Ich vermute, mir ging es einfach nur darum, ein bisschen Ablenkung zu haben. Ich hatte große Lust, eine Startrampe für den Müßiggang zu bauen; eine Art Cape Canaveral für das gute Leben. Es sollte vollgestopft sein mit Möglichkeiten, sich entspannten Freuden hinzugeben, dem Dilettantismus, kreativer Praxis und Begegnungen mit Freunden. Wir wollten weiterhin genügsam bleiben, uns vom Prinzip des Minimalismus leiten lassen, aber gleichzeitig auch ein erfülltes Leben führen und ruhig auch etwas dekadent sein. Wir wollten mit geringstem Aufwand eine Art Privatmuseum kreieren.

Schließlich fanden wir den perfekten Platz für uns in einer Mietskaserne, der idealen Wohnstatt für Bohemiens in Schottland. Sie erfüllte alle unsere Kriterien: Sie sollte sich in einer bestimmten Gegend in der Stadt befinden (wir werden die Bedeutung des Ortes gleich näher erörtern); sie sollte in der Nähe einer Bahnstation sein, weil wir kein Auto besitzen; sollte weniger als sechshundertfünfzig Pfund pro Monat kosten (ein hoher Anspruch in Zeiten der explodierenden Mietpreise); außerdem sollte sie ein überzähliges Zimmer haben, damit wir Gäste unterbringen konnten (Freundschaften zu pflegen ist einer der Grundsätze des guten Lebens, vergessen Sie das nicht); und wir wollten sie unmöbliert haben. Es kommt in Großbritannien oft vor, ist sogar normal, dass man eine Wohnung möbliert mietet, aber wir wollten zum ersten Mal die Einrichtung – das Design – von Grund auf selbst bestimmen.

Wir wussten, eine komplette Neueinrichtung würde bedeuten, dass wir eine Menge Geld und Arbeit hineinstecken und viel herumbosseln und im Baumarkt Schlange stehen müssten, wie früher in einem Ostblockland; einschließlich viel Herumgefluche und Ärger. Vielleicht würde diese Aufgabe sogar unsere Ehe ins Wanken bringen. Tatsächlich aber hat das alles überhaupt nichts mit der Realität zu tun, wenn man den eigenen Idealen von Sparsamkeit und Minimalismus vertraut und vorab alles klug und sorgfältig plant.

Als wir aus unserer alten möblierten Wohnung auszogen, konnte der Fahrer des Lieferwagens, den wir gemietet hatten, erst mal gar nicht glauben, dass wir nur zehn Umzugskartons hatten (in denen die Klamotten und die Bücher verpackt waren) und eine Chaiselongue (ein altersschwaches Sofa), das einzige Möbelstück, das wir besaßen und tatsächlich aus Kanada mitgebracht hatten.

»Ist das *alles?*«, fragte er und kratzte sich am Kopf. Nicht-Minimalisten zu verblüffen, ist eine der vielen Freuden des Minimalismus.

Am Abend saßen wir auf dem Fußboden unserer neuen Wohnung und fragten uns, wo wir anfangen sollten.

Ein Vorteil war, dass wir die Maße der Wohnung kannten. Wir wussten auch so ungefähr, wie sie sich anfühlen würde, denn alle

Mietwohnungen in Schottland sind sich erstaunlich ähnlich: Es gibt einen kleinen Eingangsbereich, ein paar Zimmer, eine meist generalüberholte Mini-Küche, ein lang gestrecktes kahles Bad und ein großes Erkerfenster nach vorn. Wir konnten es uns also schon vor dem Einzug vorstellen.

Eine Wohnung einzurichten, muss nicht bedeuten, dass man dem Konsumwahn verfällt. Natürlich muss man einkaufen gehen, wenn man nicht alles selbst bauen will, aber hier kann man sich ja vom Prinzip des Minimalismus durchaus *leiten* lassen. Wir lassen uns nicht dazu verführen, ein schrottreifes Möbel zu kaufen, bloß weil es im ersten Moment, im Scheinwerfer des Baumarkts oder von Ikea, ganz nett aussieht. Wir bedenken das Ende zuerst und lassen nicht zu, dass irgendetwas unsere Vision beeinträchtigt, egal, wie attraktiv es hin und wieder erscheinen mag. Wenn wir uns an den Plan halten, werden wir eine Wohnung bekommen, die genauso gemütlich und friedvoll ist, wie wir es anstreben. Wenn wir zu sehr vom Plan abweichen, wird uns das unweigerlich ins Chaos und zu Unkosten führen.

In einer perfekten Welt – dem wilden guten Leben, bei dem man unbegrenzt viel Freizeit hat – könnten wir alle Einrichtungsgegenstände selbst bauen. Wir würden die handwerklichen Fähigkeiten lernen und uns die Zeit nehmen, alles in unserer Umgebung perfekt und nach Maß zu gestalten, nur für uns, und alles wäre dadurch voll von persönlichen Erinnerungen. Einem Lohnsklaven ist das nicht möglich: Also sollte ein Kompromiss gefunden werden. Es gibt nämlich Wege, den Dingen, die man gekauft oder auf andere Weise erworben hat, eine besondere Bedeutung zu verleihen.

Gleich zu Anfang sollten wir die Selbstbaumöbel mit einem zweifachen Hurra (anstatt der sonst üblichen drei Hurras) begrüßen. Auch wenn es letztlich ein Konsumartikel ist, der entworfen wurde, um in großen Mengen verkauft zu werden und die logistischen Probleme der Verkäufer zu lösen, erlaubt uns ein Selbstbaumöbel doch, etwas selbst zu *bauen,* ohne einen Baum fällen und Holz zuschneiden zu müssen. Das mag vielleicht nicht »kreativ« sein, weil wir ja den Vorgaben des Designers folgen, aber es ist immerhin eine Möglichkeit, selbst Hand anzulegen und über sein Tun nachzudenken, um etwas herzustellen, das einen Teil unseres Lebensraums einnimmt – womöglich für viele Jahre.

Das ist das Tischlerhandwerk für den Lohnsklaven, der wenig Zeit hat und handwerklich nicht übermäßig begabt ist. Es klingt vielleicht albern, aber man erinnert sich immer daran, wie es war, als man das Bett zusammengebaut hat, in dem man die nächsten zehn oder mehr Jahre lang jede Nacht schlafen wird.

Jetzt denken Sie vielleicht: »Ja, klar, ich erinnere mich noch gut daran, wie ich meine Ehe ruinierte, als ich ihr den 32E-Inbusschlüssel anstatt den 32F-Inbusschlüssel reichte.« Aber ich möchte Sie ermutigen, diesen Zynismus hinter sich zu lassen, die Sache anzupacken und die kleine Herausforderung anzunehmen. Sie sind kein ahnungsloser Konsument, der sich auf dem Fußboden herumquält! Sie sind ein Handwerker, der etwas mit den eigenen Händen schafft! Haben Sie sich einen Holzsplitter eingezogen? Gut! Damit sind Sie der Erfahrung des echten Handwerkerdaseins so nahe wie nur möglich gekommen. Sie können also die Erfahrung willkommen heißen und sich daran erfreuen. Um die Erinnerungen an die schönen Tage des Möbel-Selbstbaus noch zusätzlich zu genießen, können Sie auch überlegen, Ihre Freunde einzuladen, damit sie Ihnen dabei helfen. Aber vergessen Sie nicht, genug Bier zu besorgen.

Das Erste, was wir taten, war also, bei Ikea ein Bett zu bestellen.[40] Wir wussten, dass wir ein Bett brauchten, also fingen wir

---

40 Ein Bettgestell sollte ganz einfach und minimalistisch konstruiert sein, darin sind die Skandinavier gut. Aber es lohnt sich auf jeden Fall, in eine hochwer-

damit an. Wir wussten auch, dass wir irgendwo unsere Bücher unterbringen mussten, also bestellten wir gleichzeitig ein sehr großes Regal[41] und fanden zufällig an einer Straßenecke ein weiteres, das genau in die Nische neben dem Fenster im Gästezimmer passte.[42] So etwas ist uns auch in der Vergangenheit oft passiert: Genau zur rechten Zeit taucht das richtige Objekt auf, als wäre es von einem hilfreichen Gott geschickt worden. Etwas Brauchbares auf der Straße zu finden, ist wirklich eine Freude. Wenn Sie Geduld haben und an so was wie Kismet glauben, wird immer mal wieder etwas auftauchen. Sie müssen nichts weiter dafür tun, als beim Herumspazieren die Augen offen zu halten, was ja sowieso schon eine angenehme Tätigkeit ist.

Wenn Sie ein Fundstück mit nach Hause bringen, fühlt es sich auch so an, als würden Sie Ihren Bau verbessern. Die eigene Wohnung als Bau zu betrachten, ist keine schlechte Sache, solange es Sie nicht dazu verführt, Dinge anzuhäufen, die Sie nicht brauchen,

---

tige Matratze zu investieren, auf der man gut schlafen, vögeln, gesund werden und sich vor den Anforderungen der nächsten zehn Jahre drücken kann.

41   Viele Leute begründen den Besitz eines Autos damit, dass sie Möbel vom Laden nach Hause transportieren müssen. Aber wie oft kauft man denn Möbel? Einmal in zehn Jahren? Entspannen Sie sich, und lassen Sie das Möbelgeschäft liefern. Die fahren gerne mit einer Menge Holz durch die Gegend.

42   Viele Minimalisten lehnen es ab, Bücher zu besitzen. Auch wenn ich mich bemühe, meine Bibliothek auf ein erträgliches Ausmaß zu begrenzen, denke ich, dass es wichtig ist, demonstrativ viele Bücher um sich herum zu haben. Untersuchungen haben ergeben, dass aus Kindern intelligentere, emotional besser ausbalancierte Erwachsene werden, wenn sie in Wohnungen mit vielen Büchern aufwachsen – sogar wenn sie sie gar nicht lesen. Vermutlich ist der Verstand eines Kindes – in der Phase, wo er neugierig ist und sich entwickeln will – besonders leicht zu beeinflussen. Das funktioniert aber auch bei Erwachsenen, die sich ja ebenfalls noch entwickeln und dabei von der Anwesenheit von Büchern profitieren können. Abgesehen davon sorgen Bücher dafür, einen Raum »wohnlicher« zu machen, wie es so schön heißt. Jedenfalls bringen sie Farbe hinein, interessante Inhalte und sind sowieso ein Fundus für geistige Abenteuer an Tagen, wo wir es uns zu Hause gemütlich machen.

und die Sie von Ihrem ursprünglichen Plan abbringen. Ein Bau ist *gemütlich*. Und die Idee eines Baus kann Ihnen beim Reduzieren helfen: Nur das Nötige anzuschaffen, ist nicht bloß praktisch und kostensparend oder ästhetisch, sondern auch eine Rückkehr in Kindertage, als wir glücklich waren, wenn wir eine Höhle bauen und uns auf engem Raum einrichten durften. Ein Bau ist günstig, gemütlich, hat etwas Wildes und liegt jenseits des Einflussbereichs von beruflichen oder staatlichen Autoritäten. Dank meiner Lohnsklaverei auf der Betoninsel und unseres Visumproblems hatte ich schon genug Ärger mit derartigen Stellen. Zu Hause brauche ich einfach nur simple, inspirierende Anarchie.

Als Nächstes nahmen wir einige kosmetische Veränderungen vor, die einen deutlichen Effekt hatten. Die Küchendurchreiche besaß eine zweiflügelige Klappe, die den Einfall von natürlichem Licht blockierte, sogar wenn sie offen stand. Wir nahmen sie ab, und schon wirkte die Küche nicht mehr wie eine düstere Abstellkammer, sondern wurde ein wertvoller Teil unseres Wohnraums.

Wir luden ein zu einer »Schwert im Stein«-Party, bei der es darum ging, einen alten viktorianischen Nagel aus den Holzbohlen im Flur zu kriegen. Darin verfingen sich nämlich immer meine Strümpfe, und es war nur eine Frage der Zeit, bis sich jemand den Fuß daran verletzen würde. Hatte dieser Nagel wirklich hundert Jahre lang da herausgeragt und die Füße der Bewohner malträtiert? Unser Freund Spencer zog das Ding schließlich mithilfe einer großen Zange heraus wie Artus das Schwert Excalibur aus dem Stein, womit er für einen Tag zum König auf Camelot (in den Gefilden unserer Wohnung) aufstieg.

In der Badewanne gab es eine grässlich aussehende rostige Kette, an der einst der Stöpsel gehangen hatte. Damit wirkte der Raum wie aus dem Set für den Horrorfilm *Saw*, weshalb ich sie abnahm. Und unser Pubquiz-Kumpel Alan kam eines Abends mit einem

Bandschleifer vorbei, um den entscheidenden Millimeter von der Badezimmertür abzuschleifen, damit sie endlich wieder zuging und abgeschlossen werden konnte. Ich hatte echtes Mitleid mit dem Jugendlichen, der vorher mit seiner Mutter in dieser Wohnung gelebt und nie die Toilettentür hinter sich hatte schließen können.

Außerdem nahmen wir die labberigen, von Feuchtigkeitsflecken verunstalteten Rollos an den Schlafzimmerfenstern ab und ersetzten sie durch hübsche moosgrüne Vorhänge.[43]

Sie werden bemerkt haben, dass diese einfachen lebensverbessernden Maßnahmen meist etwas mit Wegnehmen statt mit Hinzufügen zu tun haben. Das ist Minimalismus in Aktion.

Als unser Vermieter vorbeikam, um ein Fenster zu reparieren, das nicht richtig schloss, konnte er kaum glauben, »wie sich die Wohnung verändert hat«. Er sah wirklich verblüfft aus, und ich befürchtete schon, er könnte die Miete erhöhen, weil er in dem Ganzen nun völlig neue Möglichkeiten sah. Dabei waren die Arbeiten, die wir durchgeführt hatten, nicht gerade das Werk mit Geld ausgestatteter Immobilienentwickler. Unsere Veränderungen waren nur oberflächlich und so gut wie kostenfrei gewesen. Ich vermute, wirklich beeindruckt haben ihn die Möglichkeiten minimalistischen Vorgehens: Alles sieht einfach besser aus, wenn es nicht unter Bergen von verstaubtem Krempel begraben wird.

In einem Asia-Markt in der Nähe kaufte ich einen Wok und ein paar Messer. Das war aufregend, weil ich, obwohl ich gerne koche,

---

43 Einige esoterische Hinweise in Bezug auf Vorhänge: Nehmen Sie leichten, durchsichtigen Stoff, dann wirkt das Zimmer heller und luftiger, nicht düster und dunkel. Lassen Sie die Vorhänge so oft und so lange wie nur möglich offen. Anstatt sich von der Welt abzuwenden, zeigen Sie der Straße, dass Sie da sind. Zünden Sie ein Licht an in der Dunkelheit. Das fördert den Gemeinsinn.

noch nie die nötigen Utensilien hatte. Diese qualitativ hochwertigen Geräte wurden ergänzt mit einigen Küchengeräten meiner verstorbenen Großeltern. Zu Anfang hatte ich noch gedacht, ich würde sie nur so lange benutzen, bis ich genug Zeit und Geld hatte, um mir was Neues zu kaufen. Aber dann merkte ich, wie viel Spaß es mir machte, mit Dingen zu hantieren, die meine Großmutter früher benutzt hatte. Immer wenn ich eines davon in den Händen halte, muss ich an sie denken, was dem Ganzen etwas Besonderes hinzufügt – eine Art emotionale Kontinuität vielleicht. Wir kauften uns auch einen kleinen Tisch aus den Fünfzigerjahren, den wir in die Erkernische stellten, um dort unsere Mahlzeiten einzunehmen. Aber man kann ihn genauso gut als Schreibtisch oder Planungszentrale für zukünftige Unternehmungen benutzen.

Unser Künstler-Freund Landis wohnte während der einen Monat dauernden Einrichtungsphase bei uns. Wir überließen ihm das Gästezimmer als Atelier (mit einem Zeichentisch, den wir im Internet für fünf Pfund erstanden hatten), damit er sich für eine Weile vor den Ablenkungen in Sicherheit bringen konnte, denen er in Chicago ausgesetzt war. Vor allem aber, um deutlich zu machen, dass wir hier Kunst produzieren wollten. Dadurch, dass Landis bei uns war, wurde unsere Wohnung gewissermaßen gleich zu Beginn als Stätte der Kunst eingeweiht. Außerdem konnte er Päckchen annehmen, während ich meiner Verpflichtung zur körperlichen Anwesenheit auf der Betoninsel nachging.

Es gab auch andere Gemeinschaftsaktionen in der ersten Renovierungsphase. So gab uns Samaras Vater eines Abends beim Skypen den Tipp, für unser Gästezimmer einen qualitativ hochwertigen Futon anzuschaffen, und erklärte, er wolle uns das Geld dafür schicken. »Ich kann nicht auf einem harten Bett schlafen«, war sein Argument. Als der Futon aus Oxford angeliefert wurde, war auch ein anderer Freund von uns da: Neil. Mit ihm und Landis schafften wir es, das zusammengefaltete Ding wieder in Form zu bringen. Für vier Paar Hände war das eine leichte Übung.

Ich habe gehört, dass Ikea kürzlich die Minijob-Plattform Task-Rabbit gekauft hat mit der Idee, dass Ikea-Kunden Gelegenheitsarbeiter anheuern, um ihre gekauften Möbel zusammenzubauen. Ich glaube, das wäre echt eine Schande. Wie ich schon sagte, werden Erinnerungen geprägt, wenn man Möbelstücke zusammenbaut, sogar wenn es Ikea-Teile sind. Und diese Erinnerungen werden irgendwie zur Atmosphäre Ihrer Einrichtung beitragen. Stellen Sie sich nur mal vor, wie angenehm unsere Welt wäre, wenn wir alle genug Zeit und ausreichende Kenntnisse hätten, um unsere eigenen Möbel von Grund auf selbst zu bauen. Angefangen vom Baumfällen bis hin zum Einlassen der Oberfläche mit dem entsprechenden Öl. Ich meine nicht, dass wir wirklich so weit gehen müssen. Für uns Lohnsklaven ist es schon eine tolle Sache, ein paar vorgefertigte Teile aus einem Karton zu ziehen und zusammenzumontieren. Falls uns das nicht gelingt, sollten wir vielleicht darüber nachdenken, ein fertig eingerichtetes Ikea-Haus zu beziehen, wo nichts von uns selbst zu finden ist. So weit wie möglich für die eigene Einrichtung zu sorgen ist auf jeden Fall besser, als alles an andere zu delegieren; darauf kommen wir in Kürze noch mal zurück.

Wenn diese grundlegenden Arrangements erst mal getroffen waren, kamen die kleineren und persönlicheren Dinge zum Zuge. Wir wussten zum Beispiel von Anfang an, dass wir einen menschlichen Schädel haben wollten, am besten einen echten, der uns an unsere eigene Sterblichkeit erinnern sollte. Schädel sind so eine fixe Idee unter Bohemiens seit dem achtzehnten Jahrhundert. Sie sollen uns ermahnen, unsere glorreiche Endlichkeit im Blick zu haben, um im Leben die angemessenen Entscheidungen zu treffen: Für Vergnügen und Genuss zu sorgen, zum Beispiel, anstatt nur das anzustreben, »was sich gehört«.

Tatsächlich aber ist es nahezu unmöglich, einen menschlichen Schädel zu erwerben, weil es Gesetze gibt, wie mit menschlichen Überresten umgegangen werden muss. Die billigen Nachbildungen, die man hier und da kaufen konnte, waren allerdings wenig überzeugend. Der beste Schädel, den wir fanden, war tatsächlich eine Kerze, die wahrscheinlich einem Original nachgebildet war. Er ist rosa. Wir sagen unseren Besuchern dann immer: »Das ist unser Schädel, mit Wildbeeren-Geschmack.«

Als Landis uns nach einem Monat wieder verließ, kaufte er uns in einem Blumenladen in der Nähe eine hübsche Fensterblatt-Pflanze, auf Englisch *Cheese Plant* genannt. Wir nennen sie Cheesy. Sie ist immer noch bei uns und wächst und gedeiht im Licht, das durch das große Erkerfenster hereinfällt. Wir haben ihr eine weitere Pflanze zur Seite gestellt, eine schläfrige Palme, die wie ein Stück vom Paradies über der Chaiselongue hängt, also über meinem Kopf, wenn ich mich ausstrecke, um ein Buch zu lesen. Ich habe dann immer das Gefühl, auf einer tropischen Insel (keiner Betoninsel) zu sein. Passend dazu haben wir unsere Wände in einem speziellen blau-grauen Farbton gestrichen, der neutral genug ist, um die Zustimmung des Vermieters zu bekommen, aber besonders genug, um nicht an den Magnolien-Farbton der meisten Mietwohnungen zu erinnern. Der Farbton, den wir ausgesucht haben, nennt sich *Dusted Moss* (»Bestäubtes Moos«), was einen Bezug herstellt zu unserer zugegeben ziemlich esoterischen Vorliebe für Moose. Diese Farbe mit ihrem persönlichen Ton hüllt uns ein und flankiert uns auf allen Seiten, tags wie nachts. Das wirkt glückbringend.

Irgendwann hörten wir von einer Radierung von Hogarth, auf der ein Wirtshaus zu sehen ist, in dem sich jede Menge unzüchtige Frauen aufhalten. Es soll wahrscheinlich zeigen, wie schlimm es wäre, wenn man den Frauen erlaubte, Wirtshäuser zu besuchen.

Wunderbare Leckereien werden da aufgefahren. Man prostet sich mit Bierkrügen zu, Pfeifen und Zigarren werden geraucht, Hunde, Katzen und Kinder krabbeln überall herum, ohne zurechtgewiesen zu werden, fast alle Beine werden irgendwo in die Luft gestreckt. Mir kam es vor wie die perfekte Vorlage für das Leben schlechthin. Also kauften wir eine Kopie, um sie in der Küche aufzuhängen.

Die einzige Sache in unserer Wohnung, die überhaupt keine Persönlichkeit besaß, war das Sofa, das wir bei Ikea gekauft hatten. Wir mochten es, nur war rein gar nichts Besonderes daran. Aber eines Abends, als wir darauf saßen und uns eine Kunst-Doku anschauten, entdeckten wir dasselbe Sofa im Haus von John Berger, dem berühmten Kunstkritiker und Schriftsteller. Wir mochten John Berger sehr und fanden nun, dass er, genau wie wir, eine gute, stilvolle Wahl getroffen hatte. Wir nennen es jetzt »das John-Berger-Sofa«, und auf diese Weise haben wir ihm einen persönlichen Touch verliehen.

Als die überzeugten Minimalisten, die wir seit mehr als zehn Jahren waren, fühlte es sich für uns natürlich merkwürdig und widernatürlich an, auf einen Schlag so viele Möbel zu kaufen. Aber *so* viele Möbel waren es nun auch wieder nicht – gerade mal sieben Stück –, und es fühlte sich auch nur deshalb nach so viel an, weil wir vorher *fast nichts* besessen hatten. Wir hatten auch sonst nur ungefähr sieben Möbelstücke genutzt, die wir mitgemietet oder geliehen hatten. Die sechs Grundfunktionen (Sitzen, Schlafen, Lesen, Essen, Zeichnen und Schreiben) waren immer dabei gewesen. Zwölf Jahre lang hatte ich alles immer weiter minimalisiert und bis auf das absolut Notwendige reduziert, bis ich so gut wie gar nichts mehr hatte. Zu diesem Zeitpunkt besaß ich nur noch vierzig Gegenstände, und das meiste davon waren Hemden und Socken. Als wir in unsere neue Wohnung zogen, war es an der Zeit, darauf aufzubauen und zum ersten Mal seit über einem Jahrzehnt wieder etwas anzuschaffen, dabei aber dennoch der minimalistischen Ethik treu zu bleiben.

Schließlich gaben wir auch dem Haus einen Namen. Na ja, um ehrlich zu sein: Das ist auf meinem Mist gewachsen. Meiner Frau muss ich das erst noch sagen. Ich nenne es *Belle Ombre*, nach dem Haus von Tom und Heloise Ripley aus der Romanserie um den »talentierten Mr. Ripley« von Patricia Highsmith. Übersetzt heißt das »Schöner Schatten«.

Empfänglich für das Ästhetische

Als wir noch in unserer alten Wohnung lebten, fühlten wir uns ein bisschen niedergeschlagen. Wir wussten, es hatte damit zu tun, dass wir Montreal verlassen hatten und wieder ins normale Berufsleben eingestiegen waren. Aber es gab auch noch eine andere Ursache; und wir brauchten eine ganze Weile, um sie zu erkennen. Schließlich kam meine Partnerin darauf: »Wir sind einfach empfänglich für das Ästhetische«, sagte sie. Ich wusste sofort, was sie meinte.

Die vorherige Wohnung war einfach nicht unsere. Sie gehörte im wörtlichen Sinn »jemand anderem«. Sie war auch nach dem Geschmack einer anderen Person eingerichtet; ohne einzukalkulieren, dass darin eines Tages jemand zur Miete wohnen könnte. Damit sage ich nicht, dass unsere wunderbare Vermieterin etwas falsch gemacht hatte. Sie hatte einfach einen anderen Geschmack als wir. Sam und ich mögen alte Häuser – Stadthäuser im viktorianischen oder georgianischen Stil. Dies jedoch war ein Fertighaus für junge Familien im Stil der Thatcher-Ära. Manchmal fragte ich mich, ob es nicht ein Leichtes wäre, mit der Faust ein Loch in die Außenwand zu schlagen.

Doch damals waren wir der Ansicht, wir seien stoische Menschen, die überall leben konnten, wenn sie sich nur um ihr körperliches und geistiges Wohlbefinden kümmerten. Wir glaubten, wir seien eisenharte Post-Materialisten, die sogar in einer Grube leben könnten, wenn das nötig wäre. Aber vielleicht war unsere Toleranz in ästhetischer Hinsicht mittlerweile einfach erschöpft, weil wir zu lange in einem Umfeld gelebt hatten, das nicht von uns selbst geschaffen war.

Wir erkannten, dass wir an einen Ort ziehen mussten, der mehr zu unseren Vorlieben passte. Vielleicht sollte man also ruhig dazu stehen, dass man empfänglich ist für ästhetische Dinge oder ganz generell sensibel auf die eigene Umgebung reagiert. Man ist nicht »verweichlicht« oder schwach oder überempfindlich, wenn man sich mit ästhetischen Fragen beschäftigt. Ich will den Inhalt nicht generell über die Form stellen. Genauso wie Menschen heutzutage berufliche Tätigkeiten wichtiger nehmen als Hausarbeit, ist es ein Irrweg, Schönheit oder Stil als »flach« zurückzuweisen. Und dass dies eine Domäne der Frauen sein soll, ist nur ein weiteres rückschrittliches Vorurteil. Sich *beruflich* mit Ästhetik zu befassen, wird hoch geachtet. Sich zu Hause ernsthaft damit zu beschäftigen, gilt als betulich oder eitel. Diese Logik sollten wir hinter uns lassen und uns wieder einmal daran erinnern, dass wir Säugetiere sind. Säugetiere, die eine biologische Sehnsucht nach Schönheit, Bequemlichkeit und Kreativität in sich tragen. Für das Ästhetische empfänglich zu sein, macht uns nicht besser oder schlechter als andere Menschen, es ist auch keine Tugend oder ein Makel. Es ist einfach eine Tatsache, so wie manche Menschen unter Höhenangst leiden oder scharfes Essen mögen.

Vielleicht ist stoische protestantische Härte ja etwas typisch Britisches. Die Idee, wir könnten so gut wie alles ertragen, stammte von mir, nicht von der aus Quebec stammenden Samara. Es sieht so aus, als ob wir Briten grundsätzlich etwas gegen Schönheit und Luxus hätten und jene bewunderten, die auf einem Nagelbett schlafen. Die Britin Helen Russell beschreibt in ihrem Buch *Hygg Hygg Hurra – glücklich wie die Dänen,* dass diese keine Angst davor haben, ihre Empfänglichkeit für das Ästhetische öffentlich zu äußern, und dass Schönheit und Design dort sehr ernst genommen werden. Viele öffentliche Gelder werden in ästhetische Projekte investiert, zum Beispiel in Kunst im öffentlichen Raum, und viel privates Geld wird für ästhetische Belange wie zum Beispiel Inneneinrichtungen ausgegeben. Wenn ich das richtig sehe, ist den Dänen ein Hang zu minimalistischer Eleganz eigen. Dies wird überall im urbanen Dänemark sehr ernst genommen, genauso wie der Respekt für die eigene Umgebung, angesichts dessen, dass diese einen direkten Einfluss auf das persönliche Befinden, Benehmen sowie die inneren Funktionen hat.

In ihrem letzten Kapitel resümiert Helen Russell, was der Rest der westlichen Welt von den Dänen lernen kann: »Gestalten Sie Ihre Umgebung so schön wie möglich. Dänen tun das und erzeugen damit eine besondere Achtung für Design, Kunst und ihr alltägliches Umfeld. Erinnern Sie sich noch an die Broken-Windows-Theorie, der zufolge Häuser, die verwahrlost aussehen, immer mehr herunterkommen? Das funktioniert auch anders herum.«

Die Broken-Windows-Theorie bedeutete für mich eher, dass ein kaputtes Fenster, wenn es nicht repariert wird, die Nachbarn dazu animiert, ihren eigenen Besitz ebenfalls zu vernachlässigen, öffentliches Eigentum zu zerstören, Abfall auf die Straße zu werfen oder der Umgebung generell keinen Respekt entgegenzubringen. Dieser Effekt breitet sich aus, so die Theorie. Helen Russell geht es hier eher darum, dass jeder sich für seine eigene Umgebung verantwortlich fühlt – für Wohnung, Kleidung, vielleicht sogar für das eigene Viertel – und sie nicht nur »in Ordnung« hält, sondern wirklich verschönert. Denn dies veranlasst andere dazu, ähnlich zu handeln und führt schließlich zu einer schöneren Welt.

Anstatt einen auf hart zu machen und zu suggerieren, dass wir alles aushalten können, sollten wir also der Ästhetik mehr Beachtung schenken und die Umgebung, in der wir die meiste Zeit verbringen, schön gestalten. Als Lohnsklaven können wir unseren Arbeitsplatz nicht übermäßig beeinflussen, aber wir können uns um unser Zuhause kümmern und, wie ich schon sagte, die Verschönerung unseres Heims zu unserem ersten kreativen Projekt machen, dem noch viele weitere folgen sollten.

Am einfachsten und effizientesten gelingt dies, wenn man sich dem Minimalismus verschreibt.

Und wir sollten »mit dem Ende beginnen«.

Beginne mit dem Ende

Ich hatte Stephen Coveys Buch *Die 7 Wege zur Effektivität* noch nicht gelesen, als Tibs der Große, der mich am Anfang herumgeführt hatte, es mir auf der Betoninsel in die Hände drückte und sagte, ich könnte es während der Arbeitszeit lesen, um mich »persönlich weiterzuentwickeln«.

Ich bezweifelte, ob dieses Buch wirklich etwas dazu beitragen könnte, da es sich eher an Streber und fantasielose Leute wie Tibs den Großen zu richten schien. Es war viel zu dick, zu managementmäßig, eher etwas für eine Hologramm-Existenz wie Arnold Rimmer aus der TV-Serie *Red Dwarf*. Aber die Gelegenheit, während der Arbeit zu lesen, anstatt irgendjemandes Kalkulationstabelle zu entlausen, war zu schön, um sie nicht zu nutzen. Außerdem, das muss ich zugeben, war ich auch neugierig auf dieses Buch. Ich interessiere mich einfach für Selbsthilfe-Literatur. (An guten Tagen denke ich, sie könnte die moderne Ausprägung hellenistischer Philosophie sein. An anderen Tagen, zum Beispiel an dem, als ich *The Secret* von Rhonda Byrne in die Hand nahm, denke ich, sie wurde vom Teufel in die Welt gesetzt, um die Geduld eines jeden Menschen mit funktionstüchtigem Gehirn zu testen.)

Die 7 Wege zur Effektivität wurde 1989 veröffentlicht und hatte eine große Wirkung, nicht zuletzt auf die Art und Weise, wie heutzutage Tipps zur Selbsthilfe gegeben werden, und es wird oft zitiert. *Natürlich* machte mich das neugierig.

Leider war das meiste bloß Geschwafel. Aber immerhin gab es einen kleinen Schatz darin zu finden: »Beginne mit dem Ende«. Zuerst dachte ich noch »ach, komm«, aber dann fiel es mir wie Schuppen von den Augen: Mir war bis dahin gar nicht klar gewesen, dass viele Menschen (womöglich die meisten?) am Anfang alles Mögliche im Blick haben, nur nicht das bereits erkennbare Ende.

Mit einem Mal verstand ich das Benehmen und die Entscheidungen von vielen Menschen, die ich über die Jahre getroffen hatte. Von Leuten, die am Zahltag erst mal ordentlich auf den Putz hauen. Von Leuten, die hamstern. Von Leuten, die total unorganisiert sind. Von Leuten, die ihre Zukunft verspielen, weil sie sich mit temporärem Krimskrams aufhalten.

Nehmen wir zum Beispiel Prince Chunk. Er beklagte sich regelmäßig darüber, dass er kein Geld hätte. Am Ende des Monats war er so pleite, dass er sich *nicht mal mehr was zu essen kaufen konnte*. Trotzdem lebte er nicht in Armut. Er bekam genau denselben Lohn wie ich (ungefähr siebzehnhundert Pfund netto). Wenn ich aber meine Ausgaben plante, begann ich selbstverständlich mit dem Ende. Ich wusste, wie mein Konto am Ende des Monats aussehen würde: Es wären alle Rechnungen bezahlt, ein vernünftiger Betrag für Vergnügungen ausgegeben, und mindestens fünfhundert Pfund aufs Sparbuch umgeschichtet. Wenn ich mit Extrakosten konfrontiert wurde (zum Beispiel weil wir uns etwas Besonderes zum Abendessen gönnen oder spontan ausgehen wollten), fragte ich mich, ob mich das von dem Ende abbringen würde, das ich mir ausgemalt hatte. Und das beeinflusste normalerweise die Entscheidung, ob ich die Ausgabe tätigen wollte oder nicht.

Oder nehmen wir Sybil. Manchmal musste ich mit einer Tabellenkalkulation arbeiten, die sie erarbeitet hatte und zu der wir alle über die Büro-Cloud Zugang hatten. Ihre Tabellen waren ein Albtraum und bestanden aus zahlreichen Einzelseiten, die total durcheinander in einer Arbeitsmappe lagen, mit farbigen Feldern, gefettetem Text, komplizierten und unnötigen Filtern und Feldern, die so formatiert waren, dass man Telefonnummern nicht mit einer Null beginnen konnte. Manchmal fragte ich mich, welcher Teufel sie geritten hatte, ein solches Durcheinander anzurichten. War das wirklich Absicht, dass ihre Arbeit so aussah? Ich glaube, so etwas passiert nicht zufällig. Man markiert nicht einfach »fett« oder formatiert die Tabellenfelder eigenartig. Sybil hatte einfach nicht vom Ende her gedacht. Sie hatte eine Option gesehen, ein Feld zu formatieren, und hatte sie wahrgenommen, ohne darüber nachzudenken, ob einen das vom angestrebten Ziel abbrachte oder eher näher hinführte.

Dieser Grundfehler, das Ende nicht zu bedenken, könnte auch dafür verantwortlich sein, uns in der Arbeitssituation zu belassen, anstatt einen Fluchtplan zu überlegen. Konventionelle Arbeit kennt kein wirkliches Ende. Entweder schuften wir, bis wir zusammenbrechen, oder bis wir in Rente gehen dürfen. Wenn wir aber bereits das Ende bedenken, können wir entscheiden, was wir mit unserem Leben noch anfangen wollen, was wir davon erwarten, wie es aussehen soll. Dann können wir alles beiseiteschieben, was nicht zu unserer großen Vision passt. Aber ohne eine Vision, ohne schon vorab das Ende im Kopf zu haben, werden wir an unserer eigenen Trägheit zugrunde gehen und bis zum Abwinken für jemand anderen schuften.

Auch wenn wir unser Zuhause einrichten, können wir mit dem Ende beginnen. Anstatt davon auszugehen, dass wir ein Bett zum Schlafen brauchen und einen Couchtisch fürs Wohnzimmer, und dann zu Ikea zu gehen, um irgendein Bett oder irgendeinen Couchtisch zu kaufen, können wir erst mal innehalten. Dabei kann alles infrage gestellt werden: Brauche ich wirklich einen Couchtisch? Meine Eltern hatten einen, aber muss ich deshalb auch einen haben? Erst dann darf eine Entscheidung gefällt werden, entsprechend der Vision, wie sich das Ganze anfühlen sollte, wenn man darin lebt.

Wer eine Vision hat, sollte nie vergessen, sich im entscheidenden Moment zu fragen, ob die Neuerwerbung dazu beiträgt, diese Vision zu verwirklichen oder von ihr abzulenken.

Als wir in unsere neue Wohnung umzogen, hatten wir als Inspiration für die Einrichtung mehrere Vorbilder: die Wohnung der Hauptfiguren der Serie *Jeeves and Wooster – Herr und Meister* (blaugraue Wände, minimalistische Dekoration mit wenigen Schnörkeln), das Arbeitszimmer von Professor van Helsing aus den *Dracula*-Filmen der Hammer Studios (gemütlich, mit vielen Büchern und der Ahnung, dass dies der Startpunkt für große Abenteuer werden könnte) und eine namenlose Hipster-Bar in Montreal (mit Bananenblättern, grünen Keramiken, einer leichten Ähnlichkeit mit der Bar am Schluss von *Lawrence von Arabien* sowie einem Hauch von leicht abgenutztem Luxus).

Mit diesem Ende im Kopf gingen wir einkaufen. Wir erwarben nichts, das uns von dieser Einrichtungsidee hätte abbringen können. Und wir hielten uns an die Vorgabe des häuslichen Minimalismus.

Die Verkleinerung des Zuhauses

Bevor wir uns dem Thema des häuslichen Minimalismus zuwenden, müssen wir zuerst einmal den Wert wie auch die Herausforderung der Verkleinerung des Zuhauses diskutieren. Hierbei geht es darum, jenes Gesetz des Minimalismus zu beachten, das besagt, dass die Siebensachen eines Menschen immer dazu tendieren, den vorhandenen Stauraum auszuschöpfen. Zum Beispiel kaufen wir sicherlich nicht mehr DVDs, als in das dafür vorgesehene Regal passen. Also schaffen wir – das ist der Trick – das Regal ab (oder wechseln zu einem wesentlich kleineren). Wodurch wir insgesamt weniger DVDs besitzen werden.

Ich bin mal im Internet auf eine Formulierung gestoßen, die diese Gesetzmäßigkeit gut beschreibt: »Miste aus, bevor alles Mist wird!«

Das gilt für das gesamte Zuhause. Wenn Sie eine relativ kleine Wohnung haben, können Sie sich nicht viele Dinge anschaffen. Wenn Ihre Wohnung also ohnehin etwas zu groß ist, empfehle ich einen Umzug in kleinere Verhältnisse und eine entsprechende Verringerung Ihrer Besitztümer. Meine Schwiegereltern in Kanada haben das 2016 tatsächlich gemacht. Als ihr letztes Kind ausgezogen war, verkauften sie ihr geräumiges zweistöckiges Haus und zogen in eine Mietwohnung. Ihre Motivation war, dass sie dadurch Steuern sparen konnten und dass durch den Verkauf finanzielle Mittel frei wurden. Und sie mussten sich nicht länger mit einem zu großen Heim herumplagen und die immensen Heizkosten tragen. Sie verkauften das Haus und befreiten sich von jeder Menge Krimskrams, um sich den Umzug zu erleichtern. Das hat auf jeden Fall viel für sich; denn es wird unmittelbar in ein Gefühl der Befreiung münden. Jetzt wohnen die beiden glücklich und zufrieden in ihrer vernünftig dimensionierten Mietwohnung und haben Zugang zu einem gemeinschaftlichen Swimmingpool und einem Squash-Raum im Keller, und es gibt einen Pförtner, der aufpasst und die Post annimmt.

In ein kleineres Heim zu ziehen, ist überhaupt ein neuer Trend. In Großbritannien werden große viktorianische Häuser in zwei oder mehr Wohnungen aufgeteilt, was den Bedürfnissen einer wachsenden Bevölkerung mit kleiner werdendem Einkommen entgegenkommt wie auch den ästhetischen und ethischen Vorstellungen einer neuen Generation. Die Millennials – also die jungen Leute von heute – sind weniger materiell orientiert, weshalb sie keine Lust haben, sich ein großes Haus anzuschaffen, selbst wenn sie es sich leisten könnten.

Und doch gibt es da immer noch den unterschwelligen Gedanken, dass wir, wenn wir wirklich Erfolg im Leben hätten, ein schickes großes Haus irgendwo in den Hügeln besitzen sollten, das mit tollen Sachen ausgestattet ist. Immer wenn Sie von dieser Anwandlung ergriffen werden, könnten Sie sich selber sagen: »Was für eine kitschige Idee! Wer bist du denn, Kim Kardashian? Überleg dir mal lieber etwas mit *Geschmack*!« Klein ist schön. Man kommt auch besser damit klar; es ist besser für die Umwelt und der beste Ausgangspunkt für die Praxis des häuslichen Minimalismus.

Häuslicher Minimalismus

Wir haben festgestellt, dass unser Zuhause, wenn wir nicht aufpassen, ein Hindernis für das gute Leben werden kann, anstatt seine essenzielle Grundlage zu bilden. Deshalb dürfen wir unser Heim nicht dem Konsum überantworten. Muss es denn unbedingt cool sein, unseren Wohlstand demonstrieren und bis unter die Decke mit den tollsten und neuesten Sachen vollgestopft sein? Dieses Problem lässt sich bewältigen, indem wir uns dem Minimalismus verschreiben. Wenn wir diesen Weg gehen, reduzieren wir unseren Besitz auf das Allernötigste und Allerpersönlichste. So wird unsere Wohnung ein Ort des guten Lebens, das nicht beeinträchtigt wird durch sinnlose Ansammlungen von Dingen, zu denen wir überhaupt keinen Bezug haben.

Es ist wunderbar, dass es auf YouTube so viele Videos gibt, in denen Menschen sich zum Minimalismus bekennen. Wenn man als Suchbegriff »minimalistisch leben« eingibt, bekommt man Hunderte von Videos vorgeschlagen, worin junge Leute verkünden, dass sie mit weniger Dingen auskommen wollen und Tipps geben, wie das gelingen kann und wie sehr es zum guten Leben beitragen kann.

Eigenartig an diesen Videos ist, dass die Minimalisten (wenn auch nicht alle) sich einer bestimmten Ästhetik verschrieben haben: Sie bevorzugen eine weiße, gleichmäßig ausgeleuchtete galerieartige Umgebung. Asketisch. Ich kann nachvollziehen, wie das zustande kommt. Zum einen wollen wir durch den Minimalismus eine Reduzierung der Informationsflut erreichen, die wir ständig verarbeiten müssen. Denn so können wir uns leichter entspannen. Manche Minimalisten gehen so weit, sogar die Etiketten von ganz normalen Konsumgütern zu entfernen (Shampoo, Zahnpasta, Olivenöl), damit sie sie nicht ständig mehr oder weniger unbewusst lesen. Aus dieser Haltung heraus entsteht auch der Drang nach gleichmäßigen weißen Wänden – farblos, makellos, perfekt und ohne Botschaft. Ich bin nicht dafür. Mir ist das zu extrem, zu reduziert und zu ablehnend. Ich bin Minimalist, ja, aber einer, der Patina zu schätzen weiß, der Stil schätzt, und der Dinge mag, die etwas zu erzählen haben.

Leere weiße Wände sind mir zu anonym und zu hotelartig. Genau das streben natürlich manche Minimalisten an. Sie sehen sich nämlich oft auch als Post-*Materialisten*, die sich nicht auf materialistische Weise ausdrücken wollen. Ich kann das nachvollziehen, aber auch das möchte ich nicht befürworten. Meiner Ansicht nach ist es durchaus möglich, sich als Minimalist auf materielle Art auszudrücken: Man macht es eben auf minimalistische Art. Nehmen wir mal an, Sie sind eine begeisterte Handwerkerin und stellen handgenähte Stoffpuppen her. Dafür brauchen Sie bestimmte Werkzeuge, Stoffe und einen Vorrat an fertigen Puppen. Aber all das kann nach den Vorgaben der minimalistischen Ethik stattfinden. Sie könnten Ihre Ausrüstung reduzieren, indem Sie sich bemühen, Zweitgeräte oder Ersatzteile zu vermeiden und sich einzelne qualitativ hochwertige Multifunktionsgeräte anschaffen. Eine große Nähmaschine, die eine ganze Ecke in Ihrem Zimmer einnimmt, könnte gegen weniger sperrige traditionelle Werkzeuge eingetauscht werden, die außerdem Ihrem Sinn für Kreativität und Nachhaltigkeit entgegenkommen. Auch das Material könnte auf ein Minimum reduziert werden, und Sie könnten die Regel aufstellen, die nächste Puppe erst dann zu nähen, wenn Sie die vorige verkauft haben, wodurch Sie Ihr Warenlager reduzieren.

Ich bringe das Stoffpuppen-Beispiel, um zu illustrieren, wie man auch als Minimalist in einer materialistischen Welt bestehen kann. Wenn man Gitarre in einer Band spielt, braucht man genauso wenig zwölf verschiedene Gitarren, die alle auf einem Gestell nebeneinander aufgereiht sind. In den meisten Fällen genügt es wahrscheinlich, wenn man eine akustische und eine elektrische Gitarre besitzt – zu denen man dann natürlich eine ganz andere Beziehung hat. Wir können uns in allen Bereichen von den Prinzipien des Minimalismus leiten lassen und uns dennoch auch materiell ausdrücken.

Dies soll zeigen, dass die Idee des Minimalismus nicht automatisch dazu führt, dass wir in einem charakterlosen Studio-Apartment mit weißen Wänden wohnen müssen. Wer will, kann das natürlich machen, aber es ist nicht unvermeidlich. Mein Zuhause ist minimalistisch eingerichtet, aber ich schaue nicht auf weiße Wände, wie die Menschen in diesen YouTube-Videos. Der Schlüssel zum häuslichen Minimalismus liegt darin, bewusst auszuwählen, was man in seine Wohnung bringen möchte: Es sollten Dinge bevorzugt werden, die eine echte Bedeutung und einen wirklichen Nutzen haben.

Nachdem man alles aus seiner Wohnung aussortiert hat, das keinen (oder nur begrenzten) Nutzen, Bedeutung oder ästhetischen Wert hat, bleibt das übrig, was man als Ihre eigene Vision des guten Lebens betrachten könnte; jene Vision, die wir schon mal angedacht haben, als wir »mit dem Ende begonnen« hatten. Falls das noch nicht so ganz klappt, könnten Sie sich von einer radikaleren minimalistischen Position aus an die Arbeit machen, so wie ich das jeweils tat, als ich von einem Land ins andere und von einer Wohnung in eine andere umzog.

Der Grundgedanke des Minimalismus ist also nicht, das eigene Leben auf eine Situation schrecklich nackter Kargheit zu reduzieren, sondern ein Minimum zu erreichen, das uns nicht mehr vom guten Leben ablenken kann. Alles, was die Säuberung übersteht oder danach neu hinzukommt, trägt zur minimalistischen Idee bei.

Es stimmt in vielerlei Hinsicht, dass »weniger mehr ist«. Ich habe ja bereits beschrieben, wie verblüfft der Vermieter unserer jetzigen Wohnung war, nachdem wir seinen selbst gebauten Renovierungsfall ausgemistet hatten; und ich bin davon überzeugt, dass er vor allem von unserem streng minimalistischen Vorgehen beeindruckt war. Ich möchte sogar behaupten, dass dreißig Prozent weniger persönliches Besitztum aus einem »Rattennest« eine »kultivierte Umgebung« macht. Man braucht dazu kein Geld. Man kann sogar welches verdienen, indem man Sachen verkauft.

Minimalisten weigern sich, das »Spiel des Mithaltens« mitzuspielen. Sie treffen bewusst die Entscheidung, sich dem demonstrativen Konsum zu entziehen. Indem sie sich diesem idiotischen Völkerballspiel verweigern, unterscheiden sie sich von denen, die es betreiben. Das birgt eine gewisse Ironie, denn das Versprechen des demonstrativen Konsums lautet ja gerade, man würde sich durch Konsum von anderen unterscheiden. Aber es ist viel leichter, etwas Besonderes darzustellen, indem man weniger besitzt. Viele Menschen, die meine minimalistische Wohnung zum ersten Mal sehen, glauben, sie sei das Ergebnis von großem Wohlstand. Aber wie wäre das möglich? Ich besitze doch *weniger*. Ich habe *weniger* Geld ausgegeben. Demonstrativer oder wetteifernder Konsum muss so etwas wie eine chinesische Fingerfalle sein: Um sich daraus zu befreien, muss man aufhören zu ziehen.

Weniger Besitz spart Geld und passt zu dem ehernen Gesetz des Haushaltens: Ihr Einkommen muss den Ausgaben entsprechen oder sie übersteigen. Dies geriet in Vergessenheit, als in den späten Achtzigerjahren der Kundenkredit in Mode kam. Von da an konnte man nicht nur mehr ausgeben, als klug war, sondern sogar mehr, als man *verdiente;* was natürlich eine hochgefährliche Sache ist.

Geliehenes Geld muss mit Zinsen zurückgezahlt werden, und oftmals sind diese nicht unerheblich. Wenn es also nicht möglich ist, das Geld dazu zu verwenden, um etwas Profitables aufzubauen, das direkt dazu dient, die Schulden zurückzuzahlen, sollte man Kredite vermeiden. Der Minimalismus hilft uns dabei. Durch ihn können wir Geld sparen, das wir zurücklegen oder klug investieren können; oder ausgeben, um besondere Lebenserfahrungen zu sammeln.

»Erfahrungen, nicht Dinge« ist das Mantra der minimalistischen YouTuber, und diesmal haben sie recht. Erfahrungen hat man, ohne sie ständig mit sich herumschleppen zu müssen. Der

Clou dabei: Die minimalistische Vorgehensweise hilft uns, die fixen Kosten zu reduzieren, was uns ermöglicht, unsere Arbeitszeit zu reduzieren (womit ja ein niedrigerer Lohn einhergeht) und uns mehr dem guten Leben zu widmen. Wir können unsere entsprechenden Aktivitäten ausweiten, wodurch sie nicht mehr länger in den Nischen und Lücken unseres Alltags stattfinden müssen, sondern stattdessen zum zentralen Element unseres Lebens werden, zur Hauptsache.

Weniger Besitz führt auch zu unerwarteter Kreativität. Wenn Ihnen das richtige Gerät zum Umdrehen eines Pfannkuchens fehlt – weil Sie so etwas nur ein- oder zweimal im Jahr tun –, können Sie sich eine improvisierte Lösung überlegen, anstatt ein Gerät zur Lösung des Problems zu kaufen. Extra etwas für eine so seltene Gelegenheit anzuschaffen, würde Ihrem minimalistischen Ideal widersprechen. Deshalb ist Erfindungsreichtum gefragt. Es gibt Tausende kleiner Möglichkeiten, in einer derartigen Situation zu improvisieren. Man muss sich nicht sofort nach einer kommerziellen Lösung umschauen (zum Beispiel ins Auto steigen und ins Einkaufszentrum fahren, um dort einen Pfannenwender zu kaufen).

Stattdessen führt Minimalismus zu dem, was im japanischen Zen *Wabi-Sabi* heißt. Eine unvollkommene Situation wird als Herausforderung angenommen, die man mit einer erfindungsreichen Lösung in den Griff bekommt. Das wiederum verwandelt Ihr Heim in einen Ort der Mikro-Produktion; im Gegensatz zum stumpfen, bedeutungslosen Konsum. Das könnte man direkt als neues Gesetz des Haushaltens postulieren: Produziere zu Hause mehr Wert, als du konsumierst.

Einfache sinnliche Freuden

Der Kommerz hat uns am Haken, indem er uns immer komplexere Freuden verheißt. Anstatt darüber nachzugrübeln, wie wir uns das neueste Smartphone mit leicht verbesserten Sicherheitsfeatures oder leicht verbesserter Kamera für Hunderte von Euros besorgen können (also durch zahlreiche Arbeitsstunden als Lohnsklave), sollten wir nach einfacheren Freuden suchen, so wie Epikur es uns vor langer Zeit vorgeführt hat. Wir alle haben das als Kinder getan, und das war für die meisten von uns die Zeit, in der wir am glücklichsten waren.

Erinnern Sie sich noch daran, wie Sie auf einmal echtes Interesse an den Ameisen im Park hatten? Bestimmt wissen Sie noch, wie Sie sie eingehend beobachteten und sich fragten, ob diese kleinen Knöpfe am Kopf wohl ihre Augen sind oder einfach nur etwas, das Augen ähnelt. Sie fragten sich, ob die Ameisen sich Ihrer Anwesenheit bewusst waren; ob ihre Betriebsamkeit in den immer gleichen Bahnen etwas Produktives oder bloß reiner Zufall war; und wie sie wohl reagieren würden, wenn Sie ihnen ein Hindernis in den Weg legten. Das waren aufregende Tage.

Oder erinnern Sie sich noch daran, wie Sie zusahen, als Ihre Mutter ein Ei kochte? Diese ganz alltägliche Tätigkeit führte zu allerlei Gedanken: Über die Handelswege, die auf wundersame Weise bewirkt hatten, dass ein Hühnerei von einem weit entfernten Bauernhof in ihre Vorstadtküche gelangt war; die fast schon unnatürliche Schönheit der gipskartonähnlichen Eierschale; darüber, wie und warum das Ei irgendwann an die Oberfläche des kochenden Wassers steigt. Woher wusste die Mutter, dass das Ei jetzt fertig gekocht war und gegessen werden konnte?

Diese Momente »verlangsamter Zeit« waren Augenblicke des Wunderns, aber auch des Abenteuers. Ich weiß noch, wie ich mit

Grashalmen in meine Handballen pikte, bloß um zu spüren, wie sich das anfühlt; minutenlang, völlig selbstvergessen. Ich erinnere mich noch, wie ich an einem Stück Baumrinde roch, das während eines Sturms herabgefallen war. Ich erinnere mich, wie ich auf die Lehne des Sessels kletterte, in dem mein Vater saß, um fernzusehen, und mit seinen Haaren spielte. Ich wickelte sie immer fester um meine Finger, bis er rief: »Aua! Hör auf, du kleiner Plagegeist!« Und wie ich einmal, als ich noch sehr klein war, auf seinem Bauch stand und er mich mithilfe seiner Muskeln auf und ab wippen ließ, nur so aus Spaß. Ich erinnere mich noch an das eigenartige Gefühl, mit nackten Füßen auf menschlichen Muskeln zu stehen.

Erinnern Sie sich noch, wie Sie – kann auch sein, dass es *mir* passiert ist – die Buchstaben in einem Buch anschauen und sich über die kleinen »Hände und Füße« (die Serifen) wunderten? Wieso waren die in manchen Büchern vorhanden, in anderen aber nicht? Ich assoziierte Serifen immer mit Überfluss und Fülle oder mit großer Bedeutung, weil sie oftmals auf altertümlichen Bucheinbänden, Grabsteinen und Dokumenten zu finden waren, aber seltener in Arbeitsblättern oder Comicheften oder modernen Kinderbüchern (bis auf die von Babette Cole, die oftmals Serifen an ihre handgeschriebenen Buchstaben gezeichnet hat – erstaunlich!).

Der wahre Grund, nämlich dass Serifen dem Auge des Lesers helfen, von Buchstabe zu Buchstabe zu gleiten, interessierte mich als Kind nicht, sondern das Geheimnisvolle daran. Glücklicherweise steckt die Welt noch immer voller Geheimnisse, denen wir ein ähnliches Interesse entgegenbringen können. Wir könnten zum Beispiel aufhören, all die Dinge, die keinen Bezug zu Arbeit oder Konsum haben, von vornherein als belanglos abzutun. Niemand auf der Betoninsel zeigte Interesse am Ödland. Niemand schien es merkwürdig zu finden, dass der Ostflügel eine Kunststofffassade aus der Zeit des Neoliberalismus hatte, der Westflügel aber nicht.

Wenn wir nicht aufpassen, gehen uns solche Momente des Staunens und der einfachen kindlichen Freuden verloren. Zum Teil liegt das daran, dass wir einige unserer größten Mysterien aufgedeckt haben. (Zum Beispiel wissen wir jetzt, warum der Vater zur Arbeit ging.) Wir sind aber auch so sehr vom Konsum abgestumpft und von der Arbeit verbogen, dass wir unser müßiggängerisches Interesse an der Erforschung von Serifen oder den Adern auf der Unterseite von Blättern verloren haben.

Manchmal scheint es, als fürchteten wir, wir könnten schlagartig verschwinden, wenn wir aufhören, in den angeblich wichtigen Koordinaten des modernen Erwachsenendaseins zu denken: an die Zahlen auf unserem Kontoauszug, das angeblich so wichtige Tagesgeschehen oder wie viele Follower wir auf Twitter haben.

Das muss aufhören. Es führt nur dazu, dass wir unseren Verstand verlieren, zu Zombies werden oder uns mit Haut und Haaren der Geschäftigkeit verschreiben. In seinem Buch *Erledigt in Paris und London* erinnert sich George Orwell an etwas, was ihm ein Landstreicher namens Bozo erzählte: »Ich gehe hin und wieder nachts nach draußen und beobachte Sternschnuppen. Die Sterne sind wie eine kostenlose Show. Es kostet nichts, die eigenen Augen zu benutzen. Man muss sich einfach nur interessieren. Wenn jemand auf der Straße lebt, heißt das noch lange nicht, dass er nichts anderes als eine Tasse Tee und zwei Scheiben Butterbrot im Kopf hat.«[44]

Erneut sollten wir uns daran erinnern, dass wir – trotz aller Fallen, die uns die moderne Welt stellt – Säugetiere sind. Und Säuge-

---

44 Diese Anspielung auf »tea-and-two-slices« bezieht sich auf die milden Gaben der Kirche an die Obdachlosen, wenn diese bewiesen hatten, dass ihre Seelen noch nicht verloren waren, indem sie in die Kirche gingen, beteten und Kirchenlieder sangen. Im übertragenen Sinn könnte man sagen, sie bekamen damit einen Lohn für ihre Arbeit.

tiere sind neugierig und haben ein Interesse an aufregenden Dingen. Unsere Hardware hat sich seit den frühen Tagen nicht verändert. Trotz unseres kultivierten Geschmacks und unserer Technologie sind wir biologisch identisch mit unseren Großeltern; mit Epikur; mit den primitiven Menschen, die Pfeilspitzen aus Feuersteinen herstellten. Sie können darauf wetten, dass alle diese früheren Generationen nicht weniger kultiviert waren als wir, wenn es darum ging, komplexe Ideen, ironische Scherze oder Stammesparolen hervorzubringen. Wir sind alle im Wesentlichen gleich.

Es ist daher falsch zu glauben, wir seien unfähig oder stünden darüber, die einfachen Freuden des Lebens so zu genießen, wie unsere Vorfahren es taten. Der Höhepunkt der Woche war für meinen Großvater, am Sonntagabend ein heißes Bad zu nehmen. Ein solcher Augenblick ist für uns heute nichts Besonderes mehr – dank der besseren Technik und mehr Geld. Wir können jederzeit ein heißes Bad nehmen. Ich schlage vor, dass wir uns an meinem Opa ein Beispiel nehmen und ein einfaches heißes Bad wieder ganz bewusst genießen, ohne Smartphones oder sonstige Geräte, die uns ablenken und den Augenblick der Kontemplation zerstören. Oder wir machen es wie Epikur und freuen uns über ein schlichtes Glas Wasser oder legen uns, wie ein Vorzeitmensch, unter die Blätter eines hohen Farns in den Schatten.

Es gibt Menschen, die das Genießen von alltäglichen Sinnesfreuden in außergewöhnliche Höhen getrieben haben. Der Kunsttheoretiker Filippo Tommaso Marinetti veröffentlichte 1930 ein Manifest mit dem Titel *Die futuristische Küche,* das ein Aufruf zur Revolutionierung des Kochens und Essens im Hinblick auf ein bewusstes Genießen exotischer Reize war. Dazu gehörten Delikatessen wie tiefgefrorene Rosenblüten und technologische Innovationen wie »Ozonisatoren«, die dafür sorgen sollten, dass das Essen nach Ozon roch. Am interessantesten war seine Idee eines »taktilen

Abendessens« zu dem man einen Pyjama aus ungewöhnlichem Stoff tragen sollte (Schwamm, Sandpapier), um eine Speisenfolge aus gekochtem und rohem grünem Gemüse zu essen, ohne dabei die Hände zu benutzen. Außerdem gab es noch einen Gang mit »magischen Speisen«, deren Zutaten unter einer Hülle aus Karamell verborgen waren, sodass man nicht vorhersehen konnte, welchen Geschmack man als Nächstes im Mund haben würde (außer dem Karamell natürlich).

Ich finde das großartig. Auch wenn es einem Lohnsklaven, dessen Zeit knapp ist, etwas aufwendig erscheinen mag. Aber vielleicht können wir uns zumindest vornehmen, nach ungewöhnlichen Sinneserfahrungen zu suchen. Vielleicht können wir uns angewöhnen, eigenartige Momente zu registrieren und zu genießen. Zum Beispiel Gefühle, wie sie sich glücklicherweise ergeben, wenn wir während eines Meetings im Büro plötzlich Rosenblätter in unseren Hosentaschen finden oder uns dabei ertappen, wie wir gebannt in ein Aquarium starren. Das Leben ist ziemlich seltsam, und das ist doch eine gute Sache.

Nachdem wir unser häusliches Leben minimalistisch vereinfacht haben, mit einer reduzierten Küche, einem klar definierten finanziellen Rahmen und der Maßgabe, dass wir lästige Pflichten, für die wir einen Schreibtisch benötigen, am besten am Arbeitsplatz erledigen statt in unserer Freizeit, wird es uns tatsächlich wieder möglich sein, uns einfachen Freuden zuzuwenden oder unserer Neugier nachzugeben. Das Betrachten der Adern auf der Unterseite eines Blattes mag einem sich ständig gehetzt fühlenden Lohnsklaven als Zeitvergeudung vorkommen, aber da es uns dank kluger Organisation gelungen ist, mehr Zeit für uns selbst zu haben, können wir es uns leisten, kindlichen Vergnügungen nachzugehen.

Gelegenheiten dafür gibt es überall. Genau wie bei den Vogelbeobachtern und ihrem *Jizz*, muss man sich nur auf die richtige

Frequenz einstellen, um fündig zu werden. Wir müssen uns nicht mal allzu sehr überschlagen, um freudvolle Zustände in uns zu erzeugen. Wir müssen nicht sofort ein heißes Bad einlassen oder raus in den Park eilen. Es genügt, aufmerksam zu sein und unsere Wahrnehmung zu schärfen. Als ich vorhin eine Pause machte, um mir Tee zu kochen, ging ich zum Waschbecken, um den Teelöffel hineinzulegen. Dabei stellte ich fest, dass dort eine ungespülte, mit Wasser gefüllte Pfanne stand, die ich ganz vergessen hatte. Ich warf den Löffel in die Pfanne, hörte, wie es platschte, und fand das ziemlich lustig. Es war so ein typischer kleiner Glücksmoment, der mir in meinem Lohnsklaven-Dasein noch entgangen wäre. Denn als Lohnsklaven rennen wir viel zu oft zwischen verschiedenen Verpflichtungen hin und her und kapseln uns dadurch vor aufregenden, freudigen Momenten ab.

So muss das aber gar nicht sein. Wir müssen nur wieder ein bisschen wie Bozo der Landstreicher werden und uns die »kostenlose Show« der Sterne anschauen. Auch solche Abenteuer wie das Halbieren einer Tomate, der Geruch einer Buchseite beim Lesen oder das Gefühl von Teppich oder Rasen unter den nackten Fußsohlen gehören dazu. Und schon haben wir uns ein Stück weit davon entfernt, für unsere Arbeit nur mit einer »Tasse Tee und zwei Scheiben Butterbrot« bezahlt zu werden.

Solche Dinge machen die Essenz des Lebens aus. Denn so etwas kann man nicht mehr spüren, wenn man tot ist. Wenn es möglich wäre, nach dem Tod über das Leben nachzudenken, würde man genau das vermissen. Man würde sich nicht danach zurücksehnen, zur Arbeit zu gehen oder sich Sorgen über das Minus auf dem Bankkonto zu machen. Man würde sich danach sehnen, die Hand auszustrecken, um Dinge zu berühren. Deshalb steht der Schädel auf meinem Bücherregal. Er soll mich daran erinnern.

Machen wir ein Experiment. Schauen Sie sich einen Gegenstand an, der sich in Ihrer unmittelbaren Nähe befindet, und versuchen Sie, sich genau vorzustellen, wie er sich anfühlt, aber ohne ihn zu berühren. Wenn Sie das getan haben, wenn Sie sich das Gefühl ausgemalt haben, wie es wohl ist, ihn zu berühren, dann tun Sie es. Es ist nicht genauso, wie Sie es sich ausgemalt haben, stimmt's? Sie waren vielleicht dicht dran, aber im Moment des Berührens ist Ihre ganze schöne Vorstellung verblasst. Der Gegenstand fühlt sich schwerer oder leichter oder glatter an, als Sie es vorausgeahnt haben. Diese Ungleichheit – nennen wir sie, hm, keine Ahnung, Wringhams Lücke? – ist der Unterschied zwischen Wirklichkeit und imaginierter Wirklichkeit. Die meisten Lohnsklaven befinden sich in der Dunstglocke einer imaginierten Wirklichkeit. Sie hegen durchaus den Verdacht, das wirkliche Leben könnte das imaginierte übertreffen, schieben das in ihrem Bewusstsein aber ganz weit nach hinten. Ein Lohnsklave, der sich dem guten Leben verschrieben hat, wird diesen Fehler nicht machen. Wir ermahnen uns, die Dinge zu berühren, zu befühlen, daran zu riechen oder sie zu schmecken, um unserer Neugier möglichst direkt zu folgen auf der Suche nach einfachen, unverpackten und unvermarktbaren Freuden.

Gehirnmassage und die Wichtigkeit von Büchern

Wir haben bereits erwähnt, dass intellektuelle Stimulation (absichtlich oder unabsichtlich) eine Komponente des guten Lebens ist. Denken macht Spaß. Es ist so etwas wie eine Gehirnmassage. Das spürt man besonders, wenn man ein Buch liest, das eine geistige Herausforderung darstellt oder einen dazu zwingt, in ungewohnten Bahnen zu denken: Es ist so, als würde man den Deckel vom eigenen Schädel abheben, ohne dass es wehtut, und einer gut erzogenen Glückskatze erlauben, die Gehirnwindungen durchzukneten. Nein? Na ja, vielleicht geht's ja nur mir so.

Auf jeden Fall gibt es viele Möglichkeiten, den Gehirnkasten zu stimulieren. Eine gute Methode ist Konversation; zum Beispiel in einem Diskussionsklub oder einer Lesegruppe oder einfach nur bei einem Quiz-Abend im Pub. Eine andere Möglichkeit ist der fast unbegrenzte Vorrat an Prosatexten und Analysen, die man auf Websites wie *aeon.co, jacobinmag* oder der des *New Yorker* finden kann. Am besten aber liest man ein gutes Buch. Bücher sind leicht erhältlich, brauchen keinen Akku, kommen ohne Bildschirm aus und erfordern keine besonderen Vorbereitungen oder das Aufsuchen eines bestimmten Orts.

Daher macht es durchaus Sinn, ein paar Bücher zu Hause zu haben; selbst wenn Sie oft in Ihre öffentliche Bibliothek gehen. (Und es ist tatsächlich *Ihre* öffentliche Bibliothek. Vergessen Sie das nicht. Da stehen *Ihre* Bücher, und es kümmert sich *Ihr* Expertenteam um die Bedürfnisse *Ihrer* Community.)

Gut. Aber welche Bücher? Das spielt keine Rolle. Ich halte es für eine gute Idee, sich auf die Maxime von William Morris zu beziehen, der sagte: »Wenn Sie eine goldene Regel aufstellen wollen, die auf alles passt, sollte es diese sein: Bewahrt nichts in euren Häusern auf, von dem ihr nicht sicher wisst, dass es nützlich ist oder dass ihr es schön findet.« Das ist wirklich eine goldene Regel, die auch auf Bücher passt. Nützlich und schön.

»Nützlich« könnte bedeuten, dass es praktische Ratgeber sind. (Beispielsweise solche mit Anleitungen, wie man einen Fahrradreifen flickt oder einen Pudding kocht. Auch wenn diese Art Bücher nicht mehr so nützlich sind wie früher, als es noch kein Internet gab.) Oder Sie haben ein paar Lieblingsbücher, die Sie immer mal wieder zur Hand nehmen, um darin zu lesen, weil dadurch in Ihnen ein bestimmtes Gefühl hervorgerufen wird.

»Schön« könnte bedeuten, dass Sie eine Ausgabe besitzen, die besonders hübsch anzusehen ist (oder zu riechen!) oder ein Buch mit wunderbaren Fotos oder Illustrationen. Die goldene Regel ist durchaus offen für Interpretationen. Und was die Menge der Bücher betrifft, so sollten Sie versuchen, nicht mehr zu besitzen, als ins Bücherregal passen.

Der Sinn des Lesens ist es, unsere Lebensqualität zu erhöhen. Das ist durchaus auch im materiellen Sinn gemeint. Und es trifft auf jeden zu; ist aber besonders wichtig für uns Lohnsklaven, weil es uns ziemlich elend gehen kann, wenn wir verzweifelt versuchen, während eines nutzlosen Meetings nicht einzuschlafen; oder wenn wir angemeckert werden, weil wir mal wieder zu viel Papier bedruckt haben oder sonst was.

Aber Obacht! Mir ist aufgefallen, dass viele Menschen, wenn es ums Lesen geht, drei fundamentalen Fehleinschätzungen auf den Leim gehen:

1. Dass es nämlich beim Lesen eines Buchs darum geht, das eigene Fachwissen zu erhöhen. Das ist der Grund, glaube ich, warum so viele erwachsene Menschen heutzutage ein Problem mit Belletristik haben. Sie sind der Ansicht, dass man dem Ganzen nicht trauen kann, weil es nur um die Story geht, statt um tatsächliche Wirklichkeit. Oder sie meinen, die beschriebene Welt hätte keine Ähnlichkeit mit ihrem Lohnsklaven-Dasein, weshalb sie daraus keinen Nutzen für sich ziehen könnten. Dabei kann man in einem Buch sehr wohl auf interessante Fakten stoßen (zum Beispiel diesen: Hilo ist die viertgrößte Stadt auf dem Archipel von Hawaii – genießen Sie es!). Und man kann sich solche Fakten merken, um eines Tages ein Kneipen-Quiz oder so was zu gewinnen. Bloß sind reine Fakten nicht viel wert, vor allem

nicht in einer Welt, in der wir sie mit einem Fingerwischen auf dem Smartphone aufrufen können. Beim Lesen geht es nicht darum, Schätze zu heben, die einem später von Nutzen sind, und es geht auch nicht darum, Informationen anzusammeln, die man später nachplappern kann. Lesen ist eine besondere Erfahrung, die man *genau in diesem Augenblick* macht und ein Wert an sich; ohne dass es eine Notwendigkeit gäbe, diese Tätigkeit zu rechtfertigen.

2. Die Fehleinschätzung, dass es schon eine Errungenschaft ist, ein Buch im Ganzen zu lesen. Wenn auf der Betoninsel das Thema Lesen angesprochen wurde (vielleicht weil jemand gesehen hatte, dass ich in der Mittagspause ein Buch las, anstatt an die Wand zu starren), wurde oft die Formulierung »geschafft« benutzt. Zum Beispiel hatte jemand »im Spanien-Urlaub einen Stapel Bücher geschafft« oder »ich hab's endlich geschafft, den neuen Paul Auster durchzulesen«. Für mich klang das so, als würden sie das Lesen als eine sportliche Betätigung wie Gewichtheben betrachten. Wie etwas, bei dem sie sich abrackern mussten. Wenn sie also ein Buch zu Ende lasen, bestätigte sie das darin, wie gut sie organisiert waren. Oder sie glaubten, es sei wichtig belesen zu sein und meinten, dafür mindestens dreißig Bücher pro Jahr verschlingen zu müssen. Wobei jedes Buch, das sie »geschafft« hatten, einer Art Jagdtrophäe gleichkam. Das ist alles Quatsch. Es geht nicht darum, ein Buch durchzuackern oder mindestens die Hälfte davon gelesen zu haben. Es kommt auch nicht darauf an, mindestens zehn Bücher oder womöglich hundert pro Jahr gelesen zu haben. Wichtig ist die Erfahrung, die man macht, während man ein Buch liest. Denken Sie nicht darüber nach, wie viele Bücher Sie in der Vergangenheit gelesen haben und wie viele es in der Zukunft sein werden. Sie wer-

den es nie schaffen, alle zu lesen, also macht es keinen Sinn, darüber nachzudenken. Wichtig ist, dass man sich auf das Abenteuer des Lesens einlässt – auf die Gehirnmassage durch die Glückskatze –, während man es tut.

3. Viele Menschen denken auch, dass Lesen eine Form der Realitätsflucht ist. Es ist wirklich schädlich, sich einzubilden, man würde den Schwierigkeiten des Lebens entrinnen können, wenn man ein Buch aufschlägt. Lesen ist ein Teil des Lebens so wie Zähneputzen, einen Drachen steigen lassen, Formulare ausfüllen oder Sex haben. Niemand würde diese Aktivitäten mit Realitätsflucht in Zusammenhang bringen. Das Lesen als etwas zu sehen, das außerhalb des Lebens stattfindet, hält Sie nur davon ab, es als echte Aktivität und damit als etwas wertzuschätzen, das tatsächlich die Lebensqualität erhöht, *während man damit beschäftigt ist*. Es gibt viele verschiedene Möglichkeiten, wie Bücher für Spaß und Freude sorgen. Sie bringen uns dazu zu denken: »Wow, das ist wirklich ein interessanter Gedanke« oder »uah, ist das widerlich« oder sie regen uns zum Lachen an, machen uns krank, ängstigen uns oder geben uns das Gefühl, betrogen worden zu sein – alles in Echtzeit. Das hat nichts mit Realitätsflucht zu tun; *es ist etwas, das Ihnen in Ihrem eigenen Leben passiert ist*. Lesen bedeutet, mit dem Autor in einen Dialog zu treten, über Zeit, Raum, Tod und Wirklichkeit hinweg. Wenn das kein schlagender Beweis dafür ist, dass Lesen sich von allen anderen Formen des Konsums deutlich unterscheidet, verstehe ich die Welt nicht mehr.

Mit all dem will ich sagen, dass das Lesen an sich schon ein Ereignis ist, und zwar im Augenblick des Lesens. Es ist eine wertvolle Erfahrung, die wir in Echtzeit erleben. Wenn Sie das Kitzeln spüren, das eine Feder auf Ihrer Handfläche verursacht, denken Sie doch auch nicht: »Oh, ich muss dieses Gefühl für spätere Zwecke in meinem Kopf speichern« oder »das ist ja wirklich schön, aber ich muss noch so viele weitere Federn durcharbeiten« oder »ah, das ist toll und wirklich viel besser als das ganze beschissene Leben!«

Bevor wir im *Belle Ombre* unsere Bücher ins Regal stellten, hatte dieses Zimmer leicht gehallt. Es gab offensichtlich nicht genug Einrichtungsgegenstände mit weicher Oberfläche, um die Geräusche zu absorbieren. Aber kaum waren die Bücher eingeordnet, war der Hall verschwunden. Das ist doch fast schon eine Metapher, oder? Genauso leer wie es in einem alten Zimmer hallt, wenn sich keine Bücher darin befinden, hallt es auch im Leben, wenn man nicht liest.

Ein Musikinstrument

An einem Januartag in meiner Zeit auf der Betoninsel, als ich mich offenbar danach sehnte, die Dunkelheit zu verbannen, oder vielleicht auch, um mich von meinen Terminen abzulenken, kaufte ich mir eine Geige. Ich bekam sie für zwanzig Pfund bei eBay und sie wurde im Geigenkoffer geliefert, mit Bogen, ein paar Noten und Pflegeöl für die Mechanik. Sie war von einer Mutter ins Netz gestellt worden, deren Tochter die Disziplin und letztlich das Interesse gefehlt hatten. »Kann jedem so gehen«, dachte ich. »Womöglich probiere ich es aus, scheitere und verliere das Interesse genau wie sie. Gut möglich, dass das Instrument schon bald wieder auf eBay angeboten wird.«

Ehrlich gesagt hatte ich überhaupt keine Lust, Geige spielen zu lernen. Ich wollte einfach nur Geräusche machen; mir im Hausmantel die Stradivari unters Kinn schieben und sie im Stil von

Sherlock Holmes traktieren. Es musste ja niemand von letzterem Detail erfahren. Es wäre mein Geheimnis.

»Ich habe eine Geige gekauft«, sagte ich zu Samara, nachdem mein Telefon einen Ton von sich gegeben hatte, der mir mitteilte, dass die PayPal-Transaktion durchgeführt worden war.

»Oh«, sagte sie, »damit du ein bisschen Sherlock Holmes spielen kannst?«

»Nein«, sagte ich.

Eben doch. Aber vor allem ging es darum, Spaß damit zu haben; ganz zweckfrei und ohne Fernsehen oder YouTube. Ich würde wie ein richtiger Bohemien aussehen! Die Noten wollte ich mir erst gar nicht ansehen. Höchstens, um die Schönheit dieses mir völlig rätselhaften Musters aus Tintenklecksen zu bewundern. Ansonsten wollte ich einfach nur auf der Chaiselongue liegen, den Bogen auf die Saiten legen und ausprobieren, was dann passiert.

Schauderhafte Geräusche passierten. Grauenhafte, tolle Geräusche. Daran ist nichts falsch. Es macht großen Spaß, ein Instrument ganz naiv zu »spielen«, ohne die geringste Absicht, es zu beherrschen oder zu erlernen. Oft wird ja gesagt, dass die Technik in der Malerei seit Erfindung der Fotografie keine Rolle mehr spielen würde, weil sie nicht mehr die Voraussetzung für die Herstellung eines Kunstwerks ist. Aber man hört praktisch nie etwas darüber, dass die musikalischen Kenntnisse seit der Erfindung des Synthesizers (oder eigentlich schon seit Erfindung der Tonaufzeichnung) überflüssig geworden seien. Sogar die Punks legten noch Wert auf ihre drei Akkorde. Ich weiß nicht mal, was ein Akkord ist, weshalb ich mit meiner bescheuerten Violine der wahre König der zeitgenössischen Musik bin.

Eines Nachtmittags bemerkte ich während eines Spaziergangs einen Spatz, der auf einem Metallgeländer saß. Das Geländer war aus Rohren gebaut, und ich hatte den Eindruck, dass der Spatz dort saß, um den Hohlraum in den Rohren als Verstärker für sein Tschilpen zu nutzen. Auch er hatte keine musikalische Ausbildung hinter sich. Er erfreute sich einfach an den Vibrationen oder daran, dass er jede Menge Lärm verursachte. Lasst uns alle kleine Spatzen sein, die einen Höllenlärm hervorbringen.

Als Teenager wünschte ich mir ein Altsaxofon zum Geburtstag (und bekam es zu meiner großen Überraschung auch). Ich hatte mir ziemlich blauäugig vorgestellt, dass ich das Saxofonspielen lernen könnte, obwohl ich schon jede Menge anderer Sachen zu tun hatte: lernen für die Prüfungen, jobben am Samstag, nachdenken darüber, wie ich Schriftsteller werden könnte, die Beziehung zu meiner Freundin pflegen und (das war ehrlich gesagt das Wichtigste) stundenlang *Raumschiff Enterprise – Das nächste Jahrhundert* anschauen. Ein Eintrag in meinem Tagebuch von damals dokumentiert peinlicherweise meine Ambitionen bezüglich des Saxofonspielens: Ich wollte »so werden« wie Grover Washington, Jr., ein Musiker, von dem ich damals wohl sehr beeindruckt war, dessen Musik ich mir als Erwachsener aber kaum jemals mehr angehört habe.

Wie sich herausstellte (es war vorhersehbar gewesen), stand das Saxofon in meinem Zimmer herum und staubte allmählich ein, bis ich mit Anfang zwanzig den Minimalismus entdeckte und das Instrument mit Schamröte im Gesicht für zweihundertfünfzig Pfund verkaufte. Womit ich dem traurigen Schicksal dieses Geräts ein Ende bereitete, das schon lange kein Musikinstrument mehr war, sondern eine Messingskulptur, die meine Überheblichkeit, Faulheit und mein fehlendes musikalisches Talent dokumentierte. Ich hatte die falsche Einstellung zu meinem Saxofon gehabt. Es war aus Eitelkeit und Selbstüberschätzung angeschafft worden. Die Geige jedoch war einfach nur ein Ding, mit dem ich lauter Blödsinn veranstalten konnte. Großartig.

Auch wenn ich keine Ahnung habe, wie man das Ding spielt, hole ich manchmal tief Luft und lege los, als wollte ich das Titelthema von *The South Bank Show*[45] aus ihm rausprügeln, aber es kommt dabei nur Unfug zustande. Manchmal gelingt es mir, so zu tun, als könnte ich das Thema von South Bank wirklich spielen, und dann ist die selbst gemachte Enttäuschung natürlich urkomisch. Es ist wie in einem Slapstick-Gag, wenn man in einem perfekt sitzenden Frack die Treppe hinunterfällt, ohne sich auch nur im Mindesten wehzutun. Bei anderen Gelegenheiten fange ich langsam an; mit so einer Art romantischer Sehnsucht im Gemüt, als müsste ich einem frisch verheirateten Ehepaar in einem italienischen Restaurant ein Ständchen bringen. Manchmal gelingt es mir, Klänge zu erzeugen, die beinahe als Musik durchgehen könnten – aber nur für wenige Sekunden. Dann kommt sofort meine Frau hereingerannt und ruft: »Scheiße, was war *das* denn?«

Versuchen Sie es selbst. Es spielt keine Rolle, wie beschissen wir so ein Instrument spielen. Es soll bloß Spaß machen. Wenn es mir gelingt, das Miauen einer Katze nachzumachen, muss ich lachen. Das ist eine Möglichkeit, etwas zum Universum der Musik – na gut, der Klänge – beizutragen, das nicht kommerziell produziert wurde von irgendwelchen Profis, zu denen wir überhaupt keine Beziehung haben. Genau hier liegt doch der Ursprung der Folk Music: in einem Raum Klang zu produzieren. Wir brauchen keinen Druck, der uns während peinlicher und teurer Unterrichtsstunden aufgezwungen wird. Wir haben keine Lust, mit schiefem Blick in ein Lehrbuch zu starren, in der Hoffnung, eines Tages, also in ungefähr zehn bis zwanzig Jahren, in der Lage zu sein, »Häns-

---

45 Auf Google wird mir mitgeteilt, dass dieses Stück den Titel »Variations« trägt und 1977 von Andrew Lloyd Webber für seinen Bruder Julian, den Cellisten, komponiert wurde und auf einem Thema von Paganinis »Capriccio 24« basiert. Ich habe keine Ahnung, was das alles heißen soll.

chen klein« zu spielen. Scheiß doch auf das alles. Lasst uns einfach Geräusche machen. Denn morgen früh müssen wir wieder zur Arbeit gehen.

Merkwürdigerweise hat sich nie einer der Nachbarn beschwert. Einmal trafen wir auf einer Party eine Geigerin, die im Glasgow Symphony Orchestra spielte. »Das ist ja interessant«, sagte ich. »Ich spiele nämlich auch Geige.« Es dauerte ziemlich lange, bis ich meine Frau wiederbelebt hatte.

Als ich das Saxofon hatte, zeigte ich es einmal meinem Großvater, der mir wehmütig gestand, dass er vorher noch nie ein Musikinstrument angefasst hatte. Er schien das wirklich zu bedauern. »Aber du hast doch deine Maultrommel«, tröstete ich ihn. Woraufhin er mir einen vernichtenden Blick zuwarf, mit dem er sagen wollte: »Jetzt red mal keinen Quatsch.« So ein kleines Gerät, das man in der Tasche mit sich herumträgt, konnte man nicht mit einem golden schimmernden Blasinstrument vergleichen.

Meine gebrauchte Geige ist da ein ganz guter Kompromiss. Sie ist weder irgendein neu erfundenes Quatsch-Gerät, das jede Inspiration tötet, noch ein einschüchterndes Profi-Teil. Wenn man Saxofon spielen will, muss man erst mal aufstehen. Eine Geige kann man auch im Liegen traktieren.

Ich sage das nur, weil ich meine, dass es in jeder Wohnung ein Musikinstrument geben sollte. Selbst eine Maultrommel – oder eine Mundharmonika oder ein Stylophone[46] – ist besser als gar nichts. Und falls (oder wenn) es Ihnen nicht gelingt, dieses Gerät zu spielen, oder Ihnen die Lust dazu abhandengekommen ist oder Sie kein Sherlock Holmes (oder Grover Washington, Jr.) mehr sein wollen, können Sie das Gerät via eBay wieder in das »Große Mate-

---

46 Ein billiges Mini-Keyboard aus den späten Sechzigerjahren, das mit einem Kontaktstift gespielt wird. (d. Red.)

rialienkontinuum« zurückgeben. Wenig verloren. Viel gewonnen. Kreativ sein, albern sein, faulenzen; ganz akustisch und ohne Ecken und Kanten, an denen man sich wehtun könnte. Es ist so eine Art weiche Spielzone für Erwachsene.

Faulenzen für Fortgeschrittene

Wenn man die Absicht hat zu faulenzen, sollte man es aus ganzem Herzen tun. Einen der Produktivität zugedachten Tag zu verlieren, weil man dann doch nichts tut, ist besser, als wenn man einen freien Tag damit verdirbt, »wenigstens ein kleines bisschen« produktiv sein zu wollen. Wenn man sich erschöpft zu Hause auf dem Sofa fläzt, erliegt man zum Beispiel schnell der Versuchung, berufliche E-Mails zu checken, einfach um zu sehen, ob es vielleicht eine Kleinigkeit zu erledigen gibt oder ob man irgendwas findet, was man im Hinterkopf vor sich hinwälzen kann. Das ist falsches und uneffektives Faulenzen! Ich wiederhole noch mal: Wenn man die Absicht hat zu faulenzen, sollte man es aus ganzem Herzen tun.

Der Grund, warum wir unsere Freizeit immer wieder dadurch verderben, dass wir produktiv sein wollen, sind Schuldgefühle. Wir fühlen uns schuldig, wenn wir nichts tun, weil wir das Gefühl haben, dass wir wenigstens *irgendwas* tun sollten – obwohl ja die freie Zeit, die wir unseren Terminen abgerungen haben, genau dem Zweck des Nichtstuns dienen soll. Es handelt sich also nicht um eine Schuld, die sich ganz natürlich aus unserem moralischen Kompass heraus ergibt, sondern um eine künstlich erzeugte, die uns von den Autoritäten eingebläut wurde. »Na, na, na«, sagt unser innerer Polizist mit erhobenem Zeigefinger: »Ein Griff zur rechten Zeit erspart viel Müh und Leid«. Oder: »Müßiggang ist aller Laster Anfang!« Selbst wenn uns diese Schuldgefühle nicht absichtlich eingepflanzt wurden, kommen sie doch diesen superegoistischen Typen zupass, die ständig von uns verlangen, lieber etwas zu tun – egal was! –, als in den Tag hineinzuleben.

Wenn wir richtig faulenzen wollen, müssen diese Schuldgefühle ausgemerzt werden. Normalerweise schaffe ich das, indem ich »Lazy Bones« von Louis Armstrong auflege, ein Stück, das mich in einen angenehmen, sanften Zustand versetzt, von dem ich mir vorstelle, dass Nilpferde ihn erreichen, wenn sie sich in den kühlen Schlamm sinken lassen. In diesem Moment ist der innere Polizist außer Dienst gestellt.

Das Schuldgefühl kann man auch gut loswerden, indem man für sich selbst klare Grenzen zieht und sich bewusst macht, dass die Arbeit nur während der Arbeitszeit stattfindet. Sollte dennoch die Situation entstehen, dass man außerhalb der Arbeitszeit schuftet, sollte man diese überzähligen Stunden sofort am nächsten Tag von der Arbeitszeit abziehen. Auf diese Weise gelingt es uns, automatische Anweisungen an uns selbst zu etablieren, zu denen wir ohne Wenn und Aber zurückkehren können – in unserem ureigensten Interesse.

Eine einfache Regel wie »Die Arbeitszeit endet um siebzehn Uhr« kann so zur persönlichen Richtschnur werden und damit zur bereits vorab festgelegten Erlaubnis zum Faulenzen. Falls Sie das Bedürfnis verspüren, am Sonntag Ihre beruflichen Mails zu checken oder bis spät abends im Büro zu bleiben, obwohl niemand Sie dazu aufgefordert hat, müssen Sie einfach nur überprüfen, ob dies mit Ihrer selbst aufgestellten Regel zusammenpasst. Dann müssen Sie sich in diesem Augenblick auch gar nicht mehr rechtfertigen, denn die Entscheidung wurde ja schon getroffen, als Sie die Regel aufgestellt haben. Also ist es Zeit, zu faulenzen oder in eine Position zu wechseln, die dem Faulenzen zuträglich ist. Das hat unmittelbar den Effekt, dass Ihre Schuldgefühle verschwinden, denn diese resultieren ja aus dem Gedanken, dass man etwas, das man eigentlich tun sollte, aus irgendeinem Grund nicht tut.

Es hilft auch, sich daran zu erinnern, dass all diese geschäftig tuenden Typen einfach bloß Arschlöcher sind. Stattdessen kann man sich in diese Person hineinversetzen, die Louis Armstrong in »Lazy Bones« beschreibt: In jemanden, der den ganzen Tag nichts tut – aber der dennoch ziemlich liebenswert ist (und in seiner Faulheit zumindest nicht unmoralisch handelt).

Immer noch Schuldgefühle? Dann hilft es vielleicht, sich eine größtenteils automatisch zu erledigende Tätigkeit vorzunehmen und herumzubummeln, während man sie erledigt. Stellen Sie die Waschmaschine auf den längsten Waschzyklus ein. Setzen Sie den größten Topf mit Kartoffeln zum Kochen auf den Herd. Die können dann gemütlich vor sich hin köcheln, während Sie ein unterhaltsames Buch zur Hand nehmen oder Kunstdrucke durchblättern. Und Sie können sicher sein, dass Sie zwar faulenzen, dass aber gleichzeitig etwas Wichtiges erledigt wird. Und schon ist Ihr Schuldgefühl besänftigt.

Man kann es aber auch ganz anders sehen. Die meisten wichtigen Dinge geschehen ja ohnehin ohne Sie. Denken Sie bloß mal an Ihre »Mitarbeiter«. Ihre Bibliothekare sind vor Ort und kümmern sich um die Bücher Ihrer Community. Ihre Kumpels von der Müllabfuhr sind auch ständig unterwegs, um Ihren Abfall einzusammeln …

Eine andere Gefahr für gutes Faulenzen ist, keine Zeit dafür zu haben. Das passiert entweder, wenn wir dem Faulenzen nicht genügend Priorität eingeräumt haben, weil wir fälschlicherweise annehmen, etwas anderes wäre wichtiger, oder weil wir generell unorganisiert sind. Nehmen Sie sich Zeit zum Nichtstun, und bleiben Sie dabei; das ist mein Vorschlag.

Eine tolle Tageszeit zum Faulenzen ist der Moment des Aufwachens. Erst mal entspannen! Stehen Sie nicht gleich auf, wenn Sie aufwachen. Putzen Sie sich nicht gleich die Zähne oder machen Sie nicht gleich das Frühstück. Oder, schlimmer noch, sehen Sie sich nicht gezwungen, »gleich durchzustarten«. Bleiben Sie erst mal liegen. Erfreuen Sie sich an der Ruhe und der Dunkelheit und der Wärme der Matratze. Wackeln Sie mit den Zehen und spüren Sie, wie die Bettdecke sich bauscht und über Ihre Füße gleitet. Es ist ein Moment zum Nachdenken und Entspannen. Erhalten Sie sich diesen Moment. Er ist heilig.

Aus vollem Herzen faulenzen kann man meiner Ansicht nach am besten halb liegend auf einem Sofa, einer Chaiselongue oder im Bett – in einer Position, wo die Füße höher oder zumindest nicht niedriger liegen als der Kopf. Ich empfehle dazu eine leichte Lektüre (idealerweise einige Bücher mit humoristischen Essays, Kurzgeschichten oder Gedichten, Fotobände oder Comics, die man lethargisch durchblättern kann), außerdem ein Glas kaltes Wasser und einen charismatischen Snack. Für mich sind Pistazien die erste Wahl, wenn es darum geht, einen Snack fürs Faulenzen zu haben. Zum einen weil sie so lecker sind, zum anderen weil es eine angenehm müßige Tätigkeit ist, die Schalen abzupulen. Außerdem ist ihr Kern grün, und das ist die göttlichste aller Farben, die deutlich hilft, die eigene Seele zu besänftigen.

Bequeme häusliche Kleidung – idealerweise ein weicher Baumwollpyjama – ist außerdem wichtig. Achten Sie darauf, einen Überwurf oder eine leichte Decke in der Nähe zu haben, falls Ihnen kalt wird. (Meine Decke hat ein gedrucktes Muster von Ray Eames und ist eigentlich ein Poncho.)

Meiden Sie auch hier alles, was einen Bildschirm hat, also Fernseher, Laptops, Smartphones und E-Book-Reader, denn das blaue Licht, das diese Geräte aussenden, macht jede Möglichkeit der Entspannung zunichte. Vor allem das Smartphone sollte weit entfernt sein, damit Sie nicht mal kurz berufliche Mails checken oder

Angst fördernde Nachrichten lesen. Noch dazu sorgt dieses Gerät für eine unerwünscht fragmentierte Art und Weise des Denkens. Man wechselt ständig zwischen verschiedenen Apps hin und her, zieht jede Aktion bis zur Erschöpfung durch, nur um dann den ganzen Kreislauf wieder von vorn zu beginnen. Solche Geräte gehören nicht in das Umfeld des Faulenzens und werden eines Tages zweifellos den »Vergessenen Werken«[47] zugeordnet werden, weshalb man sich gar nicht erst an sie gewöhnen sollte.

Das Radio ist eine nette Möglichkeit, das Faulenzen zu verbessern; aber es sollte leise gestellt sein und im Hintergrund laufen. Wortbeiträge sind gut, aber ich empfehle dringend, Nachrichtensendungen oder Diskussionen über aktuelle politische Themen zu meiden. Musik ist besser. Es ist ideal, wenn man eine eigene Musiksammlung hat, aber es hat schon was, wenn man das Radio einschaltet und den DJ die Arbeit des Heraussuchens des nächsten Musikstücks erledigen lässt.

Wer ein fortgeschrittenes Niveau des Faulenzens erreicht hat, wird sich Zeit und Raum schaffen für besonders ausgiebige Formen des Müßiggangs. Ich fliege manchmal in eine europäische Großstadt (für welche auch immer ich einen Billigflug ergattern konnte) mit der einzigen Absicht, dort spät aufzustehen, einen Boulevard entlangzuschlendern und mir einen angenehmen Ort fürs Frühstück auszusuchen. Anschließend schlendere ich durch ein Kunstmuseum, ohne die geringste Intention, mich zu beeilen oder gar »alles sehen« zu wollen. Können Sie sich vorstellen, wie viel Stress man hervorruft, wenn man der Idee verfällt, »alles sehen« zu müssen? Es ist ein großer Vorteil, an einen Ort zu reisen, den man gerade preiswert erreichen kann: Man hat nicht das Gefühl, dort so viel wie möglich für sein Geld kriegen zu müssen. Wer –

---

47 Siehe hierzu Richard Brautigans Buch *In Wassermelonen Zucker*.

aus durchaus verständlichen Gründen – keine Lust hat zu reisen, kann zum Beispiel Angeln gehen oder ins Kino …

Das Reisen, auch wenn es uns die schönsten Erlebnisse beschert, ist kein Ersatz für gepflegten Müßiggang. Man sollte nicht darauf angewiesen sein zu flüchten, um faulenzen zu können, sondern das ganze Alltagsleben darauf ausrichten. Alle Wege sollten in den Müßiggang führen, selbst wenn wir gezwungen sind, ihn um unseren Lohnsklaven-Job herum zu organisieren.

Um sich absichtlich tief in das Nichtstun zu versenken, sollte man sich eine gute Faulenzer-Ausrüstung zulegen. Das dürfen Sie allerdings nicht mit zu viel Vehemenz verfolgen, und auch erst dann, wenn Sie Ihre Schuldgefühle bezüglich der Arbeit überwunden und sich voll und ganz dem Müßiggang verschrieben haben. Ja, ich empfehle Ihnen dringend, sich eine Chaiselongue anzuschaffen.

Ich bemühe mich, möglichst oft auf diesem Möbelstück zu faulenzen. Meine Frau hat es sich gekauft, bevor wir uns kennenlernten, und nicht zuletzt deswegen wusste ich, dass sie die Richtige für mich war. Jetzt können Sie bestimmt verstehen, warum ich einverstanden war, den Kampf um das Visum aufzunehmen: Es ging nicht nur darum, für eine Dame in den Kampf zu ziehen, sondern auch für eine Chaiselongue.

Dieses Möbel sieht bei uns nicht so aus wie klassische Chaiselongues in herrschaftlichen Dramen. Es hat auf jeder Seite eine Armlehne. Das hat den Vorteil, dass man die Füße hochlegen kann, anstatt sie auf der einen Seite apathisch herunterhängen zu lassen. Das Problem bei einer Chaiselongue ist, dass dieses Herunterhängen das Blut in die Füße laufen lässt, wo man es aber nicht gebrauchen kann, weil es einen zur Tätigkeit drängt. Wenn die Füße hoch liegen, läuft das Blut direkt in den Hintern, was einen zur *Un*tätigkeit drängt. Und darum geht es ja, wenn man es sich bequem macht. Unsere Chaiselongue ist grün. Genauer gesagt ist sie sogar chartreuse-grün und erinnert damit auf angenehme Weise an den berühmten Likör. Sie steht in einer Ecke nicht weit entfernt vom Bücherregal. (»Mit all den Worten, die ich heute nicht unbedingt lesen muss«, denke ich manchmal, ganz im Sinne des englischen Humoristen Jerome K. Jerome, der einmal schrieb: »Ich mag Arbeit. Sie fasziniert mich. Ich kann stundenlang dabeisitzen und zuschauen.«) Die Palme neigt sich darüber wie ein Schirm.

Wenn man bedenkt, dass wir uns dem Minimalismus verschrieben haben, weil wir mobil bleiben wollen, war es schon ein Akt des reinen Wahnsinns, dieses lächerliche Teil von Montreal aus auf einem Schiff über den Sankt-Lorenz-Strom an die Atlantikküste und dann über den Ozean zu schaffen. Als unsere kanadische Freundin Shanti uns in Glasgow besuchte, traute sie ihren Augen nicht: »Die Chartreuse-Couch!«, sagte sie schließlich und bemerkte den Wahnsinn in unseren Augen, der uns dazu gebracht hatte, ein solches Unternehmen im Namen des Nichtstuns in die Wege zu leiten.

Tatsächlich findet unser ganzes Leben rund um diese Chaiselongue statt. Wenn mir eine Arbeit angeboten wird, rechne ich aus, wie weit und wie lange ich mich deswegen von meiner Chaiselongue entfernten muss. Apropos: Von diesem Himmel des Müßiggangs aus darf keinerlei Arbeit erledigt werden.

Falls Sie sich für Ihr Faulsein tragischerweise immer noch schuldig fühlen, ziehen Sie bitte in Erwägung, den folgenden Ausspruch Jeromes an die Wand zu malen oder als Tattoo auf Ihrer Haut verewigen zu lassen: »Es ist unmöglich, gut zu faulenzen, außer man hat viel zu tun. Es macht keinen Spaß, nichts zu tun, wenn man nichts zu tun hat. Dann ist das Zeitverschwenden nur eine weitere

Tätigkeit, noch dazu eine sehr erschöpfende. Das Faulenzen ist süß und muss, wie ein Kuss, gestohlen werden.«

Kreative Fähigkeiten entwickeln

Es ist überaus wichtig, eigene kreative Fähigkeiten zu entwickeln. Schon ganz bescheidene Bemühungen können helfen, den Geist zu wappnen gegen die tyrannischen Mächte der Arbeit und des Konsums. Daher sollte Ihre kreative Praxis nicht übermäßig abhängig sein von Arbeit oder Konsum. Es würde zum Beispiel nichts bringen, von regelmäßigen Einkaufstouren zum Erwerb von Geräten oder Material abhängig zu sein. Deshalb erlebte im Großbritannien der Neunzigerjahre die Stand-up-Comedy wahrscheinlich einen solchen Boom: Weil man nichts weiter dafür brauchte als Fantasie und irgendwelche Klamotten, um zehn Minuten auf der Bühne zu stehen. Mikrofon und Publikum wurden vom Auftrittsort bereitgestellt. Stand-up wurde manchmal als »der neue Rock'n'Roll« bezeichnet, aber es war wohl eher so was wie der neue Punkrock, wo ja erklärt wurde, man müsse bloß drei Akkorde beherrschen, um eine Band gründen zu können.

Das Schreiben wiederum kann eine kreative Tätigkeit sein, die *ganz* ohne Konsum auskommt. Man braucht nur einen Computer, der einem Lohnsklaven in der Regel sowieso zur Verfügung steht.[48] Ich rate Ihnen, immer postmaterialistisch zu denken und sich vom Einkaufen so weit wie möglich unabhängig zu machen.

---

48 Falls Sie sich wirklich keinen Computer leisten können (für zweihundertvierzig Pfund gibt es schon einen neuen von passabler Qualität, oder man kann sich auf eBay ein restauriertes Gerät für hundertzwanzig Pfund besorgen), dann kommen Sie vielleicht erst mal mit einem Notizbuch und einem Bleistift aus und können sich die Zeit fürs Abtippen hinterher im Büro mopsen.

Kreative Arbeit sollte etwas sein, das wir lieben, weshalb wir es strikt trennen sollten von dem, was wir normalerweise als »Arbeit« betrachten. Die praktische Umsetzung mag manchmal schwierig sein – wenn man zum Beispiel Schals stricken will, sollte man zuerst das Handwerk des Strickens erlernen, was mitunter frustrierend sein kann –, aber das bedeutet ja nicht, dass sie langweilig ist oder in die Kategorie »absolut nervtötend« fällt. Frust gibt es schon im Büro. Wie es anders geht, sei hier kurz erläutert:

1. **Sehen Sie Ihre kreative Tätigkeit von Anfang an als »etwas wirklich Schöpferisches« an.** Betrachten Sie sie nicht als »Zubrot« (eine Gelegenheit, zusätzlich Geld zu verdienen – Sie verdienen ja als Lohnsklave schon genug) oder als bloßes Hobby. Gegen ein Hobby ist grundsätzlich nichts einzuwenden – wir sind zufrieden damit, Amateure und Dilettanten zu sein –, aber eine »kreative Tätigkeit« hebt das, was wir einfach so aus Spaß tun, auf eine höhere Stufe, nämlich auf die der *Kunst*. Das hat nichts mit Angeberei zu tun, sondern mit Ehrgeiz. Eine »kreative Praxis« beinhaltet genau wie bei einer Arztpraxis oder einer professionellen künstlerischen Tätigkeit, dass man eine Art Grenze zieht, innerhalb derer es eine Schutzzone gibt. Darin finden wir Raum und Zeit, Anregungen und Ruhe, um unserer Tätigkeit jenseits der Geschäftigkeit der banalen Alltagswelt nachgehen zu können.
2. **Fangen Sie klein an.** Man kann sich leicht von einem gutartigen Größenwahn dazu verführen lassen, sich selbst als den Großmeister irgendeiner handwerklichen oder künstlerischen Tätigkeit zu betrachten, obwohl man gerade erst anfängt. Besser fangen Sie erst mal mit einem Notizbuch an. Kritzeln Sie was rein, sammeln Sie Ideen. Zeichnen Sie ein Diagramm, auf dem Ihre kreative Tätigkeit als riesige Ma-

schine mit herein- und herausführenden Rohren und verschiedenen Fertigungsabteilungen zu sehen ist.[49] Schneiden Sie Bilder aus Zeitschriften aus und kleben Sie sie in Ihr Notizbuch und erstellen Sie auf diese Weise etwas, das Modedesigner *Moodboard* (»Stimmungstafel«) nennen. Oder zeichnen Sie die Bilder ab. Vielleicht haben Sie ja auch Lust, ein künstlerisches Statement zu verfassen, wie es professionelle Künstler tun, wenn sie verdeutlichen wollen, was sie mit ihrer Arbeit erreichen wollen. Gehen Sie aber bloß nicht in die Falle des Imitierens sinnloser »Kunst-Exkurse«. Manche dieser professionellen Künstler benutzen – wie Labortauben, die gelernt haben, am Futterautomaten bestimmte Kombinationen zu picken, um an ihre Körner zu kommen – bestimmte Worte und Phrasen, um die Jurys, die öffentliche Gelder verteilen, zu manipulieren – aber befremden dabei den Rest der Welt.

3. **Umgeben Sie sich mit kreativen Menschen,** vor allem solchen, die Dinge können, die Sie nicht beherrschen und die Sie auch gar nicht lernen wollen. Wenn Sie zum Beispiel Collagen anfertigen wollen, aber nicht fotografieren können oder wollen, dann ist es nützlich, mit einem Fotografen befreundet zu sein. Ich bin froh, dass ich Neil (der Websites bauen kann), Samara (die zeichnen kann), Reggie (der Musik machen kann) und Tim (der mir Schriftsetzen beigebracht hat) kennengelernt habe. Als wir zusammenkamen, waren wir alle noch Vollzeit-Lohnsklaven. Ein wichtiger

---

49 Meine eigene »Produktionsfirma« bestand viele Jahre lang aus einem gekritzelten Zeigerdiagramm, auf dem verschiedene Projekte von einem Mittelpunkt ausstrahlten. Total simpel, aber genau das war die Software, auf deren Basis ich funktionierte, wie ein Golem, in dessen Kopf sich eine Schriftrolle befindet, auf dem das Wort *EMET* (»Wahrheit«) geschrieben steht.

Punkt in diesem Zusammenhang ist, dass wir uns nicht über irgendwelche Netzwerke kennenlernten, wo sich Leute mit bestimmten Ideen zusammenfinden, um eine Firma zu gründen. Unsere Zusammenarbeit ergab sich aus unserer Freundschaft. Diese Art von disziplinübergreifender Zusammenarbeit (und dass sie in Bezug auf die bereits existierenden Beziehungen zweitrangig ist) wird merkwürdigerweise in Büchern zum Thema »Wie werde ich ein kreativer Mensch« nicht behandelt. Es wird oft behauptet, Schriftsteller sollten sich bemühen, andere Schriftsteller zu treffen. »Wir laden zu einer Abendveranstaltung ein, auf der Schriftsteller sich treffen.« Warum? Damit sie neidisch aufeinander werden und das Treffen der Anfang einer lebenslangen Konkurrenz wird? Schriftsteller sollten Webdesigner, Illustratoren und – idealerweise – Verleger kennenlernen. Vor allem will man doch intelligente, witzige Leute treffen. Die werden auf jeden Fall ein paar interessante Ansichten oder Buchtipps haben, die Ihr Leben womöglich komplett verändern.

4. **Schützen Sie Ihre kreative Zeit.** Meiden Sie nutzlose, zeitraubende Tätigkeiten – Einkaufen, Besorgungen machen, Online-Banking, E-Mail-Korrespondenz – wie die Pest; als wären es Zombies, die Ihre wunderschöne maurische Burg belagern. Nutzen Sie die Vorschläge zur Arbeitsreduzierung im zweiten Kapitel, um sich anregen zu lassen, und nutzen Sie Ihre Zeit am Arbeitsplatz, um Ihre eigenen Dinge zu erledigen und nach Feierabend mehr Zeit für anderes zu haben.

5. **Stellen Sie ein Leuchtfeuer auf.** Es wird Zeit, dass ich mit Ihnen meine Leuchtfeuer-Theorie des Erfolgs teile. Wenn man erfolgreich sein will, indem man sich mit den richtigen Leuten zusammentut, sollte man ihnen nicht nachjagen wie

der fetten Beute. Sie können diese Leute nicht erlegen, die Kreativität aus ihnen heraussaugen und diese dann für Ihr eigenes Überleben im Dschungel nutzen. Nein, besser ist es, *ihre Aufmerksamkeit auf sich zu ziehen,* indem man ein Leuchtfeuer aufstellt, dessen Licht eine bestimmte Wellenlänge hat. Es ist ein bisschen so, als würde man eine Leuchtkugel abschießen, aber eine besondere, deren Phosphoreszenz nur von bestimmten Augen wahrgenommen werden kann.[50] Als mir zum Beispiel klar geworden war, dass ich Menschen mit einem bestimmten Sinn für Humor suche, die außerdem zu spielerischer Unproduktivität neigen, verfasste ich einen Blog in einem bestimmten Ton und wartete ab, welche Leute im Kommentarbereich auftauchen würden. Als ich es darauf anlegte, dass meine Zeitschrift von Menschen gelesen würde, die ihren Job hassten, sah ich zu, dass die Phrase »Ich hasse meinen Job« möglichst oft in den Metadaten der Website auftauchte, damit sie gleich gefunden wurde, wenn jemand im Büro am Arbeitsplatz diesen Satz googelte. »Man muss für das richtige Umfeld sorgen, dann kommen sie auch«, will ich damit sagen. Das Leuchtfeuer-Prinzip hat den Vorteil, dass man dezent auf sich aufmerksam macht und niemanden abschreckt. Man muss allerdings die richtige Frequenz wählen, sonst hat man eines Tages lauter kleine enthusiastische Chihuahuas um sich herumhüpfen.

---

50 Aus irgendeinem Grund habe ich diese Leuchtfeuer-Theorie immer aus der Perspektive eines Verbannten (auf der Betoninsel beispielsweise) betrachtet, der einen Ballon steigen lässt. Einen riesigen Wetterballon, an dem ein kleines Funkgerät hängt, das einen SOS-Ruf in einem nicht-standardisierten Morsecode absetzt, der nur von sehr exzentrischen und besonders aufmerksamen Menschen verstanden werden kann.

6. **Bauen Sie eine Website für Ihre kreative Tätigkeit.** Auf diese Weise kann man Sie finden. Ihr Internetauftritt übernimmt die Funktion des Leuchtfeuers. Wenn Sie ihn immer aktuell halten, werden dort auch die Fortschritte, die Sie machen, dokumentiert. Das spornt Sie zu neuen Taten an, denn Sie können zum Beispiel im Archiv Ihrer Website alte Werke herauskramen und sehen, welche Fortschritte Sie gemacht oder wie viele Skulpturen Sie hergestellt und wie Sie sich stilistisch entwickelt haben. Passen Sie allerdings auf, dass der Inhalt Ihrer Website die Ziele und Wertvorstellungen Ihres Arbeitgebers nicht zu stark kritisiert. Wenn doch, verstecken Sie sich am besten hinter einem Pseudonym, das Ihr Arbeitgeber nicht googeln kann. Alternativ dazu können Sie auch, wenn Sie keine Online-Präsenz wollen, ein Tagebuch führen, in das Sie Fotos integrieren oder auch das Werk selbst, um es im kleinen Kreis zu präsentieren.

7. **Warten Sie ab, bis Sie wirklich etwas vorzuweisen haben, bevor Sie an die Öffentlichkeit gehen.** Es gibt einen Unterschied zwischen der tiefen Überzeugung, die eigenen Werke in vollendeter Form präsentieren zu können, und dem voreiligen Drang, dem Publikum irgendeinen zusammengeschluderten Blödsinn zu servieren. Nehmen Sie sich genug Zeit, um alles gut zu machen, damit Sie auf Ihre Werke stolz sein können. Es gibt keinen Grund zur Eile. Es schwirren sowieso schon zu viele Informationen in der Welt herum. Ihre Aufgabe ist es, der Welt neue Klänge hinzuzufügen, nicht neuen Lärm.

8. **Gehen Sie hinaus in die Welt.** Suchen Sie nach einem Ort, und sei es nur eine Wand, um Ihre Kunstwerke publik zu machen.

9. Vergrößern Sie sich, wenn Sie mögen. Ob Sie sich nun dazu entscheiden, Ihre Tätigkeit auszuweiten oder weiterhin auf kleinem Raum auszuüben – vergessen Sie nie: Klein ist fein! Der Sinn von Kreativität liegt nicht darin, möglichst schnell reich zu werden, auch wenn Ihre kreative Tätigkeit eines Tages ein Ausweg aus der Lohnsklaverei sein könnte. Es geht in erster Linie darum, Hände und Verstand auf eine Weise zu nutzen, wie es im Büroalltag nicht möglich ist. Wenn Sie sich in eine Hütte oder einen dafür vorgesehenen Raum oder ein extra dafür gemietetes Atelier zurückziehen und kreativ tätig werden, tauchen Sie tief in das gute Leben ein. Irgendwann wird das vielleicht ganz normal sein und keine Flucht vor der sogenannten Normalität. Ihre Fahrt ins Büro wird Ihnen vorkommen wie eine kurze Ablenkung von Ihrer kreativen Tätigkeit und vielen anderen erstrebenswerten Dingen; nicht anders herum.

Befreien Sie sich von Ihrem Lohnsklaven-Namen

Jeder sollte sich ein Pseudonym zulegen, zumindest für eine Weile. Damit erzeugt man ein Stück Leben, das vom übrigen getrennt ist. Mit seiner Hilfe kann man Neues ausprobieren, ohne gleich einem Urteil unterworfen und verunsichert zu werden oder Angst vor Schuldzuweisungen zu bekommen. Es stellt Ihnen einen Freiraum zur Verfügung, der von den Anforderungen Ihres Arbeitsplatzes abgekoppelt ist. Probieren Sie es mal aus und schauen Sie, was daraus wird. Vielleicht können Sie eines Tages ganz in diesen Freiraum entwischen.

Robert Wringham ist ein Pseudonym, das ich schon seit Anfang zwanzig benutze, daher fühlt es sich wirklicher an als der Name, der in meiner Geburtsurkunde steht. Dieser neue Name hat nichts mit meiner Familie oder meiner Herkunft zu tun, aber viel mit einem schottischen Gruselroman aus dem neunzehnten Jahrhundert mit dem Titel *Die privaten Memoiren und Bekenntnisse eines gerechtfertigten Sünders*.

Ich hatte bereits ein Online-Tagebuch begonnen, das natürlich absolut aufrichtig sein sollte, als mir eines Tages dämmerte, dass ja meine Eltern diese Aufzeichnungen finden könnten, genauso wie aktuelle oder zukünftige Arbeitgeber. Für Menschen, die jünger sind als ich, ist es ganz logisch, dass man Vorsichtsmaßnahmen treffen muss, bevor man sich online über die eigenen Unzulänglichkeiten verbreitet. Aber in den frühen Tagen des Internets hatte ich den Eindruck, dass alles, was ich schrieb, nur ganz am Rand für irgendjemanden interessant sein könnte – so ähnlich wie bei einem Fanzine. Ich brauchte eine ganze Weile und ziemlich viele geschriebene Worte, bis mir klar wurde, dass die Erwachsenen vielleicht, ganz vielleicht, mitlesen könnten. Also durchforstete ich meinen Blog und änderte überall meinen Namen.

Ich wählte Robert Wringham aus verschiedenen Gründen. Die *Privaten Memoiren* handeln von einem Doppelgänger; und was ist ein Pseudonym anderes als ein Doppelgänger – eine Zweitexistenz mit demselben Gesicht, aber einem anderen Namen? Das passte perfekt.

Ich mochte auch, dass dieser Robert Wringham (beziehungsweise Wringhim) im Buch ein Erz-Puritaner war, dessen Eigenschaften viel mit dem zu tun haben, was ich an meiner Erziehung überhaupt nicht gemocht hatte. So konnte der Name mich daran erinnern, dass ich auf keinen Fall ein solches Arschloch werden wollte. Da das Buch aus Schottland stammt, markierte der Name gewissermaßen meinen Umzug von England gen Norden, so wie ein anderer sich bei einem solchen Anlass vielleicht ein Tattoo machen ließe. Außerdem war es bequem, dass der Name meinem Geburtsnamen ähnelte (dieselben Initialen, derselbe Vorname). Auf diese Weise musste ich mir nicht einschärfen, nicht zu antworten, wenn jemand auf einer Party »Hey, Rob!« brüllte.

Möglicherweise war ich auch beeinflusst von Luke Rhinehart, dessen Roman *Der Würfler* mein Lieblingsbuch war. Darin tritt ein Ich-Erzähler auf, dessen Name als Autorenangabe auf dem Cover steht. Diese schöne Illusion wurde nur dadurch gebrochen, dass der Autor in Wirklichkeit George Cockroft hieß, wie in den Copyright-Angaben nachzulesen war. Als junger Mann war ich von all dem schwer beeindruckt, und ich sehnte mich nach einer Gelegenheit, durch das Schreiben einen ganz neuen Charakter zu erfinden, so wie Cockroft es getan hatte. Und ich stellte fest, dass einige meiner Freunde Ähnliches taten. Vielleicht lag es ja in der Luft. Einer nannte sich Reggie Chamberlain-King. Ein anderer wurde zu Landis Blair. Ich habe sie mal gefragt, warum sie das taten, und sie sagten beide das Gleiche: Sie wollten eine Persönlichkeit kreieren, die nichts mit ihrer eigenen Biografie zu tun hat, um frei leben zu können, indem sie eine ganz neue Lebensphilosophie erfanden.

Zum ersten Mal benutzte ich mein Pseudonym außerhalb meiner Website, als ich für ein Magazin namens *The Mind's Construction Quarterly* einen Artikel über meine Erfahrungen als Model schrieb. Ich hatte den Text noch unter meinem eigenen Namen eingereicht und musste nun den Redakteur dazu drängen, das zu ändern. »Tja, Wringham hat ja wirklich einen ganz guten Sound«, sagte er irgendwann. Als die Zeitschrift erschien, stand mein neuer Name darin, und damit war die Sache offiziell. Ich hätte natürlich noch ein weiteres Mal von vorn anfangen können, aber dann hätte ich meine einzige vorweisbare Publikation verloren. Abgesehen davon mochte ich den Namen sehr und die Persönlichkeit, die damit suggeriert wurde. Alles passte zusammen.

Ich bin sehr froh, dass ich ein Pseudonym benutzte, denn es erleichterte zum Beispiel meine Rückkehr auf die Betoninsel. Nachdem ich mich als Autor des Buchs *Ich bin raus* und als Herausgeber der Zeitschrift *New Escapologist* hervorgetan und eine Serie von Artikeln darüber geschrieben hatte, wie beschissen es ist, in einem Büro zu arbeiten, hätte ich mich wahrscheinlich wie ein Richter gefühlt, der ins Gefängnis muss. Vor so etwas schützte mich nun mein neuer Name. Hätte ich derartige Pamphlete unter meinem wahren Namen verfasst, hätten mich die anderen Gestrandeten auf der Betoninsel bestimmt keines Blickes gewürdigt. Außerdem hätten sie jede Menge Witze gerissen, weil mir der Ausstieg doch nicht gelungen war. Robert Wringham hat mich davor bewahrt.[51] Dennoch lebte ich beständig in der Angst, sie könnten von meinem Pseudonym erfahren und mich enttarnen. Ich war wie Rumpelstilzchen oder Thomas Jerome Newton aus dem Film *Der Mann, der vom Himmel fiel* und hoffte gegen jede Vernunft, dass mein richtiger (falscher) Name nicht bekannt würde, weil sonst die Maske fallen und mein fein gewobenes Netzwerk falscher Behauptungen auffliegen würde.

Und was hat dieses ganze Herumreiten auf dem Pseudonym mit dem guten Leben zu tun? Nun, es kann sich zum Beispiel ziemlich beschämend anfühlen, wenn man als Büroangestellter ein halb fertiges Manuskript mit Gedichten in der Schublade hat, auf dem auch noch der eigene Name steht. So *sollte* es nicht sein, aber es kann durchaus vorkommen. Man ist damit ja auch jemand, dessen Ambitionen gescheitert sind; dessen Hoffnungen sich nicht erfüllt haben. Aber wenn man einen anderen Namen draufschreibt,

---

51 Zumindest glaube ich das. Falls meine Kollegen Bescheid wussten, haben sie jedenfalls nichts gesagt. Falls sie es wussten und sich aus humanitären Gründen zum Schweigen entschlossen hatten, wäre ich ihnen für diese unglaubliche Freundlichkeit dankbar.

zieht man einen Trennstrich zwischen diesen beiden Wirklichkeiten, kreiert eine neue Identität und wahrscheinlich eine ganze Biografie dazu. Das kann sich zu einem regelrechten Lebensexperiment entwickeln. Wenn es funktioniert, können Sie dem Arbeitsleben dadurch entwischen. Wenn es scheitert, ist es auch kein Drama. Sie können Ihre erfundene Persönlichkeit so oft ermorden, wie Sie wollen. Genau wie Hugh Jackman in *Prestige – Die Meister der Magie*.

Ein Auffrischungskurs in Sachen Hauswirtschaftslehre

*… Sie könnten zum Beispiel Ihr Haus in Ordnung bringen.
Es ist zwar ein Klischee, aber die schmerzlindernde Wirkung
dieser Tätigkeit wird weithin unterschätzt. Falls es Ihnen gelingt, Ihr
Haus in Ordnung zu bringen, ist dies eine der angenehmsten Tätigkeiten und wird Ihnen unermesslichen Nutzen bringen.*
Leonard Cohen

Ich hatte die Theorie – na gut, eher so eine Ahnung –, dass Hauswirtschaftslehre ein total vernachlässigtes Schulfach ist. Ich habe es in der Schule auch nicht gemocht; daher war es schon eigenartig für mich, auf so einen Gedanken zu kommen. Aber mein Verdacht verstärkte sich, als ich bemerkte, dass meine jüngeren Freunde überhaupt nicht in der Lage waren, Tätigkeiten im Haushalt auszuführen; zum Beispiel Kochen oder Saubermachen. Außerdem war es ganz typisch, dass sie ihr gesamtes Geld schon eine Woche vor der nächsten Gehaltsabrechnung ausgegeben hatten. Meine Schwester und ich waren im Vergleich zu meinen Eltern auch nicht allzu gut darin, das muss ich zugeben, aber nicht so schlecht, dass wir ständig kurz vor dem Ruin gestanden hätten.

Der Grund bei meinen jüngeren Freunden liegt vielleicht darin, dass sie ihrem Beruf absolute Priorität beimessen. Das geht so weit, dass sie sich zu Hause um nichts mehr kümmern. Sie sind total abhängig davon geworden, Hausarbeiten auszulagern: Essen bestellen per App, Putzhilfen engagieren, vernünftige Finanzplanung lächerlich finden ... Die Folge ist, dass sie entweder ihre Kreditkarte ausreizen oder regelrecht hungern müssen, bis endlich der nächste Zahltag kommt – und ein neuer Teufelskreis beginnt.[52]

Sie verschleudern ihr Geld für Fertigmahlzeiten oder Restaurants, obwohl sie auch zu Hause etwas kochen könnten; sie beschäftigen professionelle Putzhilfen für zu Hause, anstatt sich die schwierige Kunst des Staubwischens und Putzens selbst anzueignen. Und das Schlimmste ist, dass ihnen die Grundlagen der persönlichen Finanzplanung völlig abgehen. Ein Freund von mir vertritt die Ansicht, es sei eine gute Strategie in Bezug auf Kreditkarten, jeden Monat nur das Minimum an Schulden zu begleichen und sie ansonsten anzuhäufen, obwohl er genug Erspartes hatte, um alles abzahlen zu können. Er behauptete, sein Vater hätte ihm das erklärt. Aber entweder hat er etwas Entscheidendes missverstanden oder sein Vater hat sich einen Scherz auf Kosten der nächsten Generation erlaubt.

All das hat mich zu der Frage gebracht, wie Hauswirtschaftslehre in der Schule vermittelt wird. Wieso war es dort nicht gelungen,

---

[52] Dies ist eine erwiesene Tatsache und keine leere Behauptung, um meine Gedankengänge zu untermauern. Meine Stichprobe bestand aus meinen Leidensgefährten auf der Betoninsel, den Kollegen meiner Frau und den Kindern oder jüngeren Geschwistern von Freunden. Aber ich gebe zu, dass es sich um eine anekdotische und nicht um eine wissenschaftliche Untersuchung handelt.

den Schülern beizubringen, wie man kocht, sauber macht und sich um seine Finanzen kümmert? Vermutlich hat man sich das Fach ursprünglich mal ausgedacht, um Mädchen auf ihre Rolle als Mütter vorzubereiten. Als dann in den Achtzigerjahren der Gedanke der Gleichberechtigung mehr Fuß fasste, wurde es auf eine »höhere Stufe« gestellt, und in den Neunzigern wurde vor allem das Kochen als professionelle Tätigkeit in den Vordergrund gehoben. Wer weiß, wo heute der Schwerpunkt liegt. Wahrscheinlich geht es inzwischen darum, den Kids beizubringen, wie sie sich die Apps von irgendwelchen Lieferdiensten downloaden können, sodass sie bei der Zusammenstellung ihrer Mahlzeiten nicht aufstehen müssen. Immerhin sorgen sie auf diese Weise dafür, dass ihre prekär arbeitenden Altersgenossen einen Job als Ausfahrer bekommen.

Ich fragte meine Mutter, ob sie sich erinnere, wie Hauswirtschaftslehre in den Sechzigerjahren unterrichtet wurde. Damals war das Fach *tatsächlich* nur für Mädchen gedacht gewesen, und das Kochen fiel unter den Oberbegriff »Häusliche Wissenschaft«. Ihnen wurde beigebracht, wie man komplizierte Gerichte kocht (meine Mutter erinnert sich noch daran, wie sie in der Schule Lammnacken zubereitete), und die meisten Eltern spekulierten auf ein paar Reste fürs Abendessen. Es handelte sich also nicht um eine bloße theoretische Übung. Der Kochunterricht fand einmal pro Woche statt und dauerte den ganzen Nachmittag. In dieser Zeit wurde den Mädchen auch alles Mögliche über persönliche und häusliche Hygiene beigebracht, also wie man eine Wohnung sauber macht und sich um die Gesundheit der Familienmitglieder kümmert.

Nach der Hälfte eines jeden Schuljahres wurde die Hauswirtschaftslehre vom Handarbeitsunterricht abgelöst, wo die Mädchen lernten, Kleider auszubessern oder selbst zu nähen, entweder mit der Hand oder mit der Nähmaschine. Irgendwann zwischendurch wurde ihnen auch noch beigebracht, wie man einen Scheck ausstellt, auch wenn das die einzige finanzielle Komponente des Kurses war.

Als ich in den Neunzigerjahren in die Schule ging, wurden sowohl Mädchen wie auch Jungs in Hauswirtschaftslehre unterrichtet. Seltsamerweise war das Teil des Fachbereichs »Design und Technologie«. Der Grund lag wahrscheinlich darin, dass damals, als meine Mutter Kochunterricht hatte, ihre männlichen Kameraden zeitgleich in Holz- und Metallarbeiten unterrichtet wurden – was wiederum in meiner Schulzeit zu bizarren Effekten führte: Zum einen war meine Hauswirtschaftslehrerin in Wahrheit eine Expertin für Holzarbeiten. Sie hatte wenig Ahnung vom Kochen, weshalb wir solche »Gerichte« wie Bohnen auf Toast oder Ofenkartoffeln und – kein Scherz – Mikrowellenkuchen aus der Fertigpackung zubereiteten. Ich weiß noch, wie ich irgendein rosa Pulver in eine Schüssel kippte und dabei dachte: »Davon kriege ich garantiert Krebs. Wenn nicht vom Essen, dann vom Einatmen.«

Der andere Effekt der Übernahme durch den Fachbereich »Design und Technologie« war, dass das Kochen nun ähnlichen Kriterien gehorchen musste wie die anderen Sachgebiete. Wir setzten uns an Zeichentische und entwarfen ein Design für den Kuchen, den wir backen wollten. Dabei taten wir natürlich so, als würden wir »anfängliche Skizzen« verwerfen, um einen kreativen Prozess zu simulieren, der schließlich in einer »endgültigen Fassung« gipfelte, die offensichtlich aus einem Backbuch stammte, das gedruckt worden war, lange bevor man sich mit solchem Design-Schwachsinn herumplagen musste. Wir mussten auch »Innovationen« erfinden, indem wir bereits existierende »Design-Ideen« kombinierten. Das führte bei einer Gelegenheit dazu, dass es einen Kuchen mit Speck gab – den wir anschließend in den Müll werfen konnten. »Gelernt« hatten wir dabei, dass die unpassende Kombination von süßem

Kuchen und Speck nicht funktionieren kann, obwohl wir das längst wussten, weil wir ja auf dem Planeten Erde lebten, mit Geschmacksknospen ausgestattet waren und schon mal was gegessen hatten.

Die einzigen Zugeständnisse an so etwas wie »Ernährungslehre« waren Kurse zum Thema »Ausgewogene Kost« und »Anständige Mahlzeit«, denen gegenüber ich recht skeptisch eingestellt war, sogar als unkritischer Teenager, der im Grunde nur nach Hause wollte, um bei zugezogenen Vorhängen die nächste Folge von *Raumschiff Enterprise – Das nächste Jahrhundert* anzuschauen. Keine der fünf Nahrungsmittel-Kategorien, die man uns an diesem Tag nahebrachte, schien Eier zu enthalten. Fleisch wiederum bekam eine ganze Kategorie für sich, obwohl Vegetarier eindeutig gesünder aussahen als die ganzen fetten alten Männer, die ständig zum Schlachter gingen. Die letzte Kategorie hatte den Namen »Wässrige Getränke«. Als würde jemand gern etwas »Wässriges« trinken! Was für ein Blödsinn. Später erfuhr ich, dass diese erhabene Vision einer »ausgewogenen Ernährung« auf einer amerikanischen Lehre basierte, die das Resultat massiver Lobbyarbeit der mächtigen monolithischen Nahrungsindustrie war, die jede Menge Fleisch und Getreide loswerden wollte.

Auch wenn uns also in Hauswirtschaftslehre nur wenig Nützliches beigebracht wurde, bin ich der Ansicht, dass das Zusammenlegen der Fächer seinen Grund nicht bloß im knappen Stundenplan hatte. Ich glaube, es hing mit dem Begriff »Professionalität« zusammen, der in der Alltagskultur der Neunziger eine immer größere Rolle spielte. Damit einher ging die Idee, Berufstätigkeit sei wertvoller als Hausarbeiten. Das führte zu dem Gedanken, man könne Männern eine traditionell weibliche Aktivität schmackhaft machen, also für »Gleichberechtigung« sorgen, indem man das Ganze auf ein höheres Niveau hob. Hätte man einfach bloß

»Kochunterricht für alle« eingerichtet, hätten viele lautstark protestiert, dass »Jungs so was nicht tun«. Dabei war das, was meine Mutter noch »Handarbeit« nannte, zu meiner Schulzeit bereits eine gleichberechtigte Angelegenheit für Jungs und Mädchen geworden und trug den Namen »Textilarbeiten«. Jetzt ging es allerdings nicht mehr um das Erlernen so nützlicher Fertigkeiten wie das Annähen eines Knopfes oder die Herstellung eines kompletten Kleidungsstücks, wie es meine Mutter noch gelernt hatte, sondern darum, in industriellen Kategorien zu denken. Wir mussten zum Beispiel in einem Jahr Aufnäher herstellen, beginnend mit dem Prozess des Entwerfens eines Designs bis hin zur Vermarktung. Das war ein weiteres Beispiel dafür, wie eine »typische Mädchenarbeit« auf ein »höheres« Niveau gehoben wurde, indem man sie in Zusammenhang mit dem männlich dominierten Business setzte; als angebliche Verbesserung für die Mädchen und um es den Jungs schmackhaft zu machen. Schauderhaft. Ich erinnere mich noch, wie meine kulturell vermittelte Idee von Gender-Stereotypen von meinem Großvater untergraben wurde, als er eines Tages beklagte, dass ich nicht in der Lage war, einen Knopf anzunähen, der von meinem Hemd abgegangen war. »So was haben wir alles bei der Royal Air Force gelernt«, sagte er. Aber Autonomie und allgemeine Kompetenz waren in unserem Hauswirtschaftslehrplan nicht vorgesehen.

Hauswirtschaftslehre mit ihrem einzigartigen Realitätsbezug wäre sicherlich gut geeignet, junge Menschen auf das Leben vorzubereiten – und auch auf *das gute Leben*. Ich will damit nicht sagen, dass die Schule ausschließlich praktisches Wissen vermitteln sollte. Aber wenn man schon eine Horde Kinder in einem Raum mit Kochgeräten einpfercht, warum bringt man ihnen dann nicht die Grundlagen des Kochens bei, wie es bei der Generation meiner Mutter der Fall gewesen war, anstatt ihnen so einen Ernährungsschwachsinn zu erzählen wie uns damals in den Neunzigern? Man sollte die alte Bezeichnung »Hauswirtschaftslehre« wiederbeleben und neben Kochen und Nähen auch andere Dinge lehren, die in einem Haushalt wichtig sind. Man könnte den Schülern die Grundlagen der persönlichen Buchführung und der Finanzplanung beibringen. So würde ihnen wenigstens klar, was Schulden wirklich bedeuten und wie man es vermeiden kann, dass sie einem das Leben ruinieren. Oder man zeigt ihnen, wie man Geld spart, um es eines Tages produktiv zu investieren, damit man nicht für immer der Lohnsklaverei verfallen bleibt.

Hauswirtschaftslehre wurde an den britischen Schulen 2014 abgeschafft und durch das enger gefasste Fach »Ernährungskunde« ersetzt, womit das Nähen – je nach Schule – entweder ganz aus dem Lehrplan verschwand oder endgültig im Bereich Design und Technologie landete.[53]

Die Idee, persönliches Finanz- und Hauswirtschaftsmanagement einzubeziehen – wie geht man sorgfältig mit seiner Wohnung um, wie hält man sie sauber und intakt, wie verhindert man die Ansammlung von unnötigem Krempel –, scheint sich also nicht durchzusetzen. Es ist eine Schande. Dabei ist die Fähigkeit, sich um den eigenen Haushalt zu kümmern, ein ungeheuer wichtiger Aspekt des guten Lebens; vor allem wenn das Zuhause der einzige Zufluchtsort ist, wo man der Lohnsklaverei entgehen kann; was ich in diesem und im nächsten Kapitel noch genauer darlegen will.

---

53 In Ernährungskunde gibt es nun Aufgaben wie: »Entwirf ein Food-Produkt.« (Es hört einfach nicht auf!) Oder: »Setze Software zur Ernährungsanalyse ein, um deine Ideen vor der Ausführung zu gestalten.« Oder: »Erstelle produktionstechnische Spezifikationen, die Informationen bereitstellen, die ein Hersteller von Nahrungsmitteln benötigt, um den Prototyp in größeren Mengen zu produzieren.« Uff.

Die Bedeutung des Ortes

Wo auf dem Planeten Erde ist der geeignete Lebensraum für Sie? So ziemlich alle Arten von praktischen Erwägungen und sentimentalen Gefühlen könnten im Zusammenhang mit der Bedeutung des Ortes diskutiert werden. An dieser Stelle unserer Überlegungen zum guten Leben sind wir aber vor allem an der Bedeutung des Ortes im Zusammenhang mit hauswirtschaftlichen Erwägungen interessiert.

Wenn Sie zum Beispiel gerne Ski fahren und das Skifahren zu einer regelmäßigen Tätigkeit in Ihrem Leben machen wollen, würde es sich lohnen, in der Nähe eines Skigebiets zu wohnen. Wenn Sie Ihr Einkommen damit erzielen, dass Sie Schafe scheren, wird es sich auszahlen, in der Nähe von Tieren zu leben, die Wolle produzieren und »mäh« sagen. Falls Sie das nicht tun, müssen Sie lange Wege und hohe Kosten in Kauf nehmen; was negative Auswirkungen auf Ihre Pläne für das gute Leben haben wird.

Sich einen Ort auszusuchen, wo man leben möchte, ist so, als würde man eine ökologische Nische finden. Sie müssen Ihre Bedürfnisse definieren und sicherstellen, dass diese voraussichtlichen Bedürfnisse Ihnen helfen, möglichst viel von dem zu verwirklichen, was Sie für sich als »das gute Leben« definiert haben. Die Suche nach einem geeigneten Ort muss an diese Bedürfnisse gekoppelt werden. Das kann so ähnlich vonstatten gehen wie das Aufspüren einer passenden Location für einen Film: Wir suchen nach genau dem richtigen Ort, an dem wir unsere Geschichte erzählen können, und sollten dabei so vorgehen wie Stanley Kubrick: gründlich und kompromisslos. Und nicht wie ein Typ wie Adam Sandler.

Die Bedeutung des Ortes hat meine Partnerin und mich von Montreal zurück nach Glasgow geführt. Montreal war großartig, konnte aber nicht alle unsere Bedürfnisse erfüllen; es war einfach nicht die passende ökologische Nische. Wir hatten dort nicht viele Freunde (meine lebten alle noch in Schottland, während die von Sam aus Montreal fortgezogen waren, nach New York, Toronto und Chicago). Außerdem war es für mich wegen der Sprachbarriere nicht leicht, Kontakte zu knüpfen. Wir verdienten außerdem nicht genug Geld. Ein karges Leben ist eine Sache, aber Armut ist unerträglich, genauso wie Einsamkeit. Und so folgten wir Schottlands Ruf und kehrten zurück. Damit hatten wir die Suche nach einer Location schon mal auf ein einziges Land eingeengt und auch auf eine Stadt, denn ich hatte vorher schon über zehn Jahre in Glasgow gelebt und kannte mich dort aus. Der Radius wurde kleiner, die Nische wurde sichtbar.

Ich glaube durchaus, dass die Suche nach dem richtigen Ort erst mal weit gefasst sein sollte. So wie in: »Wo wollen wir uns auf dem Planeten Erde niederlassen?« Man muss nicht unbedingt bleiben, wo man ist. Man kann überall hingehen. Mein Freund Rob West (der sich jetzt sein eigenes Haus baut – ein richtig großes Ding –, und zwar in Vancouver) sagte einmal: »Ich sammle Pässe.« Tatsächlich besitzt er einen britischen, einen amerikanischen und einen kanadischen, womit ihm und seiner Familie eine ganze Menge Optionen offenstehen: genau genommen Hunderte von Städten.

Nachdem wir uns Glasgow als den geeigneten Ort auserkoren hatten, konnten wir die Suche verfeinern, um nach einer Nische Ausschau zu halten, die den Kriterien entsprach, die wir weiter oben schon definiert haben: eine Bahnstation in der Nähe und so weiter. Bald konnten wir auf dem Stadtplan die Stellen mit Nadeln markieren, wo passende Wohnungen zu vermieten waren. Und kurz darauf zogen wir im *Belle Ombre* ein. Wir hatten also zunächst den Zoom erweitert, um den ganzen Planeten in den Blick zu nehmen, um ihn dann immer weiter zu verengen, bis wir den richtigen Platz gefunden hatten.

In einem Artikel für den *New Escapologist* schrieb Drew Gagne: »Für mich muss eine Stadt, ob groß oder klein, vor allem für Fußgänger und Radfahrer geeignet sein. Sie muss Grünflächen haben. Sie muss gepflegt sein. Es sollte anständiges Essen geben und großartigen Kaffee. Aber wenn ich einer Großstadt den Status eines erstrebenswerten Ortes zugestehen soll, muss noch etwas hinzukommen: Die Umgebung jenseits der Stadtgrenzen muss faszinierend sein. Für mich heißt das, es muss Berge, Wälder, vielleicht auch Gewässer geben, und es muss ein Klima herrschen, das zur Erholung beiträgt. Vielleicht werde ich nie dorthin kommen, aber ich werde merken, wenn ich dicht dran bin, und auch, wenn ich gar nicht dicht dran bin. Eines ist sicher: Ich werde es nicht dem Zufall überlassen. Wenn ich an glückliche Zufälle glaubte, würde ich sagen, dass diejenigen, die an ihrem Traumort leben, einfach Glück hatten. Aber ich glaube nicht an das Glück. Ich glaube an den freien Willen.«

Drews ganzheitliche Vision eines Lebens in der Nähe der Natur unterscheidet sich sehr von meinen urbanen Idealen. Wir kommen nun mal nicht alle zu den gleichen Schlussfolgerungen: Es gibt keinen Ort, an dem alle leben wollen oder können. Daher ist es wirklich seltsam, dass so viele Menschen ihren Geburtsort verlassen und von dem verführerischen Glanz der nächstliegenden Großstadt angezogen werden, zum Beispiel von London, das wirklich eine schreckliche Wahl wäre und nichts als Überstunden und spirituelles Ungemach mit sich bringt. Mit ein bisschen mehr Nachdenken sowie einer Landkarte und vielleicht auch Wikipedia lässt sich für jeden eine ökologische Nische finden, die seinen Bedürfnissen und Erfordernissen gerecht wird.

Pinkepinke:
Das Ausgleichen des Kontostands

Die eigenen Finanzen in den Griff zu kriegen, ist eigentlich ganz einfach. Viele Leute geraten bei diesem Thema völlig aus der Fassung, dabei kann man es sich leicht machen, indem man die altbekannte Methode der persönlichen Buchführung heranzieht. Die ist zwar recht langweilig, aber eine große Erleichterung, wenn man dann die Kontrolle über seine Geldangelegenheiten gewonnen hat. Genau zu wissen, wie viel Geld reinkommt und wie viel rausgeht (auf dem persönlichen Konto oder auf dem Haushaltskonto), erhöht den Handlungsspielraum. Und das geht folgendermaßen:

1. Stellen Sie Ihre persönliche »Magische Formel des guten Lebens« auf.
2. Entwerfen Sie einen zuverlässigen Finanzplan, indem Sie die Möglichkeiten der Kalkulationstabellen nutzen, die Sie von der Arbeit kennen.

Die »Magische Formel des guten Lebens« (so habe ich das für mich irgendwann einmal genannt, und dieser alberne Begriff hat inzwischen einige Jahre überdauert; dass er albern klingt, hilft dabei, die Angst vor den endlos vielen Zahlen zu überwinden), das ist die Summe aller Ausgaben pro Monat. Anders ausgedrückt handelt es sich um die fixen Kosten für die Lebenshaltung in jedem Monat. Wenn man seine fixen Kosten kennt, kann man ausrechnen, mit wie wenig Arbeit man auskommen könnte. Und so wird sie berechnet:

Miete oder Hypothek + Energiekosten + Internetanschluss zu Hause + Kosten für den Mobilfunk + Reisekosten + Ausgaben fürs Auto + Ausgaben für Lebensmittel + Netflix-Abo + Kommunale Abgaben + Bier = Magische Formel des guten Lebens.

Addieren Sie alle Ihre fixen Kosten. Denken Sie darüber nach, welche Abos Sie sonst noch haben und fügen Sie sie ein. Ersetzen Sie die Worte durch die entsprechenden Zahlenangaben, zum Beispiel fünfhundert pro Monat für »Miete« oder »Hypothek«. Die Zahl, die Sie am Ende herausbekommen, wenn Sie alles zusammengezogen haben, ist Ihre Magische Formel. Eine leichte Übung.

Sie können sie immer wieder durchführen, wenn Ihnen danach ist. Gelegentlich können Sie darüber nachdenken, die fixen Kosten zu senken, indem Sie beispielsweise einen günstigeren Internetanbieter wählen. Sie könnten auch zu Fuß gehen, anstatt die Bahn zu benutzen und damit die Transportkosten senken. All das wird sich später auszahlen. Wenn Sie Ihre fixen Lebenshaltungskosten kennen, können Sie ausrechnen, wie viel Geld Sie verdienen müssen und wie viel übrig bleibt, um es zu sparen oder auszugeben.

Wenn Ihr gutes Leben Sie pro Monat, sagen wir mal, zwölfhundert kostet und Ihr monatliches Einkommen dreitausend beträgt, können Sie zum Beispiel die Arbeitszeit reduzieren, um Ihr Leben angenehmer zu gestalten. Dabei müssen Sie nichts überstürzen: Allein schon zu wissen, wie hoch die Kosten für das gute Leben sind, eröffnet Ihnen neue Handlungsspielräume.

Rufen wir uns noch mal das wichtigste Gesetz des Haushaltens ins Gedächtnis: **Das Einkommen muss mindestens so hoch sein wie die Ausgaben (oder höher).** Wenn wir erst mal die Magische Formel des guten Lebens aufgestellt haben, wissen wir ganz genau, wie sich das in unserem Fall verhält und ob unsere finanzielle Situation gesund ist. Um das oben genannte Beispiel noch mal aufzugreifen: Wenn Sie dreitausend pro Monat verdienen und sie zu den fixen Kosten (der Magischen Formel des guten Lebens) in Beziehung setzen, dann sieht es gut für Sie aus. Übrigens handelt es sich bei der Magischen Formel nicht um ein Budget (ein Budget zu haben, ist nicht unbedingt nötig, es sei denn, Sie haben genaue

Vorstellungen, wie viel Sie sparen möchten), aber sie drückt genau aus, wie viel Sie brauchen, um ein angenehmes Leben zu führen.

Es gibt auch noch andere Berechnungen, die wir anstellen können. Zum Beispiel alle monatlichen Ausgaben in einem Heft festzuhalten, um Gewinn und Verlust für diesen Monat auszurechnen. Das hilft uns, ein Budget zu ermitteln, nachteilige Konsumgewohnheiten zu identifizieren und künftige Kosten zu minimieren – was aber nicht unbedingt nötig ist, wenn Sie sich an den monatlichen Finanzplan halten, den ich Ihnen gleich noch darlegen werde. Auf jeden Fall ist es hilfreich, die Magische Formel immer im Kopf zu haben. Sie vermittelt uns ein Gefühl der Verhältnismäßigkeit: Wenn wir in einem Laden auf ein tolles Produkt stoßen, das sechshundert kostet, oder mit einem Projekt liebäugeln, das sechshundert kostet, dann wissen wir sofort: »Das ist die Hälfte meiner monatlichen Fixkosten«. Nachdem wir uns das klargemacht haben (denn nun handelt es sich nicht mehr um eine leere Zahl, sondern der Betrag hat etwas mit unserer Lebenswirklichkeit zu tun), können wir entscheiden, ob wir dieses Produkt kaufen oder dieses Projekt durchführen wollen oder nicht.

Jetzt wollen wir, wie gesagt, erst mal einen soliden Finanzplan aufstellen. Der Sinn dieser einfachen Übung ist es, alle monatlichen Einnahmen (und die eventuellen Schulden) aufzulisten, um herauszufinden, wie viel Geld uns jeweils am Zahltag zur Verfügung steht. Das kann man auch für jeden anderen Zeitpunkt ausrechnen, aber der Zahltag ist eine gute Wahl, um eine gewisse Kontinuität herzustellen. Und außerdem ist das der Termin, an dem wir logischerweise an unsere finanzielle Situation erinnert werden.

Und so erstellt man einen Finanzplan: Kreieren Sie eine hübsche neue Tabelle in einer Tabellenkalkulation, und geben Sie ihr einen niederschmetternd langweiligen Titel. Nennen Sie sie zum Beispiel »GELD (Steuerjahr 2020)«.

Dann fangen Sie in der zweiten Zeile der ersten Spalte an und schreiben alle Orte auf, wo Geld von Ihnen liegt. Dabei kann es sich um ein Girokonto, ein Sparkonto, ein ausländisches Konto, ein Festgeldkonto, ein PayPal-Konto oder ein Sparstrumpf unter der Matratze handeln. Tragen Sie alle in der Spalte A untereinander ein. Außerdem sollten Sie alle Organisationen aufführen, denen Sie Geld schulden. Zum Beispiel das Bafög-Amt oder die Finanzhai GmbH & Co. KG.

Als Nächstes fügen Sie das Datum Ihres nächsten Zahltags in die erste Zeile der zweiten Spalte ein. Das wird von nun an der Tag sein, von dem aus Sie Ihre monatlichen Finanzen betrachten. Jetzt haben Sie etwas gebastelt, das ungefähr so aussieht:

	A	B
1		29. März
2	ING Bank Girokonto	
3	ING Bank Sparkonto	
4	PayPal	
5	Bargeld	
6	Bafög-Amt	

Loggen Sie sich in jedes Konto ein, und schreiben Sie den Kontostand in die entsprechende Zeile von Spalte B. Wenn es sich um einen negativen Betrag handelt, weil Sie den Betrag schuldig sind, schreiben Sie die Summe in Klammern. Fügen Sie eine neue Zeile am Ende der Tabelle ein, in der nun automatisch alle Beträge addiert oder subtrahiert werden. Das Ergebnis könnte zum Beispiel so aussehen:

	A	B
1		29. März
2	ING Bank Girokonto	150,77
3	ING Bank Sparkonto	12 100,00
4	Pay Pal	132,50
5	Bargeld	5,30
6	Bafög-Amt	(5000,00)
7		7388,57

Die Zahl am Ende ist Ihr Kapital. Ist es nicht gut, das zu wissen? Jetzt sollten Sie schon mal das Datum Ihres nächsten Zahltags in eine noch einzufügende Spalte C eintragen, denn Sie wollen ja auch langfristig Vergleiche anstellen. Machen Sie sich eine Notiz im Kalender, dass Sie in einem Monat wieder »die Finanzen prüfen« wollen.

Der Vorteil dieser Übung ist, dass Sie jetzt nicht mehr dauernd Ihren Kontostand prüfen müssen, um zu wissen, über wie viel Geld Sie verfügen. Sie können es einmal pro Monat machen – am Zahltag –, denn Sie haben dank Ihres persönlichen Finanzplans schon alles im Blick. Dem können Sie auch absolut vertrauen: Sie haben jeden Cent miteinbezogen, weil Sie sogar das Bargeld in Ihrem Portemonnaie (oder unter der Matratze) notiert haben.

Wenn Sie diese Methode anwenden, wird es keinen Moment mehr geben, wo Sie sich fragen: »Also, da steht zwar, ich habe 7388,57, aber tatsächlich ist es über 8000, weil ich noch heimlich was unter die Matratze gesteckt habe.« Beziehen Sie noch den hinterletzten Ort ein, an dem Sie Geld gebunkert haben, um eine wahre und ehrliche Beschreibung Ihrer finanziellen Situation zu erstellen, mithilfe eines Systems, dem Sie Glauben schenken können. Wenn Sie Ihrem System vertrauen können, werden sich die Ängste wegen Ihrer finanziellen Situation spürbar verringern, und Sie können sich mit anderen Dingen beschäftigen.

Ihr persönlicher Finanzplan ersetzt auch die Notwendigkeit einer detaillierten Aufstellung aller Kontobewegungen, die normalerweise von irgendwelchen Finanzberatern angefordert werden. Es muss nicht mehr jede einzelne finanzielle Transaktion aufgelistet werden, denn solange Sie die Gesamtsituation einmal pro Monat prüfen, sich durch einen Vergleich mit den letzten Monaten versichern, dass alles gut läuft und Sie nicht dabei sind sich zu ruinieren, genügt es, sich kleine Aufgaben zu stellen wie »nächsten Monat keinen teuren Kaffee mehr kaufen«, und Sie sind auf der sicheren Seite. Natürlich können Sie auch jede einzelne Transaktion auflisten und eine Gewinn-Verlust-Rechnung anlegen, wenn Sie einen exakten Überblick bekommen wollen, wohin Ihr Geld geflossen ist (Sie können dazu auch eine genau für diesen Zweck entworfene App benutzen), aber ehrlich gesagt gibt es keinen Grund, sich mit allem Kleinkram zu beschäftigen, solange Ihr Finanzplan wirklich alles einbezieht und einmal im Monat aktualisiert wird.

Ich selbst schreibe meine Magische Formel des guten Lebens immer in dieselbe Tabelle, die auch meinen Finanzplan enthält. Auf diese Weise sind beide Summen auf einen Blick sichtbar, wenn ich mich daranmache, meine monatliche Finanzsituation zu kontrollieren. Das hat mir während meiner Zeit auf der Betoninsel sehr geholfen und ist auch jetzt noch nützlich, wo ich freischaffend arbeite. Auf der Betoninsel bekamen wir unser Gehalt immer am letzten Donnerstag des Monats. Und auch wenn ich jetzt kein monatliches Einkommen mehr habe, ist das weiterhin mein Stichtag, an dem ich meine Finanzen überprüfe. Ich bin halt ein sentimentaler Traditionalist.

Sie haben jetzt zwei Zahlen im Kopf, mit denen Sie herumspielen können: Ihr Gesamtkapital, wie es in Ihrem Finanzplan vermerkt ist, sowie die sich kaum ändernden monatlichen Lebenshaltungskosten in Gestalt Ihrer Magischen Formel des guten Lebens. Und jetzt, nachdem Sie Ihre finanzielle Lage analysiert haben, können Sie sich wieder daranmachen, die Annehmlichkeiten des guten Lebens zu genießen.

Eine kleine Küchenphilosophie

Während meiner Zeit in Montreal kaufte ich unsere Lebensmittel gern auf Bauernmärkten oder in kleinen Gemüseläden. Meistens ging ich zu Fuß und kam dann mit Eierkartons und Tüten voller Gemüse zurück, alles so frisch, als wäre es eben gerade aus der Erde gezogen worden. Es war eine glückliche, geradezu ideale Art, sich Lebensmittel zu besorgen und dabei auch noch fit zu bleiben.

Auf der Betoninsel hatte ich diese Freiheit nicht. Zu den Marktzeiten, musste ich meist arbeiten. Ich tat mein Bestes, um meine Einkäufe weiterhin gewissenhaft zu erledigen, aber ich brachte nur selten Energie und Willenskraft dafür auf. Mit Farmern zu plaudern, machte weniger Spaß als früher, zumal ich mich schuldig fühlte und mich schämte für meine tägliche Arbeit (sinnlos, unfreiwillig, ermüdend und entfremdend) im Vergleich zu ihrer Tätigkeit (nützlich, wichtig, aktiv und in enger Verbindung mit dem Land und der Gemeinde). Meine Ausflüge zum Zweck des idealistischen Lebensmitteleinkaufs wurden immer seltener, dabei waren sie einst doch unerlässlich gewesen. Die Lösung des Problems lag schließlich darin, online bei Supermärkten zu bestellen. Scheiß drauf. Ein paar Klicks zu Hause (oder besser noch vom Arbeitsplatz aus, während die Uhr läuft), und schon bringen Sie dir, dem erschöpften

Lohnsklaven, die Sachen nach Hause in deine Klaustrosphäre. Dafür ist dieses System ja gedacht. Es nutzt unsere Schwäche, Erschöpfung und unsere Nachgiebigkeit. Ich fragte mich mitunter, wie unsere Eltern das in den Zeiten *vor* dem Online-Lebensmitteleinkauf geschafft hatten. Dann fiel mir ein, dass sie sich ihre Aufgabenbereiche aufgeteilt hatten: Mein Vater ging zur Arbeit, meine Mutter kaufte ein und kochte. Unsere Generation ist aber nicht mehr bereit, solche Trennungen beizubehalten.

Zumindest bemühte ich mich, so intelligent wie möglich auf den Supermarkt-Websites einzukaufen. Ich wollte auch weiterhin Transfette, Zucker und Chemikalien meiden, die in Fertiggerichten enthalten sind. Ich wollte die Menge von frischem Gemüse, Obst, Vollkorngetreide erhöhen und auch etwas Fisch essen. Um mich nicht vom rechten Weg abbringen zu lassen und Impulskäufe von ungesunden Sachen auszuschließen, auch wenn ich nach der Arbeit total erschöpft und frustriert war, fuhr ich schwere Geschütze auf. Ich benutzte die »Food Matrix«.

Die Food Matrix ist ein System, das ich in Montreal entwickelt hatte, als ich mir Sorgen machte wegen meines niedrigen Einkommens als freier Autor. Aber man muss nicht in einer derartigen Situation sein, um sie sich nutzbar zu machen. Ich empfehle die Anwendung der Food Matrix allen Menschen; egal, ob sie frei laufende Radikale oder Lohnsklaven sind.

Um sich eine eigene Food Matrix zusammenzustellen, braucht man wieder eine Kalkulationstabelle. Meine ultralockere kanadische Ehefrau denkt immer noch, ich sei völlig verrückt, weil ich unsere Mahlzeiten so sorgfältig und so weit im Voraus plane, aber es ist nun mal eine Tatsache, dass wir Dingen von geringer Bedeutung (zum Beispiel zusätzliche Aufgaben am Arbeitsplatz) zu ernst nehmen und andere Dinge, die für unser Leben wesentlich sind (gut essen, aufs Geld achten, Zeit sparen), leider geringschätzen.

Dabei greifen wir schon aus deutlich banaleren Gründen zu Stift und Papier (oder starren auf eine Tabellenkalkulation). Die Food Matrix ist der beste Weg, sicherzustellen, dass man nicht zu viel Geld ausgibt, nicht zu viele ungesunde Lebensmittel kauft und nicht ständig was Neues ausprobiert.

Moment, nicht ständig Neues ausprobieren? Ja, ganz recht. Beim Kochen muss man das tatsächlich nicht. Jonathan Meades erklärte in seinem Buch *The Plagiarist in the Kitchen:* »Wer behauptet, er hätte ein Gericht *erfunden,* ist entweder ein Lügner, ein Wahnsinniger oder ein Schaumschläger.« Darauf werden wir noch zurückkommen.

Ihre Food Matrix sollte aus einer Liste von zehn Abendessen bestehen, die Sie problemlos kochen können und gern essen. Die Zutaten für jedes dieser Abendessen sollten detailliert festgehalten werden. Schauen Sie sich die Liste gut an, und überlegen Sie, wie Sie sie verbessern könnten. Eine Möglichkeit wäre, normale Nudeln durch Vollkornnudeln zu ersetzen und weißen Reis durch Naturreis, damit das Essen gesünder wird. Ersetzen Sie fertig geschnittenes Gemüse in Plastikpackungen durch frisches Gemüse. Auch das hilft, Geld zu sparen.

Solche Entscheidungen trifft man auch leichter, während man locker vor dem Laptop sitzend über die Food Matrix nachdenkt, als wenn man im Supermarkt steht und schauriger Popmusik ausgeliefert ist, die aus den Lautsprechern plärrt, oder sich vor alten Damen mit Einkaufswagen in Sicherheit bringen muss, die selbst Probleme mit der Auswahl ihrer Einkäufe haben.

Die perfektionierte und schrittweise verfeinerte Zutatenliste sollte auf jeden Fall Ihr normaler Einkaufszettel werden. Wenn Sie diese Produkte gekauft haben – nur diese! –, haben Sie einen Vorrat für zehn Tage in der Küche. Also müssen Sie sich zehn Tage lang keine Gedanken darüber machen, was und wann Sie als Nächstes einkaufen müssen. Das alles ist vorherbestimmt durch die Food Matrix, die auch ein Nützliches Instrument ist, um die Magische Formel des guten Lebens akkurat zu errechnen.

Wird das mit der Zeit nicht langweilig, weil sich alles wiederholt? Nun, zehn Tage sind ein langer Zeitraum, und Sie müssen die Gerichte ja nicht immer in derselben Reihenfolge kochen. Und ich wette, dass eine Menge Leute, die sich der Spontaneität unterwerfen, dann doch ein ähnliches Muster an wiederkehrenden Gerichten haben. Sie können auch Abwechslung in Ihren Speiseplan bringen, indem Sie ein oder zwei Mal in einem Zyklus auswärts essen (damit weiten Sie das Schema auf elf oder zwölf Tage aus) und auf diese Weise einem Profi das Problem mit der Originalität überlassen.

Natürlich mache ich gelegentliche Abweichungen bei der Anwendung meiner Food Matrix. Ich bin ja kein Roboter – und Sie sind das auch nicht. Es geht schon in Ordnung, nicht vollkommen perfekt zu sein – es ist sogar erstrebenswert, denn das gute Leben profitiert von Spontaneität –, aber besondere Gaumenfreuden sollten unregelmäßig und bewusst genossen werden. Gedankenlos irgendwelches Junkfood vor dem Fernseher zu mampfen, ist der wahre Feind der Gesundheit, nicht das gelegentliche Luxus-Essen.

Das Essen sollte uns Freude bereiten. Das klingt vielleicht banal und kaum der Rede wert, aber wenn man völlig erschöpft nach Hause kommt, ist die Versuchung groß, einfach mal schnell was herunterzuschlingen, anstatt es bewusst zu genießen. Oder gar zum Fertiggericht zu greifen, das uns zwar satt macht und am Leben erhält, aber eigentlich nach nichts schmeckt. Indem wir uns an die Food Matrix halten und sie immer wieder verbessern, kann es uns gelingen, diese Fallen zu umgehen, denn wir haben damit das Problem gelöst, im Moment des Einkaufens alles bedenken zu müssen.

Außerdem unterstützt die Food Matrix die Möglichkeit, beim Kochen mit ein paar Grundzutaten zu improvisieren.

Die Küche sollte, wie auch alles andere in unserem Zuhause, simpel und minimalistisch gehalten sein. Das schützt uns unter anderem vor Ablenkung, Unübersichtlichkeit und Angeberei.

Wer mich besucht, wird feststellen, dass meine Küche sich in dreifacher Hinsicht von anderen Küchen unterscheidet: Zum einen ist sie sehr klein. Ich mag das. Unsere Küche in Montreal war winzig – kaum größer als eine Telefonzelle –, und das hat uns dazu animiert, mit dem Platz kreativ umzugehen, das kann ich Ihnen versichern. Genau wie Städte mit horrenden Grundstückspreisen die Architekten dazu bringen, in die Höhe zu bauen, bauten wir unsere Küche bis unter die Decke. Ich fuhrwerkte darin herum wie ein Eisverkäufer, es gab für alles einen Platz, und alles *war* an seinem Platz. Der leider kaum zu vermeidende Nachteil: Wenn meine Frau kochte, musste sie mich oft zu Hilfe rufen, weil sie nach Dingen suchte, die außer Sichtweite irgendwo über ihrem Kopf untergebracht waren.

Unsere neue Küche ist zum Glück nicht so extrem klein, aber schon sehr klein, wenn man die Maßstäbe anderer Leute anlegt. Eine kleine Küche ist großartig: Man muss nicht durch den ganzen Raum laufen, wenn man ein spezielles Utensil benötigt. Man streckt einfach die Hand aus. Ich finde das ideal. Die von allen ersehnte »Showküche« mit ganz viel Platz und einem riesigen Esstisch bringt überhaupt nichts. Beeindrucken Sie Ihre Freunde stattdessen mit Ihrer Miniaturküchen-Kreativität.

Der zweite Unterschied unserer Küche im Vergleich zu denen der meisten Menschen ist das Fehlen einer Mikrowelle. Ein solches

Gerät zu haben, das jede Menge Platz wegnimmt und nur dafür da ist, lasche Fertiggerichte aufzuwärmen, finde ich inzwischen geradezu lächerlich. Als unsere Mikrowelle vor langer Zeit explodierte, entschieden wir uns, es mal ohne zu probieren. Aber sogar als sie noch funktionierte, benutzten wir sie hauptsächlich dafür, kalten Kaffee oder Fertiggerichte zu erwärmen. Folglich haben wir uns auch keine mehr angeschafft und vermissen sie auch nicht, denn in der Mikrowelle kann man nur total unkreativ und uncharismatisch kochen. Ein solches Gerät hat keinen Platz im guten Leben.

Der dritte Unterschied ist, dass wir keine separate Gefriertruhe haben. Uns genügt eine Kombination aus Kühlschrank und Gefrierfach (die schon da war, als wir einzogen). Das Gefrierfach ist ungefähr so groß wie ein Schuhkarton. Das verhindert den Einkauf von Tiefkühlkost, die oftmals von schlechter Qualität und mit Konservierungsmitteln angereichert ist. Und schon gewöhnt man sich an, immer ausreichend frisches Gemüse im Kühlschrank zu haben (mitunter über die Erfordernisse der Food Matrix hinaus).

Kommen wir noch mal zurück auf Jonathan Meades' Behauptung, beim Kochen sei schon alles erfunden worden und wir sollten lieber die besten Rezepte nachkochen und nichts Neues versuchen: Genau das ist der Weg, den wir mithilfe unserer Matrix eingeschlagen haben. Meades lehnt es ja nicht ab, dass wir improvisieren. Improvisation ist etwas anderes als Innovation. Ein klassischer Komponist zum Beispiel ist innovativ tätig, wenn er sich hinsetzt und eine neue Komposition erschafft. Ein Jazzmusiker hingegen improvisiert.

Das ist, glaube ich, der Schlüssel zum kompetenten Kochen. Ein kompetenter Koch arbeitet mit allem, was gerade da ist. Das mache ich übrigens ständig, trotz meiner Food Matrix. Denn es gibt immer wieder unvorhergesehene Dinge (die dafür sorgen, dass wir nicht anfangen uns zu langweilen). Zum Beispiel kommt ein

Gast, der einige Zutaten mitbringt. Oder man hat aus einer Laune heraus etwas gekauft, weil es von besonders guter Qualität war. Oder man hat Ersatzzutaten gekauft, weil die bevorzugten nicht erhältlich waren. Vielleicht stehen auch noch Reste herum, oder wir haben vergessen einzukaufen und müssen uns mit dem begnügen, was noch da ist. Ich weiß auch nicht, warum das so ist, aber in der Küche muss praktisch ständig improvisiert werden. Ich mag es, auf diese Weise bewusst mit Ressourcen umzugehen. Man kann kreative Lösungen finden, statt zum Beispiel sein Geld für den Pizzadienst zum Fenster hinauszuwerfen. Und diese Kreativität entsteht ganz automatisch, wenn man sein Zuhause zu einem Ort der Inspiration gemacht hat.

Den Seitan verehren

Falls Sie nicht sowieso schon darüber nachgedacht haben, teilweise (oder ganz) Vegetarier zu werden: Es gibt viele gute Gründe dafür. Die Gesundheit, den ökologischen Fußabdruck oder die Sorge um das Wohlbefinden der Tiere. Aber für Lohnsklaven besteht der größte Vorteil des Vegetarismus in seiner Einfachheit. Als Vegetarier müssen wir in Restaurants nicht mehr die ganze Speisekarte durchlesen und schwierige Entscheidungen treffen, weil unsere Wahlmöglichkeiten sich ohnehin auf ein paar vegetarische Gerichte beschränken (die vielleicht mit einem freundlichen grünen »V« gekennzeichnet sind). Zu Hause müssen wir uns nicht mehr mit präzisen Garzeiten, der Kalorienanzahl, dem Fettgehalt, dem Zartklopfen des Fleischs oder möglicherweise darin enthaltenen Hormonen oder BSE herumplagen. Eine Karotte kann man auch wie Bugs Bunny direkt aus dem Kühlschrank knabbern; sie muss nicht gekocht werden. Und mit dieser eleganten Einfachheit geht auch eine enorme Ersparnis an Zeit, Geld und Willenskraft einher. Fleisch ist WOMBAT: *Waste of Money, Brain and Time.*[54]

Wenn wir nach einem unangenehmen Arbeitstag nur noch begrenzte Energie und Zeit übrig haben, aber dennoch etwas Gutes essen wollen und Wert legen auf Gesundheit, Würde und das gute Leben, ist Vegetarismus der ideale Weg. Dass er außerdem hilft, die Umwelt zu schonen, ist gewissermaßen ein willkommener Nebeneffekt, nachdem man sich dieser eleganten Einfachheit verschrieben hat.

Alternativ dazu kann man auch weitermachen wie bisher und mit der Zeit ein exzellenter Allesfresser-Koch werden. Man muss allerdings mehr Energie und Willenskraft aufbringen, um ein ähnlich gutes Ergebnis zu erzielen. Und dieser Aufwand wäre woanders vielleicht besser angebracht (beim Erlernen eines kreativen Handwerks oder indem man die wertvolle Zeit dafür nutzt, seinen Freunden zuzuhören).

Ansonsten bleibt einem nur noch die Falle der vorbereiteten Zutaten und Fertiggerichte. Dadurch kapituliert man aber vor dem Schlendrian, der Einfallslosigkeit, den Kosten und den Chemikalien, die damit einhergehen. Als Vegetarier müssen Sie sich keine Gedanken mehr über irgendeine Diät machen oder darüber, woraus Superfood besteht – denn das haben Sie bereits auf dem Teller. Haferflocken, Heidelbeeren, gutes Olivenöl, Grünkohl, Spinat, Avocados, Mandeln und Brokkoli *sind* Superfood. Also greifen Sie zu!

In Großbritannien herrscht noch immer diese merkwürdige neurotische Einstellung, vegetarische Gerichte seien betulich oder freudlos oder etepetete, wohingegen Tiefgefrorenes aus der Fabrik das wahre Essen für arbeitende Menschen sei. Das ist vollkommen

---

54 Zu Deutsch: Verschwendung von Geld, Grips und Zeit.

falsch und wurde von dem damals noch kommunistischen Satiriker Alexei Sayle in den Achtzigern aufgegriffen, als er den Bergarbeiterstreik unterstützte:

Als einige der Frauen [aus dem Bergbaugebiet] bei uns in London unterkamen, bemerkten sie in der Küche große Gläser mit Linsen, getrockneten Erbsen, Bohnen, Haferflocken und Graupen. Sie wussten gar nicht, was das war oder was man mit diesem Hülsenfrucht und Körnerzeugs anfangen konnte und waren geradezu entsetzt, als meine Frau es ihnen erklärte. Im Gegenzug bekamen wir in South Yorkshire, als wir bei den Bergarbeitern wohnten, das serviert, was sie »ein ordentliches Bergarbeiter-Essen« nannten. Es bestand aus tiefgefrorenen Fertig-Burgern und im Ofen fertig gegarten Pommes frites. Ich sagte lieber nichts dazu, war aber schockiert darüber, wie gründlich man diesen Frauen ihre traditionelle Esskultur ausgetrieben hatte. Sie hielten diesen Industriefraß für »moderner« und »bequemer« als richtiges Essen. Angesichts der Tatsache, dass sich die Bergarbeiter wie perfekte Konsumenten benahmen, hätte man eigentlich meinen sollen, der Kapitalismus würde sie schonen und nicht mit eiserner Faust zerschmettern, aber so war es leider nicht.[55]

Standardmäßig solche Fertiggerichte zu essen, ist gleichbedeutend mit dem Saugen an der Zitze desselben Monsters, das uns in der Lohnsklaverei hält. Eine nette Italienerin, die sich über genau diese Tatsache beklagte, zeigte mir einmal, wie man in zehn Minuten

---

55 Aus den Memoiren von Alexei Sayle, die 2016 unter dem Titel *Thatcher Stole my Trousers* erschienen.

eine gute Pasta-Sauce zubereitet, mit oder ohne Fleisch. Dabei wurde mir klar, dass richtiges Kochen genauso bequem ist wie diese angeblich bequemen Fertiggerichte. Wenn man nur weiß, wie es geht. Um eine Nudelsauce zuzubereiten, muss man lediglich eine Paprikaschote, eine rote Zwiebel, zwei Knoblauchzehen und eine Zucchini in Würfel schneiden, mit Kräutern in Olivenöl schmoren und dann ein paar Tomaten und Salz hinzufügen. Wie gesagt: Zehn Minuten.

Bei aller Diskussion darüber, wie man sich gut ernährt – kalorienarme Diät, die »Entdeckung« neumodischen Superfoods, die plötzliche Verdammung von Nahrungsmitteln, die einst als gesund galten –, ist eine Sache immerhin konstant geblieben und nie infrage gestellt worden: nämlich dass man so oft wie möglich Gemüse essen soll. Sogar Obst – »Ein Apfel am Tag, und der Doktor bleibt wo er mag« – wird nicht mehr uneingeschränkt empfohlen, weil es von Natur aus viel Früchtezucker enthält. Alle stimmen zu, dass Gemüse das Beste ist, was man sich antun kann. Langzeitstudie um Langzeitstudie haben es bestätigt: Esst Gemüse! Wir suchen ständig nach neuen, komplizierten Lösungen, dabei ist die Wahrheit so einfach. »Aber das kann doch nicht alles sein«, denken wir und blicken skeptisch auf das Brokkoli-Röschen auf unserem Teller. Meine Grundregel in Bezug auf das Kochen lautet folgendermaßen: Versuche, dir so viel Grünzeug wie nur möglich einzuverleiben, ohne dass daraus gleich ein Salat wird.

Und außerdem essen wir dann kaum Kohlenhydrate, Stärke, Zucker, Chemikalien, Wachstumshormone für Rinder ... Diese ganzen zweifelhaften Dinge sind dann passé.

Die Ansicht, vegetarisches Essen sei teuer, ist ebenso falsch. Im Gegenteil. Die Essenskosten für zehn Tage betragen in unserem Haushalt ungefähr 55 Pfund. Das sind 5,50 Pfund pro Tag für zwei Personen (2,25 pro Nase oder 0,75 für jede individuelle Mahlzeit).⁵⁶ Das wäre nicht möglich, wenn wir Fleisch oder jede Menge Tiefkühl- oder Fertiggerichte kaufen würden. Gespartes Geld, vergessen wir das nicht, ist Geld, das wir nicht erst mal als Lohnsklaven mühselig verdienen müssen. Reduzieren Sie Ihre Kosten, und gehen Sie auf Teilzeit. Einfachheit gepaart mit Sparsamkeit führt zu wahrer Freiheit.

Die Minibar der Götter

Nachdem wir also die Bedeutung von Essen und Küche für das gute Leben erörtert haben, ist es unvermeidlich, sich dem Thema Schnaps zuzuwenden. Wie wir aus heiligen Schriften wissen, war »Sokrates ständig betrunken«, und die Philosophie wurde aus dem Besäufnis geboren. Das Wort »Symposion« bedeutet eigentlich »gemeinsam trinken«. Bei solchen Gelegenheiten trank Sokrates mit Leuten wie Aristophanes, um der Frage auf den Grund zu gehen, was es mit dem Leben auf sich hat. Daher ist es nun an der Zeit, die Minibar der Götter zusammenzustellen.

Ich komme regelmäßig auf meinen Spaziergängen an einem Haus vorbei, in dessen großem Wohnzimmerfester eine Hausbar

---

56 Ich sollte noch erwähnen, dass wir niemals nichtsnutzige Lebensmittel online bestellen dürfen – keine Puddings, Fertiggerichte … Zwar ist es nicht verboten, solche Dinge zu essen, aber wenn wir sie aus der Bestellung verbannen, können wir sie nicht so bequem wegschnabulieren. Also essen wir weniger Mist. Du hast Lust auf eine Tiefkühl-Pizza? Schön für dich. Denn du musst erst mal in den Laden gehen und sie kaufen. Das Gemüse hingegen liegt schon im Kühlschrank bereit und muss nur kurz im Wok gegart werden. Jetzt musst du nur noch deine Gier nach einer Pizza und deine Faulheit gegeneinander abwägen. Auch das ist eine gute Methode, mehr Gemüse zu essen, ohne ganz und gar zum Vegetarier zu werden oder Fleisch tyrannisch vom Speiseplan zu verbannen: Lassen Sie es einfach bei Ihrer regelmäßigen Bestellung weg, und gehen Sie extra los, wenn Ihnen danach ist.

von atemberaubenden Ausmaßen angeordnet ist. Als ich das zum ersten Mal bemerkte, kam sie mir vage bekannt vor, als wäre ich schon mal an einem Abend in diesem Haus gewesen; aber bei genauerer Betrachtung kam ich zu dem Schluss, dass sie mich an die Skyline von Dubai erinnerte. Ich mag diese obszöne Ansammlung von Schnapsflaschen auf der Fensterbank sehr, zumal daneben auch noch eine beeindruckende Anzahl von hochwertigem Kinderspielzeug zu sehen ist, von der Sorte, die darauf hinweist, dass es sich um wirklich gute Eltern handelt. »Wir sind gute betrunkene Eltern«, soll uns dieses Fenster offenbar mitteilen. Diese Alkohol-Skyline besteht aus fünfzig bis sechzig glänzenden Flaschen und Karaffen aller Formen, Größen und Variationen. So bewundernswert diese betrunkenen Eltern auch sein mögen, nach meiner festen Überzeugung muss eine Minibar vor allem eins sein: mini.

Das sollte Menschen mit konservativen Schnapsvorlieben nicht entmutigen. Ich bin nur der Ansicht, dass wir von einer Bar im trauten Heim sprechen und nicht vom »letzten Saloon vor der Apokalypse«. Man kann trotzdem noch seinen fachmännisch gemixten Dirty Martini genießen, aber dazu gehört – mindestens! – dass man seine Schuhe anzieht und das Haus verlässt.

Für eine funktionierende Minibar sind sechs Komponenten unerlässlich: ein guter Scotch, ein nicht so guter Blend-Whisky, ein erfrischender Gin, ein würziger Rum und zwei Flaschen Fusel. Falls Sie keinen Whisky mögen, ersetzen Sie den Scotch durch etwas anderes, behalten Sie aber den Blend-Whisky wegen Ihrer Gäste. Im Kühlschrank sollten Sie Tonic Water von mittlerer Qualität haben (wenn es zu billig ist, ruiniert es den Gin Tonic, handwerklich hergestelltes Tonic Water wiederum wirkt ein bisschen albern), etwas Cranberrysaft und ein Sixpack *Craftbeer*. Wenn Sie das haben, können Sie praktisch jedermann einen passablen Drink seiner Wahl anbieten und dem einen oder anderen Gast ein gutes Bier in die Hand drücken. Eine hübsche Flasche Fusel tut ihr Übriges, um die Leute zu erfreuen. Ich meine übrigens wirklich Fusel, also billigen Wein, bei dem man nicht lange zögern muss, bevor man ihn öffnet. Wenn der Wein billig war, macht man das mal eben und lernt auf diese Weise schnell durch Versuch und Irrtum, welche Flaschen, Marken und Jahrgänge etwas taugen. Es ist außerdem schwierig, teuren oder seltenen Wein wirklich zu genießen, egal, was Liebhaber dazu sagen. Man macht sich dann so viele Gedanken über den hohen Preis und ob er gerechtfertigt war, dass man ihn kaum noch genießen kann. Bei Dingen, die vergänglich sind, sollte man nicht zu anspruchsvoll sein. Man trinkt nicht, um ein Seminar zu veranstalten, sondern um betrunken zu werden.

Alles auf das Nötigste zu beschränken, ist der Schlüssel zum Erfolg. Wir sprechen hier ja von einer Hausbar und nicht von einer professionellen Ausstattung. Zu viel Auswahl wird unsere Gäste nur verwirren und uns als obsessiv erscheinen lassen. Bei der Liste der wichtigsten Komponenten haben Sie zweifellos gedacht: »Und was ist mit ____?«, aber das liegt nur daran, dass Sie noch nicht herausgefunden haben, dass Wodka nur etwas für Teenager und Oligarchen ist. Tequila sollte man nur gelegentlich trinken, quasi zum Andenken. Sambuca und Ähnliches ist nur was für unerfahrene, ängstliche Trinker, die glauben, sie hätten damit »ihr Getränk« gefunden, es aber erst mal richtig probieren müssen. Alles, was Milch oder Sahne enthält, ist nur was für Golfspieler. Sherry ist toll, wenn man Frasier Crane ist. Sogenanntes Schankbier wie Budweiser oder Corona sollte man zusammen mit den zerquetschten Limonenstücken im Mülleimer der Studentenverbindung zurücklassen.

Sekt sollte man nur für eine Feier anschaffen, und zwar am selben Tag, um ihn auf Eis zu legen. Lassen Sie ihn nicht herumstehen. Wenn was übrig ist, sollte man ihn mit Orangensaft zum

Frühstück trinken. Portwein ist ein gutes Getränk, das für Gemütlichkeit sorgt, aber ich kann es nicht leiden, wenn Leute sich darüber verbreiten, als wäre es etwas anderes als bloß Wein, wenn auch ein höherprozentiger. Er wird traditionell in kleinen Glas-Eierbechern serviert, als handele es sich um ein instabiles Isotop. Dabei sollte er meiner Ansicht nach wie jeder andere Wein serviert werden, am besten in einem Eimer. Hawichnichrecht, Loide? Oha. Na, so bin ich nun mal.

Wo wir gerade von Gläsern sprechen: Man lässt sich leicht dazu verführen, Gläser für alle möglichen Zwecke anzusammeln. Irgendwann sind es dann so viele, dass es aussieht wie in Frankensteins Labor. Ich habe aber herausgefunden, dass einfache Bechergläser für jede Art von Getränk ideal sind. Für Cocktails sind sie geradezu perfekt und für Wein oder Bier ganz akzeptabel. Einige Ihrer weintrinkenden Gäste werden womöglich ein Glas mit Stiel erwarten, aber Stiele an Weingläsern sind ein alter Hut, und wenn wir schon dabei sind, die Stiele wegzulassen, sind wir auch schnell bei Bechergläsern. Diese sind genau das Richtige für uns Bohemiens, und außerdem wird niemand peinlich berührt sein, wenn er auf Ihrer Party eins davon kaputt macht. Was aber wahrscheinlich gar nicht der Fall sein wird, denn so etwas passiert eher mit Martini-Gläsern, Champagner-Flöten und anderen wissenschaftlichen Geräten.

Was ich wirklich nicht leiden kann, ist eine verspukte Minibar. Damit meine ich eine Bar mit Flaschen, in denen weniger als zwanzig Prozent des Inhalts übrig sind. Eine verspukte Minibar muss exorziert werden, also laden Sie sich beim nächsten Vollmond ein paar mutige Geisterjäger zu einer abendlichen Sitzung ein und krempeln Sie die Ärmel hoch.

Manche Leute – vermutlich auch die betrunkenen Eltern mit dem großen Wohnzimmerfenster – bemühen sich, eine Flasche so lange wie möglich stehen zu lassen. Dafür erweitern Sie sogar den

Platz für die Minibar und bauen mehr und mehr Hochhäuser in die Skyline. Aber meiner Ansicht nach sollte man den armseligen letzten Tropfen möglichst schnell seiner Bestimmung zuführen und die betreffende Flasche *stante pede* ersetzen.

Räum deinen Dreck selbst weg

Es war nicht meine größte Sorge, aber während ich an meinem Schreibtisch auf der Betoninsel saß und so tat, als hätte ich viel zu tun, war mir die ganze Zeit latent bewusst, dass das Wringham-Hauptquartier dabei war, zu verwahrlosen. Meine Partnerin arbeitete viel länger als ich, nämlich üblicherweise fünfzig schlecht bezahlte Stunden pro Woche, also war niemand da, der den Haushalt in Ordnung hielt.

Schmutzige Teller und Kochgeräte stapelten sich rund um das Spülbecken. Pflanzen verwelkten Mitte der Woche, weil sie nicht gegossen worden waren. Mülleimer und gelbe Tonne quollen über. Auch wenn ich das Gröbste an Wochenenden oder in kurzen aktiven Augenblicken nach Feierabend beseitigen konnte, waren zeitintensivere Projekte wie das Wischen des Fußbodens im Badezimmer oder das Säubern der Schrankfächer Lichtjahre von meiner Existenz entfernt und blieben hypothetische Träume wie in einem Roman von Arthur C. Clarke.

Ich fragte meine Mitgefangenen auf der Betoninsel, wie sie mit diesem Problem umgingen; aber ihnen schien das egal zu sein. Entweder hatten sie jemanden engagiert, der es für sie erledigte, oder es störte sie nicht, dass die Reste des Risottos vom Montag am Mittwoch noch neben der Spüle vergammelten. Oder sie verbrachten das ganze Wochenende mit Saubermachen und Besorgungen, anstatt aktiv das gute Leben zu genießen.

Ich dachte oft darüber nach, eine Putzhilfe zu engagieren, um diese Dinge während meiner Abwesenheit erledigen zu lassen. Mir war aber immer bewusst, dass das Beschäftigen einer Putzkraft nur eine Scheinlösung ist, für die man Geld zum Fenster rauswirft, um nachher festzustellen, dass es nur neuen Ärger mit sich bringt. Denn zum einen muss man dieser Person Geld für ihre Arbeit geben, das man lieber für Bier ausgegeben hätte. Zum anderen muss man die Aufgaben delegieren und anschließend überprüfen, ob sie richtig erledigt wurden. Und man sollte auch nie vergessen, wann der Putzmann das nächste Mal kommt. Der bevorstehende Termin wäre für mich eine Quelle ständiger Angst: Die Notwendigkeit, mich an den Termin zu erinnern, würde mein Leben okkupieren. Oder ich würde ihn dann doch vergessen. Und schon würde unsere Putzhilfe in die Wohnung spazieren und auf einen Wringham treffen, der mit nichts weiter als einem Fes auf dem Kopf und einem Haufen Pistazienschalen auf dem Bauch auf der Chaiselongue eingepennt ist.

Ganz gleich, ob man jeden Tag zur Arbeit geht oder nicht: Es ist immer eine Versuchung, die häuslichen Arbeiten zu delegieren, damit man mehr Zeit für das hat, was einem wirklich wichtig ist. Ich glaube, das ist ein Fehler. Den eigenen Lebensbereich sauber und ordentlich zu halten oder, weiter gefasst, die Verantwortung für seine eigenen Angelegenheiten zu übernehmen ist von großer Wichtigkeit. Es sollte nicht als lästige Drecksarbeit auf jemanden abgewälzt werden. Die Wohnung sauber zu machen ist genauso Teil des guten Lebens wie das tägliche Waschen des eigenen Körpers unter der Dusche. Duschen wird normalerweise nicht als langweilig oder mühselig empfunden und auch nicht als Zeitverschwendung. Wir betrachten es eher als etwas Erfrischendes und erfreuen uns in der Regel an der veränderten Wahrnehmung, die mit dem Nasswerden einhergeht. Wieso sind wir dann so erpicht darauf, die Verantwortung für Sauberkeit und Ordnung in unserem Heim anderen aufzuladen?

Ich kann Ihnen sagen, warum! Wir sehen Putzen und Staubwischen als lästige und niedrige Tätigkeiten, weil wir der allgemeinen Überbewertung der Berufstätigkeit und der Abwertung häuslicher Arbeiten auf den Leim gegangen sind. Viel zu viele Menschen legen es darauf an, als Tatmenschen auf der Gewinnerstraße angesehen zu werden, egal, wie viel Zeit sie dafür im Verkehr feststecken und die Abgase anderer Blechkisten einatmen müssen. Viel zu wenige Menschen möchten lieber zu Hause bleiben und ihr Leben verbessern, ohne den scheinbar glitzernden Umweg über das Geldscheffeln. Jeder will sein wie Dad, aber nicht wie Mom. Das ist eine verschenkte Gelegenheit und führt dazu, dass die Menschen nur noch ein halbes Leben haben, immer nur Yang und nie Yin.

Ein anderer Grund, warum wir vor der Übernahme der Putzverantwortung zurückschrecken, ist das Kommerzdenken. Die Konsumwelt verlangt von uns, Probleme mit Geld zu lösen, anstatt erfinderisch und fantasievoll damit umzugehen. Die kommerzielle Lösung für das Saubermachen ist Outsourcing – also das Beschäftigen einer Reinigungskraft –, und diese Option wird uns von der Konsumwelt auf einem silbernen Tablett serviert. Um das gute Leben zu genießen – erinnern wir uns daran –, haben wir uns aber ja vorgenommen, alle Formen sinnfreien Konsums zu vermeiden; auch deswegen, weil sie unserer Vorstellungskraft zu enge Grenzen setzen.

Ein sauberes und würdiges privates Umfeld ist eines der zentralen Elemente des guten Lebens, aber ich bin auch der Ansicht, dass wir ganz persönlich die Verantwortung dafür übernehmen sollten. Das Problem an einen anderen zu delegieren wäre ein Fehler. Denn das Saubermachen des eigenen Haushalts *ist überhaupt kein Problem*, sondern beinahe schon so etwas wie ein Akt der Hingabe.

Eine Putzkraft zu engagieren, mag sinnvoll sein, wenn wir wirklich und wahrhaftig keine Zeit haben, uns selbst darum zu kümmern. Wenn wir aber die verschiedenen Strategien zur Reduzierung der Arbeit anwenden, die in diesem Buch vorgeschlagen werden, sollten wir eigentlich genug Zeit dafür erübrigen können. Und wenn es uns gelungen ist, unser Zuhause nach den Prinzipien des Minimalismus klein und überschaubar zu gestalten, erleichtert dies das Saubermachen und Aufräumen. Den eigenen Dreck selbst wegzuräumen, sollte keine übermenschliche Aufgabe sein. Die grundlegenden hausmeisterlichen Aufgaben zu übernehmen in dem Raum, den wir bewohnen, und mit den Dingen, die wir angeschafft (oder großgezogen oder gebaut) haben, sollte das Mindeste sein, was wir auf Erden tun.

Es hat durchaus Vorteile, sein eigener Putzmann oder die eigene Putzfrau zu sein, abgesehen davon, dass man Geld spart. Vor allem lernt man seinen eigenen Kram kennen. Nichts bleibt unbemerkt, wenn man selbst das Staubtuch und den Putzlappen schwingt. Nichts fällt unter den Tisch oder hinters Sofa und bleibt dort liegen; nichts wird vergessen oder vernachlässigt.

Seine eigene Reinigungskraft zu sein, ist auch eine Möglichkeit, sich das eigene Umfeld anzueignen. Es ist die häusliche Variante des Flanierens. Genauso wie man seine Nachbarschaft und die eigene Stadt kennenlernt, indem man zu Erkundungsgängen aufbricht, kann man seine Wohnung erforschen – sich mit ihr verbinden, Atome austauschen – während man sie sauber macht. Haben Sie schon mal die Fußleisten in Ihrem Wohnzimmer berührt? Sind Sie schon mal den Windungen einer Stuckverzierung gefolgt? Solche Dinge werden Sie zweifellos immer wieder tun, wenn Sie sich entschlossen haben, Ihre Wohnung selbst zu putzen. Es ist so eine Art »Zimmerflanieren«, da bin ich mir ganz sicher. Dies an eine andere Person zu delegieren, wäre ein großer Verlust.

Es ist außerdem schwierig, den eigenen Lebensraum wertzuschätzen, wenn man einen anderen dazu verpflichtet, ihn in Ordnung zu halten. Wer diese Verantwortung abgibt, verhält sich wie ein viktorianischer Patriarch, der irgendwo herumschwebt und meist unsichtbar bleibt. Er behandelt das, was eigentlich das Zentrum seines Lebens sein sollte, wie eine weit entfernte Kolonie, die nur wirtschaftlichen Interessen dient. Stellen Sie sich nur mal vor, was für ein Verhältnis Sie zu Ihrem Zuhause hätten, wenn Sie jeden Zentimeter davon schon mal bewusst erlebt hätten, wenn Sie alle Ecken und Kanten und Kurven und seine ganze Geschichte ertastet hätten. Es klingt beinahe schon dekadent, sich mit seiner unmittelbaren Umgebung derart sinnlich zu befassen, aber es ist sogar ausgesprochen funktional. Und alles, was Sie brauchen, sind ein paar Putzlappen, Bürsten und Staubtücher.

Putzen kann fast schon so etwas wie eine Andacht sein. Für die Mönche des Mittelalters war die Arbeit im Kloster eine Form des Gebets. Dahinter steckt die Idee, dass es eine Art von Verehrung ist, wenn man Gottes Schöpfung in Ordnung hält. Ein quasi-religiöses Buch aus den Neunzigerjahren feiert gerade seine Wiedergeburt in der Gemeinde der YouTuber. Darin werden fünf »Sprachen der Liebe« beschrieben. Eine davon besteht aus Akten der Hilfsbereitschaft; wobei es hier um so dramatische Dinge wie das Erledigen der Wäsche geht, um damit seine Liebe auszudrücken. Ich finde, das ist eine saubere Sache.

In *Die achtsame Kunst des Putzens,* einem kleinen Buch über die Bedeutung des Putzens für buddhistische Mönche sowie die japanische Einstellung zum Putzen an sich, stellt Keisuke Matsumoto das Reinigen des Zuhauses in einen Zusammenhang mit dem Reinigen der Seele. Seine Mönchsbrüder und er putzen den Tempel demnach »nicht weil er schmutzig oder unordentlich ist. Wir tun es, um den Trübsinn aus unseren Herzen zu vertreiben.« Und: »Um die Unreinheiten in deinem Herzen zu entfernen, halte das Klo blitzblank.« Was für ein großartiger Spinner. Er hat recht.

In Dänemark, so wurde mir gesagt, gibt es ein Gesetz, das jeden dazu verpflichtet, den Schnee vor dem eigenen Haus wegzuräumen. Es gibt sogar Fotos, auf denen der Ministerpräsident beim Schneeschippen zu sehen ist. Dahinter steckt auch die Idee, dass niemand zu fein ist, sich ums Sauberhalten der eigenen Umgebung zu kümmern. Ich denke, diese Einstellung sollten wir auf das Putzen im Haushalt erweitern. Wir sollten es nicht mehr als minderwertig ansehen und auf andere abladen.

Vielleicht fühlt es sich nicht besonders aristokratisch oder hedonistisch an, Spinnweben zu entfernen und unter Betten und Sofas staubzusaugen, aber man kann eine tiefe Freude und eine spirituelle Ruhe darin finden, sich um seinen eigenen Kram zu kümmern und alles in Schuss zu halten. Deshalb ist das ein wichtiger Aspekt des guten Lebens.

Wie man Leibesübungen vermeidet

Ich war ernsthaft in Sorge, ich könnte auf der Betoninsel einen schmachvollen Tod erleiden. Daher informierte ich mich nicht nur über die Notausgänge in der Nähe meines Schreibtischs, sondern nahm mir vor, meinen Körper zu stählen, um ihn in die Lage zu versetzen, im Brandfall blitzschnell zu verschwinden. Dafür nahm ich an einem Fitnessprogramm teil, das den Titel »Hundert Liegestütze«[57] trug. Es war so schrecklich, dass ich seitdem keinen Sport mehr getrieben habe, jedenfalls nicht freiwillig.

---

57 www.hundredpushups.com

»Hundert Liegestütze« fand ich zunächst gut, weil es nichts kostete und zu Hause erledigt werden konnte (also nicht verlangte, dass man früh aufstand und mit anderen Frühaufstehern durch den Regen rannte). Außerdem hatte es ein klares Ziel. Man fängt an, indem man testet, wie viele Liegestütze man schafft, ohne trainiert zu haben (ich schaffte fünfzehn, aber ehrlich gesagt war einer davon eher ein Liegesturz). Anschließend trainiert man sechs Wochen lang nach einem bestimmten Plan, bis man in der Lage ist, hundert zu schaffen. Dann kann man allen Leuten erzählen, man hätte hundert Liegestütze geschafft. Aber fangen Sie um Himmels willen nicht damit an, es ihnen vorzuführen. Hundert Liegestütze sollte man nur einmal im Leben machen. Danach ist es Ihre Pflicht, sich für den Rest Ihres Lebens wieder dem Müßiggang zuzuwenden, in dem beruhigenden Bewusstsein, einmal etwas richtig Tolles geschafft zu haben. So habe ich es jedenfalls gehandhabt.

Warum sollten wir uns dem Elend eines Fitnesstrainings ausliefern? Uns wird ständig erzählt, wir sollten Sport treiben, aber was erwarten wir eigentlich davon? Und was uns Lohnsklaven betrifft: *Wann* bitte sollen wir das denn tun? Wir haben doch überhaupt keine Zeit dafür, verdammt! Und auch keine Energie und keine Willenskraft mehr, wenn die Schicht zu Ende ist. Ja, ich weiß, manche Leute schaffen das. Aber die kann man an den Fingern einer Hand abzählen. Außerdem sind das alles Idioten. Komischerweise rennen alle fünf ständig an meinem Fenster vorbei – wie dieser dämliche Roadrunner aus den alten Zeichentrickfilmen. Abgesehen davon tun diese notorisch hyperaktiven Frühaufsteher und Spätabendjogger das alles nur, damit wir uns mit unseren Schmerbäuchen *noch schlechter fühlen* als ohnehin schon. Das ist doch der einzige Grund, warum sie es tun. Boshaftigkeit könnte die Lösung für die Energiekrise auf diesem Planeten werden, man muss sie nur kanalisieren.

Das Hauptproblem beim Sporttreiben ist nicht, dass es so anstrengend ist (nichts kann anstrengender sein, als morgens aufzustehen, um in den Bus zur Arbeit zu steigen, wenn jedes einzelne Atom in deinem Körper sich dagegen auflehnt) oder schwierig zu planen (wir Lohnsklaven können doch für jeden Zweck ein Balkendiagramm zusammenbasteln). Nein, das Problem ist das Entwürdigende daran. Stellen Sie sich nur mal vor, wie ich – oder eine andere große Person mit großer Nase – in ein Fitnessstudio gehe oder auf der Straße herumjogge.

Aber auch die restliche Ästhetik des modernen Fitnesstrainings ist einfach nur grässlich: verschwitztes Elasthan, aufgeschäumte Kunststoffmatten und chromglänzende Foltermaschinen. Ich habe meine Entscheidung über Sporthallen schon vor langer Zeit getroffen, als man mir sagte: »Entweder du kletterst das Seil hoch, oder du setzt dich zu den Mädchen.« Die Entscheidung fiel mir nicht schwer.

Aber ehrlich gesagt sehne ich mich nach einem Fitnessstudio, dessen Design für Würde und Wohlbefinden steht und nicht für diesen brutalen faschistoiden Fitnesswettbewerb. Wäre es nicht toll, man würde mal ein Fitnessstudio im Stil eines türkischen Bads einrichten, mit reich verzierten Rundbögen und angenehm warmem Wasser, anstatt in dieser Stressatmosphäre aus Motivationsmucke, blondiertem Igelhaarschnitt und elasthanbetonten Arschfalten?

Die Existenz von Orten mit festgeschraubten Fahrrädern und Hightech-Tretmühlen ist doch ein dezenter Hinweis darauf, dass das moderne Leben nicht für Menschen gemacht ist. Also für Säugetiere. Die Erfindung der Großraumbüros und Schreibtischjobs hat nie zur Natur der Säugetiere gepasst und sollte abgeschafft werden, damit wir eine Chance haben zu überleben. Wir alle werden auf Biegen und Brechen in diese Jobs gezwungen. Die Folge ist körperliche Schwäche, was an sich nicht unbedingt ein Problem sein muss.[58] Aber diese Schwäche führt zu so tollen Sachen wie Herzinfarkt oder Krebs, worüber wir weiter oben schon gesprochen haben.

Gut. Nehmen wir also mal an, jemand muss sich als Lohnsklave verdingen und tagtäglich am Schreibtisch sitzen und stundenlang in die Pixelwelt starren. Wie kann er verhindern, zu einem unbeweglichen Fettkloß zu degenerieren, wie es den Menschen in *Wall•E – Der Letzte räumt die Erde auf* ergangen ist? Ganz einfach: Wir können jede sich bietende Gelegenheit nutzen, um unsere Körper in Bewegung zu setzen und sportliche Betätigung proaktiv in unseren Alltag integrieren.[59]

Wie Vybarr Cregan-Reid, Autor des 2018 erschienenen Buchs *Primate Change*, ausführt:

> *Einen Teppich zu säubern [zum Beispiel, indem man ihn nach draußen brachte und ausklopfte] verbrannte einst in einem Rutsch zweihundert Kalorien. Das Einschalten eines Staubsauger-Roboters verbraucht nur 0,2 Kalorien, also ein Aktivitätsrückgang um das Tausendfache, ohne einen adäquaten Ersatz. Niemand, der sich ein Gerät zur Einsparung von Arbeit anschafft, denkt dabei: »Wie kann ich*

---

58 Mir hat immer die Idee gefallen, dass diese sogenannten *Grey Aliens* mit ihren großen Köpfen, dünnen Beinchen und hübschen kleinen Schmerbäuchen gar keine Außerirdischen sind, sondern die Menschen der Zukunft, die nach Jahrhunderten des Nachdenkens körperlich total verkümmert sind. Aber sie können durch die Zeit reisen!

59 Damit meine ich Treppen steigen, anstatt den Aufzug zu benutzen und dergleichen. Ihre Arbeitgeber haben vielleicht noch mehr tolle Vorschläge parat, weil sie Angst davor haben, unabsichtlich ein neues Todeslager zu errichten.

nun die Bewegung ersetzen, die ich durch dieses Gerät einspare?«[60]

Genau das sollten wir tun. Wir können entweder ins Fitnessstudio gehen oder all diese Geräte zur Arbeitseinsparung und sitzenden Lifestyle-Beschäftigungen meiden. Das ist doch großartig. Denn es passt ausgezeichnet zu unserer Mission, uns auch als Lohnsklaven dem guten Leben zu widmen. Der Besuch eines Fitnessstudios kostet bloß Zeit und Geld und hält uns von den Dingen ab, die wir wirklich gerne tun. Cregan-Reid schreibt hierzu:

> *Um richtig zu funktionieren, arbeiten unsere Körper nach der Annahme, dass wir den ganzen Tag über Kalorien verbrauchen, und nicht nur während kurzer Aktivitätsschübe. Es ist bekannt, dass Perioden der Bewegungsarmut dem menschlichen Körper schaden, also ist es auf jeden Fall besser, aktiv zu sein, als nichts zu tun. Aber es geht weniger darum, welche Art von Übung wir durchführen, als um unsere Einstellung dazu und was wir im Ergebnis davon erwarten. Aus statistischen Daten wissen wir, dass Menschen sich meist freiwillig zu sportlicher Betätigung entschließen, weil ihr Alltag ansonsten im Sitzen stattfindet, was jede Menge Probleme mit sich bringt. Solange aber körperliche Betätigung von den Tätigkeiten unseres Alltagslebens getrennt bleibt, werden wir immer jede Menge Entschuldigungen finden, gar nichts zu tun.*

---

60 https://theguardian.com/news/2019/jan/03/why-exercise-alone-wont-save-us

Wir würden das Fitnessstudio lieber meiden – weil es nichts weiter als eine bequeme kommerzielle Lösung für ein ganz neues Problem darstellt[61] –, aber diese Vermeidungshaltung ändert nichts an der Notwendigkeit körperlicher Betätigung, denn unsere Arbeitssituation ist total ungesund. Wer will schon am ersten Tag seines Rentnerdaseins einen Herzanfall erleiden, aufgrund von Überlastung, wenn er den Golfschläger in die Hand nimmt?

Die Menschen auf dem Planeten Erde, die am längsten leben, so hat sich herausgestellt, sind nicht diejenigen, die besonders viel Zeit auf Sport oder Ernährung verwenden oder sich in der unnatürlichen Umgebung eines Fitnessstudios bewegen, sondern sie leben in den sogenannten »Blauen Zonen«: zum Beispiel auf Sardinien, der zu Griechenland gehörenden Insel Ikaria oder auf der japanischen Inselgruppe Okinawa. Sie werden oft über hundert Jahre alt, ohne an einer schwerwiegenden Krankheit zu leiden. Dabei betätigen sie sich nicht auf unnatürliche Weise körperlich, vor allem nicht außerhalb ihres normalen Alltags, sondern führen ein aktives, ländliches Leben, in dem sie die ganze Zeit über physisch und geistig gefordert sind.[62] Sie lassen sich nicht von plötzlichen Aktivitätsanfällen verleiten wie wir, sondern bewegen sich kontinuierlich auf einem Niveau niedertouriger Aktivität. Das ist für mich das überzeugendste Argu-

---

61 Noch mal Cregan-Reid: »Menschen brauchen natürlich regelmäßige Betätigung, aber die moderne Welt strebt danach, uns vor jeder Form von Anstrengung zu bewahren. Die Moderne ist charakterisiert vom unbedingten Willen, alles zu vereinfachen, zu verbessern und überall die Effizienz zu erhöhen.«

62 Ihre Ernährung basiert tendenziell auf pflanzlicher Kost sowie Fisch und Meeresfrüchten, und sie rauchen nicht. Sie scheinen zu wissen, wo sie hingehören und auch so etwas wie eine persönliche Bestimmung zu spüren. Wie viel von einem solchen Lebensstil passt mit dem Dasein in einem Büro zusammen? Was davon passt zu dem überall herrschenden Konsumzwang? Wieder sehen wir, dass unser moderner Lebensstil dem guten Leben vollkommen zuwiderläuft.

ment gegen »Fitness« und dafür, körperliche Aktivitäten in den ganz normalen Alltag zu integrieren. Aber wie?

Der Schlüssel dazu liegt darin, möglichst viel selbst zu erledigen, zu Hause wie auch am Arbeitsplatz. Anstatt eine Putzkraft zu engagieren, putzen Sie Ihre Wohnung verdammt noch mal selbst. Es hilft auch, die Dinge langsam anzugehen: Zum Beispiel fegen statt Staub zu saugen oder einen Saugroboter zu programmieren. Und Teppiche können Sie wie gesagt auch ausklopfen, so wie die Hausfrauen in *Coronation Street* (die Lockenwickler sind optional). Anstelle einer elektrischen Zahnbürste benutzen Sie eine normale und verbrauchen nun siebzig statt bloß zehn Kalorien bei der Zahnpflege. Da kommt auf Dauer einiges zusammen, und das kann dazu führen, dass wir eben nicht so aussehen wie die menschlichen Fettmaden in *Wall•E*, sondern noch wie Menschen im alten Stil.

Es erübrigt sich beinahe, darauf hinzuweisen, dass wir auf das Auto verzichten und besser zu Fuß gehen oder Fahrrad fahren.[63] Falls die verschiedenen Anti-Automobil-Argumente, die in diesem Buch überall verstreut sind, Sie nicht überzeugen können (oder Ihr Lebensstil verlangt, dass Sie einen Verbrennungsmotor einsetzen), dann hören Sie wenigstens auf, kurze Strecken (weniger als zwanzig Minuten Fußweg) mit dem Auto zurückzulegen. Menschen, die ihr Auto benutzen, um zum Einkaufen oder in die Kneipe zu fahren oder – ganz kontraproduktiv – ins Fitnessstudio, haben ja keine Ahnung, welche körperlichen und geistigen Annehmlichkeiten ihnen dadurch entgehen.

---

63 Nachdem Cregan-Reid sein Auto abgeschaffte hatte, stellte er fest, dass dies erfreuliche Auswirkungen hatte: »Ohne Auto dauerte der Weg zum Fitnessstudio zu Fuß hin und zurück siebzig Minuten. Nachdem ich die Strecke mehrmals gegangen war, erübrigte sich das Training, und ich konnte meine Mitgliedschaft kündigen.«

Ganz allgemein sollten Sie nach Möglichkeiten suchen, sich körperlich und geistig zu betätigen und Dinge zu erlernen, für die andere Leute jemanden von außen engagieren oder Geräte benutzen. Das hat nichts mit Maschinenstürmerei zu tun und stößt oft auch an Grenzen: Sie müssten schon ganz schön konsequent sein, um Ihre Waschmaschine zugunsten eines Waschbretts und einer Mangel zu entsorgen. Es geht darum, eine Geisteshaltung zu entwickeln, die uns animiert, Möglichkeiten zu entdecken, uns zu bewegen, zu denken und bei der Erledigung unserer Angelegenheiten gleichzeitig Gewichte zu heben. Es ist eine Win-win-win-Situation.

Hier ein Mikro-Beispiel, das illustrieren soll, wie weit wir damit kommen können. Ich kaufe mein Brot nicht mehr online beim Lebensmittelhändler. Das zwingt mich dazu, jeden Morgen, wenn wir Brot haben wollen, zum Bäcker zu gehen. Bewegung! Und wenn ich keine Lust dazu habe? Das geht in Ordnung, bedeutet aber auch weniger Bewegung und kein Brot. Wenn ich keine Lust habe loszugehen, muss ich halt Obst statt Brot zum Frühstück essen. Und wenn ich mich entschließe loszugehen, werde ich mit frischem Brot belohnt und muss nicht mit diesem minderwertigen Zeug aus dem Supermarkt vorliebnehmen. Das ist ein perfektes System.

Heutzutage lautet das Standard-Klagelied auf dem Sterbebett: »Ach, hätte ich doch mehr Zeit mit meiner Familie verbracht.« Ich denke, man kann den Begriff »Familie« auf das ganze Zuhause erweitern. Indem wir es sauber machen, in Ordnung bringen und verbessern, ohne dabei Hilfe von außen in Anspruch zu nehmen, widmen wir ihm mehr Zeit, bringen uns ein, schaffen eine Verbindung. Schluss mit der provisorischen Existenz oder dem Leben nach dem Stellvertreterprinzip: Fangen wir an, unseren kleinen Flecken Lebenswelt selbst zu erkunden, machen wir uns die Hände schmutzig und erfreuen uns an der Bewegung – unserem Training – als einer Art Nebeneffekt.

Oh! Und Sex. Stellen Sie sicher, dass Sie viel Sex haben. 2013 haben Wissenschaftler an der Universität von Montreal (natürlich!) herausgefunden, dass bei konventionellen Liebesakten ungefähr hundert Kalorien verbraucht werden (pro Person), verglichen mit zweihundertsiebzig bei dreißig Minuten Betätigung in der Fitnessbude. Das ist nicht ganz so effizient, aber laut unseres Plans für das gute Leben geht es ja darum, diese Sexerzitien in unser breit angelegtes Konzept körperlicher Betätigung einzufügen: Immer wiederkehrende tägliche körperliche Bewegung ist unser Ziel. Nicht der plötzliche Ausbruch von Hyperaktivität im Fitnessstudio. Wir »trainieren« nicht im konventionellen Sinn, sondern kämpfen gegen den Sitzzwang, der uns durch die Büroarbeit oder das Fernsehglotzen auferlegt wird. Sex trägt ebenfalls zum guten Leben bei, weil es uns mit unseren Säugetier-Bedürfnissen in Einklang bringt und wir dadurch mehr Zeit mit dem verbringen, was wir lieben. Und natürlich mit der *Person,* die wir lieben.

Dies sind Beispiele von Bewegungsmöglichkeiten im häuslichen Bereich. Am Arbeitsplatz können wir die Treppe statt des Aufzugs nehmen. Wir können die Arbeit im Stehen erledigen. Wir können Meetings im Stehen oder Gehen absolvieren. Wir können den langen Weg zu den Konferenzen, zur Toilette oder in die Kaffeepause zu Fuß zurücklegen. Am besten ist es, wenn wir den Weg von zu Hause zum Arbeitsplatz und zurück zu Fuß oder mit dem Fahrrad zurücklegen (siehe zweites Kapitel zum Thema »Wie man das Pendeln reduziert«). Wir könnten sogar das Trainieren von hundert Liegestützen am Arbeitsplatz und vor den Augen der Kollegen in Angriff nehmen. Das hätte den Vorteil, dass ihr kritischer Blick uns vor dem Mogeln bewahrt. Womöglich würden andere sich ja anschließen (um dem frühen Tod aufgrund von Bewegungslosigkeit am Arbeitsplatz vorzubeugen) und damit unser Image des Arbeitssaboteurs zementieren.

Besser wäre natürlich, den ganzen Bürojob sausen zu lassen, um etwas anderes zu finden, das mehr körperliche Betätigung beinhaltet. H.G. Wells' Romanfigur Mr. Polly tat das. Er wurde Hausmeister in einem Hotel auf dem Land:

> *An einem Nachmittag im Sommer, ungefähr fünf Jahre nachdem er zum ersten Mal im Potwell Inn abgestiegen war, saß Mr. Polly unter einer Weide am Wasser und angelte nach Weißfischen. Der Mr. Polly, der hier saß, war wohlbeleibter, brauner und gesünder als der, den wir zu Beginn unseres Romans kennengelernt haben, und litt auch nicht mehr an Verdauungsproblemen. Er war dick, aber auf eine eher unbestimmte Art.*

Wie man sich unprofessionell kleidet

Auf der Betoninsel gab es keinen Dresscode, aber die Beschäftigten tendierten dazu, sich im legeren Business-Stil zu kleiden: Hemden mit offenem Kragen, neutrale Farben, Chinos, hier und da noch ein paar volkstümliche Schnörkelchen. Es gab nur wenige Nonkonformisten. Wegen des fehlenden Dresscodes hätte man auch als Pirat verkleidet am Arbeitsplatz erscheinen können, Holzbein inklusive. Aber alle interpretierten den Nicht-Dresscode eher so, dass sie in einem vom Silicon Valley inspirierten krawattenfreien Stil erschienen.

Ich finde das interessant. Heutzutage wird eine bestimmte Arbeitsplatzkultur nicht mehr diktiert (weil das womöglich eine Rebellion zur Folge hätte), sondern man baut so etwas wie eine passiv-aggressive Kultur der Angst auf, in der Nonkonformisten nicht getadelt, sondern *atmosphärisch* eines Besseren belehrt werden. Das ist genauso effektiv, als ob man ein Gas zur Gehirnkontrolle durch die Klimaanlage einspeisen würde.

Ich hatte damals die Angewohnheit, einen gut geschnittenen Anzug mit Krawatte zu tragen, die klassische Dandy-Ausstattung. Das ist mein bevorzugter Kleidungsstil. Er entspricht meiner Tendenz zum Minimalismus. Ein Anzug repräsentiert für mich Kontinentaleuropa und den Optimismus, der Ende der Fünfziger-/Anfang der Sechzigerjahre dort vorherrschte – Stolz, Kultiviertheit, Nachdenklichkeit. Ein Anzug erinnert mich an einige meiner liebsten Filme und Bücher: *Das Apartment* mit Jack Lemmon, *Hangover Square* von Patrick Hamilton und an die anachronistischen Bekenntnisse des Exzentrikers Quentin Crisp.

Aber auch angesichts des blank polierten Betons schien mir der Anzug angemessen: utopische Kleidung aus den Sechzigerjahren für eine utopische Umgebung aus dieser Zeit. Natürlich tat sich dadurch eine Kluft zwischen mir und der übrigen Firmenkultur auf. Aber da ich mit Letzterer nicht einverstanden war, warum sollte das mein Kleidungsstil nicht kundtun?

Ohne es auszusprechen, verdeutlichte ich schon durch mein Aussehen: »Ich bin mit all dem hier nicht einverstanden, aber davon lasse ich mir die Laune nicht verderben.« Mich auf diese Weise über meine missliche Lage hinwegzuretten, passte zu meiner Mission. Ich wollte genügend Lohnabrechnungen sammeln, um das Visum zu bekommen, aber ohne mein von Natur aus quicklebendiges und schelmisches Ich zu verlieren. Wenn ich auf meine Kleidung angesprochen wurde, konnte ich zu einem Monolog über Stil, Epikureismus und das gute Leben anheben, und alle hatten was dazugelernt. So jedenfalls die Idee.

Aber irgendwann wurde dieser aggressive Nonkonformismus zu anstrengend. Er passte nicht mehr zu meinem Tagesablauf und meiner inneren Verfassung. Es endete damit, dass ich von der vorherrschenden Unternehmenskultur zermalmt wurde. Jeden Morgen wurden mir wegen meines Aussehens kleine Nadelstiche zugefügt. Ich begegnete dem mit destruktiver Besserwisserei.

»Das ganze Team schämt sich schon wegen deiner Kostümierung«, sagte einmal jemand zu mir, woraufhin ich erwiderte: »Und angesichts deiner Kostümierung würde sich sogar das ganze Team bei Pizza Hut für dich schämen.«

Ich glaube, damit habe ich denjenigen wirklich verletzt, was nicht meine Absicht gewesen war. Ich wollte solche Auseinandersetzungen gar nicht führen. Meine Priorität war, jeden Tag auf der Betoninsel zu überleben, jede Woche zu überleben und so unauffällig und schmerzlos wie nur möglich auf den letzten Zahltag hinarbeiten. Dies gelingt leider am besten, wenn man sich ein Aussehen zulegt, das einen praktisch unsichtbar macht.

Auf keinen Fall war ich bereit, Chinos zu tragen. Also kaufte ich mir in Paris ein paar schwarze, enge Jeans von Uniqlo und trug sie fortan jeden Tag zusammen mit einem einfachen weißen Hemd. Die Uniform des Hipsters also – stylisch, aber schlicht. Damit war ich endlich so gut wie unsichtbar. Es war ein Outfit, das die anderen zumindest nachvollziehen und entschlüsseln konnten, ohne in Tränen auszubrechen. Wenn ich mir die verwirrende Vielfalt der heutigen Welt, mit ihren ständig wechselnden Subkulturen vor Augen führe, frage ich mich schon, ob Leute, die bereits beleidigt sind, wenn jemand eine Krawatte mit Paisley-Muster trägt, dieses Jahrhundert überleben werden.

Meine depressive Stimmung am Arbeitsplatz wirkte sich schon bald auf mein Freizeitleben aus. Vor allem war ich nicht besonders stolz auf mich. Ich schämte mich ständig wegen irgendwas und verspürte das Bedürfnis, nicht mehr aus allem herauszustechen. War ich vorher darauf erpicht gewesen, wahrgenommen zu werden

(»Wringham in grob gestricktem rosa Pulli in Kreuzberg gesehen!«), wollte ich mich jetzt anpassen, geduckt die Straße entlanglaufen und unbemerkt bleiben. Niemand sollte denken: »Hey, was ist das denn für ein interessanter Typ!«, um dann festzustellen, dass ich bloß ein Durchschnittstyp war, der Geld damit verdiente, etwas zu tun, das er weder wertschätzte noch im Detail überhaupt verstand. Jemand, der nur das Allernötigste tat, ständig zur Wanduhr schielte, grelle Farben scheute und lieber darauf verzichtete, seine Konturen durch taillierte Jacketts zur Geltung zu bringen; vor allem weil dann nur der typische Schmerbauch eines Büroangestellten zum Vorschein gekommen wäre.

Das bringt uns nun also zu dem Thema, wie wir uns am Arbeitsplatz und auch sonst kleiden *sollten*. Ich schlage zwei Varianten vor, die ich auf der Betoninsel ausprobiert habe: exquisite Kleidung und unsichtbar machende Kleidung. Also zwei schlechte Beispiele eigentlich. Sie haben es hier mit dem klassischen Wringham zu tun, fürchte ich, der sich mal wieder weigert, die Grautöne zwischen den Extremen zu sehen. Bis jemand kommt und ihm die hohe Kunst des Kompromisses nahebringt. Es ist auf jeden Fall klug, sich gut, aber nicht zu aggressiv zu kleiden. Also nicht so, wie ich es in den Anfangstagen meiner Verbannung tat.[64] Und auch nicht so, wie ich es danach tat. Denn dann gibt man sich geschlagen. Ein Kompromiss ist wesentlich vernünftiger und verhindert kleidungsmäßige Bockigkeitsanfälle, so wie ich sie damals – das weiß ich inzwischen – durchgemacht habe.

Der ideale Weg liegt vielleicht darin, als das aufzutreten, was Allen Crawford – ein amerikanischer Dandy und Grafikdesigner – »Botschafter des Paradieses« nannte. Ich mag diese Bezeichnung

---

64 In J.G. Ballards Roman *Betoninsel* trägt der Protagonist, der auf einem Stück Ödland strandet, einen Frack.

sehr. Für Crawford bedeutet dieser Begriff etwas ganz Spezielles: »Man sollte grundsätzlich ›overdressed‹ sein. Nicht nur aus Achtung vor sich selbst, sondern auch wegen der anderen, denen man angenehm ins Auge fällt, wenn sie einen anschauen.«[65]

Aber das gilt nicht nur für Dandys. Die jeweilige Ausprägung hängt von der individuellen Idee des Paradieses ab. Es kommt darauf an, eine Vision zu finden und sie zu propagieren. Oder sie einfach nur vorzuführen. Sie müssen ja nicht unbedingt so extravagant sein wie Allen Crawford. Falls Sie einem kargen Utilitarismus huldigen, genügt es, eine schlichte Fliegerkombination zu tragen. Wichtig ist nur, einer persönlichen Philosophie zu folgen und diese durch die eigene Kleidung auszudrücken. Auf diese Weise leben Sie das gute Leben und tragen Ihre Sichtweise in die Welt hinaus.

Wenn wir sichtbar für einen bestimmten Lebensstil eintreten, sorgen wir für die Verbreitung unterschiedlicher Lebensentwürfe. Und was könnte schöner, unaufgeregter und überhaupt wie aus einem Guss sein, als seine Philosophie als Kleidungsstück zu tragen? Auf diese Weise verbreitet sich die Botschaft über das Trägersignal des Alltags.

Das kann also am Arbeitsplatz, zu Hause oder unterwegs stattfinden. Sie können Ihre persönliche Vision vom guten Leben überall einbringen. Freundlich, aber bestimmt. Durch Ihre Kleidung können Sie ausdrücken, dass Sie nicht einverstanden sind mit dem allgemein vorherrschenden Liberalismus im Büro, wie auch mit dem Kult des »Grobschlächtigen«, der auf den Straßen zelebriert wird. Wenn Sie das auf freundliche Weise tun, reißen Sie keine Kluft auf, sondern führen etwas vor, das auch andere möglicherweise als angenehm empfinden.

---

65 Lord Whimsy (alias Allen Crawford) – *Die Kunst, mit einem Hummer spazieren zu gehen,* Bd. 1 (2013).

Leider gibt es in Bezug auf die Kleidung in den eigenen vier Wänden nur wenige Bücher, in denen dargelegt wird, wie moderne Freizeitkleidung für zu Hause aussehen sollte. Daher möchte ich mich kurz fassen: Kleiden Sie sich bequem, machen Sie keine Zugeständnisse an Sportkleidung, denn Sie sollen ja einigermaßen stilvoll herumlungern und keine Angst haben müssen, wenn es mal klingelt.

Haustiere lassen Ihre Wohnung nach Kacke riechen

Eine Zeit lang hatte ich eine Katze namens Dinah. Jedenfalls habe ich sie so genannt, ich weiß nicht, wie sie in Wirklichkeit hieß. Und das ist schon das erste Problem mit Katzen: Sie erzählen dir nichts. Nicht weil es keine gemeinsame Sprache gäbe, sondern weil Katzen sich der Existenz von Menschen kaum bewusst sind.

Das andere Problem mit Dinah: Sie hatte die Angewohnheit, nachts in mein Schlafzimmer zu kommen und auf mir herumzutrampeln, wobei ihre kleinen Katzenpfoten mit erstaunlichem Gewicht auf meine weichsten Körperteile drückten.[66] Während dieses gemeinen, ungefragt stattfindenden Angriffs, musste ich so tun, als würde ich schlafen. Denn wenn sie gemerkt hätte, dass ich wach war, wäre sie gegangen, um ein paar Löcher in das Sofa im Wohnzimmer zu kratzen – um dann zurückzukommen und einen neuerlichen Angriff zu starten. Also verhielt ich mich ruhig, und wenn sie sich dann ausgiebig versichert hatte, dass ich schlief, ließ sie sich endlich irgendwo in der Nähe meiner Füße nieder, um ihrerseits zu

---

66 In meinem Fall die Hoden.

schlafen. Ich musste dann den Rest der Nacht so still wie nur möglich daliegen, um sie nicht zu stören und aufzuwecken.

Ich mag Tiere, aber lieber auf Distanz. Vielleicht geht es Ihnen ja ähnlich. Haustiere zu haben, ist ein hoffnungsloses Unterfangen. Hunde und Katzen sind süß und extrem liebenswert, aber wenn sie nicht wirklich qualitativ zur Verbesserung Ihrer Lebensumstände beitragen (statt nur neue Verpflichtungen hinzuzufügen) *und* Sie selbst dem Tier kein durch und durch gutes Leben garantieren können (was beinhaltet, dass es ihm auch gut geht, wenn Sie in der Arbeit sind), sollten Sie vielleicht von der Haltung Abstand nehmen. Ich bin ein Monster, ich weiß! Aber immerhin trage ich als Vegetarier zum Wohl der Tiere bei, indem ich mich weigere, ihr Fleisch zu essen.

Haustiere sorgen nicht nur dafür, dass die Wohnung nach Kacke riecht, sie fordern auch viel Zeit und Zuwendung und lenken uns dadurch vom guten Leben ab. Außerdem kostet ein Hund oder eine Katze im schlimmsten Fall bis zu tausend Pfund im Jahr.[67]

»Du bist ein echter Kapitalist«, sagte eine Freundin einmal zu mir, als wir über dieses Thema diskutierten. »Du glaubst, du könntest alles mit einem Preis versehen.« Autsch! Das hat mich verletzt, verstehe ich mich doch als *Anti*kapitalist, wenn auch auf eine halbherzige und gelegentlich heuchlerische Art. Denke ich wirklich, man kann allem einen Preis geben? Bin ich bloß ein unwissender Teil des Systems? Könnte sein. Aber ich sage ja nicht so krasse Dinge wie »Liebe kann man kaufen«, sondern nur, dass man die Kosten im Blick haben sollte, wenn man ein neues Projekt startet. Und darum handelt es sich doch, wenn man sich ein Tier ins Haus holt.

---

[67] Auf der Website www.thisismoney.co.uk wird vorgerechnet, dass ein Hund seinen Besitzer während seiner Lebenszeit neunzehntausend Pfund kostet, eine Katze beinahe genauso viel, nämlich achtzehntausendfünfhundert.

Das ist doch nur vorausschauend. »Jetzt erst, aber leider zu spät«, sagte Robinson Crusoe, als er beinahe verhungert war, weil er die ganze Zeit nach nährstoffarmen Beeren gesucht und deshalb kaum noch Kraft hatte, sich ein Kanu zu bauen, »sah ich meine Unbesonnenheit ein, und welche Torheit es ist, ein Werk anzufangen, ehe man gehörig erwogen hat, ob unsere Kräfte zur Ausführung hinreichen und wir die Kosten bestreiten können.«

Noch einmal: Holen Sie sich gerne ein Tier in Ihr Heim. Es sind nette Gefährten und lieb, wenn sie sich auf den Schoß ihres Herrchens oder Frauchens legen oder beim morgendlichen Spaziergang brav neben einem hertrotten. In seinem *Leitfaden für faule Eltern* plädiert mein Freund Tom Hodgkinson auf herzerweichende Art für Haustiere, vor allem für seine zwei Katzen und beschreibt, wie viel Liebe und Freude sie seinen Kindern bereiten. Ich war schon beinahe bekehrt, da kam es dann: »Wenn ich am Morgen Katzenscheiße unter meinem Schreibtisch vorfinde, ist das natürlich keine angenehme Art, einen Tag zu beginnen.« Da haben wir es! Es tut mir leid, aber bei aller Katzenliebe, das geht nicht. »Und manchmal«, schreibt Tom, »finden wir den Grund für einen üblen Geruch leider nicht.« Er erwähnt auch, einmal hundert Pfund bezahlt zu haben, um ein verletztes Kaninchen einschläfern zu lassen, damit er nicht ganze neunhundert Pfund hinblättern musste, um das Tier wieder gesund zu machen.

Es mag böse klingen, wenn man solche Erlebnisse mit einem Preis versieht (aber wenn man in den Urlaub fliegt, denkt man doch auch über die Kosten nach, oder?), doch muss man den Besitz eines Haustiers sehenden Auges erwägen. Es geht ja nicht nur um die Kosten (finanzielle und olfaktorische), sondern auch um die Frage, warum wir das überhaupt tun. Das gute Leben besteht aus wohlüberlegten Entscheidungen. Aus dem Bauch heraus zum Hundebesitzer zu werden, ist ein ziemlich schräges Unterfangen.

Sprechen Sie es ruhig mal laut aus: »Ich wurde aus dem Bauch heraus zum Hundebesitzer.« Denn ich bin davon überzeugt, dass genau das ziemlich vielen Menschen passiert.

Der Grund dafür liegt in dem Klischee, Haustiere würden eine Familie erst komplett machen. Eine Modellfamilie besteht aus hingebungsvollen Ehepartnern, ein paar Kindern, einem Hund und einer verrückten Katze. Es ist ziemlich leicht, auf dieses »Idealbild« hereinzufallen, weil es überall verbreitet wird. Ein Haustier ist sozusagen das Sahnehäubchen auf dem Familien-Kuchen. Sollten Sie ernsthaft überlegen, sich einen Hund anzuschaffen, sind Sie schon weit auf das unkontrollierbare Terrain der suburbanen Hölle geraten, aber man darf durchaus darüber nachdenken. Wie mein Freund Mr. Money Mustache zu sagen pflegt: »Hundebesitz ist optional.«[68] Aber die Idee, dass eine Familie ein Haustier haben muss, ist ein so weit verbreiteter Gemeinplatz, dass viele Menschen überhaupt nicht auf den Gedanken kommen, dass es gar nicht stimmt.

Vierhundert der tausend Pfund Unterhaltskosten für ein Haustier werden für Futter ausgegeben. Das ist so, als müsste man eine Monatsmiete mehr pro Jahr zahlen. »Hey, wieso hast du freiwillig eine dreizehnte Monatsmiete bezahlt, Steve?« »Na ja, Blake, gut, dass du fragst. Ich hab das Geld für gehackte Pferdeknochen ausgegeben.« »Warum denn das?« »Um es in Hundekacke zu verwandeln, du Depp.«

Eine weniger teure und arbeitsintensive Alternative zu einem Hund oder einer Katze könnte die Anschaffung eines Vogels oder eines Fischs sein. Aber auch diese Tiere kosten mehr Geld und Zeit, als man zunächst gedacht hat. Nachdem ich mich an den Kanari-

---

68 http://www.mrmoneymustache.com/2015/09/07/great-news-dog-ownership-is-optional/

envögeln in den Holzkäfigen im Gardner Museum in Boston erfreut hatte, überlegte ich ernsthaft, einen anzuschaffen – um Gesellschaft zu haben und seinem Gesang zu lauschen, und weil so ein Vogel sowohl für Eleganz als auch für die Herkunft meiner Familie aus der Arbeiterklasse stehen konnte.[69] Aber angesichts der Schwierigkeit, in unserer viktorianischen Mietskaserne ein halbwegs vogelgerechtes Klima zu erzeugen, nahmen wir Abstand von unserer zunächst harmlos erscheinenden Idee.

Vergessen wir nicht, dass wir Lohnsklaven aus gutem Grund Geld sparen wollen. Nicht aus Spaß oder um unseren inneren Dagobert Duck zu besänftigen, sondern weil wir die fixen Kosten senken wollen. Wir haben keine Lust auf Mehrarbeit, bloß weil wir mehr Geld dafür bekommen. Wir möchten die Arbeitszeit reduzieren.

Und deshalb ist es keine gute Idee, ein Haustier aufzunehmen, das uns tausend Pfund pro Jahr kostet.

Wenn Sie gern ein Tier um sich herum haben, wenn Sie unbedingt eine nicht-menschliche Kreatur in unmittelbarer Nähe haben müssen und gerne die Art Aktivitäten unternehmen, die diesem Tier ein gutes Leben garantieren, dann dürfen Sie eine Katzenklappe installieren und sich ein paar Fusselbürsten kaufen. Ansonsten ist es vielleicht schlauer, sich auf menschliche Gesellschaft zu beschränken und alle vorhandene Zuneigung Freunden und Geliebten zukommen zu lassen. Menschen sterben im Allgemeinen nicht innerhalb der nächsten fünfzehn Jahre, und man kann zu ihnen eine tiefer gehende Bindung knüpfen. Möglicherweise müssen Sie auch mal ihre Kacke wegräumen, auf dieses Vergnügen werden Sie also nicht unbedingt verzichten müssen.

Es geht nicht nur ums Geld. Tiere reduzieren Ihre Flexibilität. Sie können nach der Arbeit nicht einfach ins Museum oder ins

---

69 Kanarienvögel, Bergbau und so.

Kino gehen, egal ob geplant oder spontan, wenn zu Hause ein weinendes Baby mit Fell darauf wartet, gefüttert und liebkost zu werden. Darüber hinaus erlauben nicht alle Vermieter Haustiere (weil sie, die Haustiere – tut mir leid, dass ich das noch mal erwähnen muss –, dafür sorgen, dass ihr Eigentum nach Kacke riecht).

Haustiere können aber auch Ihren Nachbarn und sonstigen Mitmenschen lästig werden: Einsame Hunde jaulen, Katzen töten Vögel und bringen die lokale Fauna durcheinander, Hunde wiederum hinterlassen Haufen, die Sie aufheben und entsorgen müssen. Hunde jagen Kindern Angst ein, springen Leute an und zwingen Sie dazu, dämliche Sachen zu sagen wie: »Der will nur spielen.«

Falls Sie jetzt noch immer darauf aus sind, eine Beziehung zu einer anderen Spezies zu knüpfen, können Sie ja einem Nachbarn anbieten, *seinen* Hund Gassi zu führen und damit sogar Geld verdienen, statt es auszugeben. Es gibt auch Streichelzoos, wo man Ziegen mit Karotten füttern oder Kaninchen hinterm Ohr kraulen und anschließend alleine wieder nach Hause gehen darf. Und dann wäre da noch die weite Welt der unberührten Natur, die allmählich zugrunde geht, weil wir zu viel davon in Bauernhöfe stecken oder zu Kuschelobjekten degradieren.

Andere Menschen unterbringen

Es ist ein Mythos, dass wir allein sind. Firmen und Regierungen suggerieren uns gern, wir seien einsame, alleinstehende Konsumenten, Revolverhelden, die sich auf den staubigen Westernstraßen des freien Marktes mit jedem messen wollen. Das ist alles Blödsinn, denn wir haben Freunde, Familie und gehören einer Gemeinschaft an.

Zeit mit Freunden zu verbringen, ist eine Schlüsselkomponente des guten Lebens. Wir sollten unsere Freunde darin unterbringen, und zwar in zweifacher Hinsicht: Zum einen müssen wir sie an unserem Leben teilhaben lassen, zum anderen in sie »investieren«, indem wir sie bei ihren Angelegenheiten unterstützen, uns Zeit für sie nehmen und sie besuchen.

Als wir unsere Wohnung aussuchten und die Einrichtung planten, war es für uns ganz wichtig, ein Gästezimmer einzurichten. Wir wollten regelmäßig Besuch bekommen und potenzielle Gäste nicht abschrecken, weil wir ihnen nur eine Luftmatratze oder eine Pritsche anbieten konnten. Ich habe ja bereits erwähnt, dass Landis zwei Monate bei uns wohnte. Das wäre nicht möglich gewesen, wenn wir kein Extrazimmer zur Verfügung gehabt hätten, damit jeder seine Privatsphäre hat.

Ein Gästezimmer zu haben (das bei uns immer noch »Landis' Zimmer« heißt), ist ein Geschenk. Ein Nachteil bei einer internationalen Paarbeziehung wie der unseren ist, dass immer einer einen ganzen Ozean weit von Familie und alten Freunden entfernt lebt. Aber jetzt können wir sie wenigstens zu uns einladen. Wir haben dann immer eine tolle Zeit zusammen. Das funktioniert auch für einen Lohnsklaven ziemlich gut, weil er keinen besonderen Plan dafür entwickeln muss und alles um die Notwendigkeit der physischen Präsenz am Arbeitsplatz herum arrangiert werden kann. Es ist schön, nach Hause zu kommen und jemanden dort vorzufinden. Die Gäste erzählen uns dann, was sie im Zoo oder im Museum erlebt haben, als wir gerade im Meeting saßen oder eine Diskussion darüber führten, ob es im einundzwanzigsten Jahrhundert noch lohnt, einen Heftklammerentferner anzuschaffen oder nicht.

Ein Gästezimmer verursacht natürlich Kosten (siehe Kostenreduzierung), doch diese sind im Vergleich zum Gewinn gering. Die Gesellschaft von Freunden zu genießen, obwohl wir aufgrund unserer Lohnsklaverei keine Zeit zum Reisen haben, ist eine tolle

Sache. Oft unterhalten wir uns bis in den späten Abend hinein. Das ist mehr wert als jede Plauderei im Coffeeshop oder Small Talk am Arbeitsplatz. Falls ein solcher Abend auf einen Freitag fällt, umso besser. Dadurch wird ein langweiliger Tag zu etwas Besonderem, und die acht Stunden am Arbeitsplatz entschwinden im Nu aus dem Gedächtnis.

Die andere Form, Menschen in unser Leben aufzunehmen, ist das Reisen. Erwidern Sie den Besuch. Diesmal bringen Sie die Geschenke mit und werden von den Gastgebern bekocht. Natürlich kostet das Reisen Geld, aber Ihre Freunde werden es zu schätzen wissen, dass sie es Ihnen wert sind; und das wird die Freundschaft noch vertiefen. Dieses Geld ist gut investiert.

Nach einer Studie der Zeitschrift *The Economist* und der Kaiser Family Foundation verursachen Mobilfunk-Technologie und soziale Medien immer mehr Einsamkeit, weil sie die direkte Kontaktaufnahme ersetzen.[70] Lasst uns das bekämpfen, indem wir andere in unser Leben aufnehmen und uns um die Nähe zu unseren Freunden bemühen. Das simple Gegenmittel zu Isolation und Vereinsamung ist kein käufliches Produkt oder noch mehr Arbeit, sondern mehr Freunde, tiefere Beziehungen, mehr Bienenstock-Dasein, mehr Feste, mehr Engagement.

---

70 https://kff.org/other/report/loneliness-and-social-isolation-in-the-united-states-the-united-kingdom-and-japan-an-international-survey/

Das Personal, von dessen Existenz Sie gar nichts wussten

Wo wir gerade von Gemeinschaft sprachen: Es ist Ihnen vielleicht immer noch nicht so ganz bewusst, aber Sie haben tatsächlich jede Menge Personal zur Verfügung, das Sie bei Ihren täglichen Aktivitäten und dem Streben nach dem guten Leben tatkräftig unterstützen kann. Es ist geradezu erpicht darauf. Ohne Ihren Bedürfnissen zu dienen und Ihre Befehle zu befolgen, hätte es den ganzen Tag lang nichts zu tun.

Es stehen Ihnen auf Zuruf zur Verfügung: ein ganzer Stab an Fahrern, Gärtnern, Bibliothekaren, Gesundheitsexperten, Museums-Kuratoren, Fitnesstrainern, Pool-Reinigern und verschiedene Notfall-Dienste. Wie aristokratisch! Klingt beinahe so, als wären Sie der Herr eines Anwesens oder so jemand wie Snoop Dogg.

Ich spreche natürlich von den Angestellten im Öffentlichen Dienst – jener Handvoll Menschen, die tatsächlich einen nützlichen Beruf ausüben –, deren Löhne von uns allen gemeinsam über die Steuern finanziert werden. Natürlich sind das nicht *exklusiv* Ihre Bediensteten, aber sie sind trotzdem für Sie da. Sie können jetzt sofort eine Bibliothekarin anrufen, wenn Sie möchten, und sie bitten, nach einem ganz bestimmten Buch zu suchen, für das Sie sich interessieren. Dank der Pool-Reiniger können Sie jederzeit ins Schwimmbad gehen, und das Wasser dort wird sauber und warm sein.

Sich so etwas auszumalen, ist nicht wirklichkeitsfremd oder absurd. Es gibt tatsächlich ein Team von Leuten dort draußen, die uns dienen. Und mit den meisten von ihnen können wir direkt in Kontakt treten und eigene Wünsche äußern. Selbst wenn wir keine eigenen Wünsche haben, halten sie die Dinge für uns am Laufen. Es ist die reinste Zauberei. Und das ist möglich und erschwinglich, weil es den Gedanken des Gemeinwohls gibt. Als Gemeinschaft können wir ein ganzes Team von Bibliothekaren in verschiedenen Bibliotheken unterhalten. Das ist das Tolle an den Steuern: Wenn alle dazu beitragen, können wir gemeinsam von den Leistungen eines Teams von hilfreichen, kompetenten und gewissenhaften Angestellten des Öffentlichen Dienstes profitieren. Es ist erstaunlich, wie leicht wir vergessen, dass uns diese Profis zur Verfügung stehen, deren Arbeit wir viel zu selten würdigen.

Sich auszumalen, man hätte eine ganze Reihe von Bediensteten zur Verfügung, ist ein nützlicher Perspektivenwechsel. Er hilft, die Menschen einer Gemeinde mehr wertzuschätzen. Die einen erledigen wichtige Aufgaben, die anderen stellen Geld in Form von Steuern zur Verfügung. Dieser Blick sensibilisiert uns für den Gemeinsinn und das Gemeinschaftliche. Er kann uns davon abhalten, in die Klaustrosphäre zu fallen oder uns der Illusion hinzugeben, wir könnten alles allein schaffen wie so ein Revolverheld. Er erinnert uns auch daran, dass unser Einfluss und unsere Ressourcen sich nicht auf unser Heim beschränken. Auf diese Weise fühlt man sich weniger allein. Ihre Bücher befinden sich nicht nur auf dem Regal im Wohnzimmer, sondern auch in der Bibliothek drei Straßen entfernt. Sie müssen sie nicht abstauben oder bestellen; das erledigen die Bibliothekare für Sie.

So zu tun, als hätte man sein eigenes Personal, ist auch eine Erinnerung daran, dass man nicht arm ist, sondern sogar ziemlich gut gestellt. Und das, bevor man überhaupt eine Stunde gearbeitet oder einen Penny verdient hat. Viele Leute schuften wie die Besessenen, um sich einen kleinen Garten leisten zu können (von dem sie eines Tages womöglich die Nase voll haben und der dann total verwildert), dabei verfügen sie längst über einen grandiosen Garten, der von professionellen Gärtnern in Schuss gehalten wird, und können diesen öffentlichen Park wahrscheinlich bequem zu Fuß erreichen.

Sich »Bedienstete« mit allen anderen Mitgliedern der Gemeinde zu leisten, mag also nicht so glamourös sein wie der Besitz einer privaten Entourage, aber es ist auch nicht so dämlich. Selbst wenn Sie Milliardär wären, wäre es überhaupt nicht effizient, sich einen persönlichen Chauffeur und einen eigenen Bibliothekar zu leisten: Die würden ein Vermögen kosten und die meiste Zeit bloß herumsitzen, Zigaretten rauchen und Solitär spielen, während sie darauf warten, dass sie Sie ein Mal pro Woche mit dem Auto herumkutschieren oder Ihnen ein Buch aus dem Schrank holen dürfen.

Dass wir öffentliche Einrichtungen oft nicht als unsere eigenen betrachten (und die Leute, die dort arbeiten, als unser Personal), kann allerdings auch zu gewissen Nachlässigkeiten führen. Manche Leute werfen ihren Abfall auf die Straße oder in den Park, weil sie sich für diese Orte nicht verantwortlich fühlen und weil sie die Leute, die den Dreck beseitigen müssen, nicht persönlich kennen. Zu Hause lassen sie den Müll wahrscheinlich nicht einfach auf den Boden fallen, weil sie sich verantwortlich fühlen und einen Bezug zur Umgebung haben. Diese Geisteshaltung sollte man unbedingt rasch ändern! Seien Sie stolz auf Ihre Parks, Bibliotheken, Freizeitanlagen und die Menschen, die sie in Schuss halten. Das wäre der erste Schritt. Denken Sie zum Beispiel in solchen Kategorien: »Ich bin stolz, dass wir den Konzertpavillon restauriert haben.« Das mag aristokratisch klingen, aber es stimmt. *Wir* haben den Pavillon restauriert. Sie haben die Holzbohlen nicht selbst gestrichen und die Nägel nicht eigenhändig eingehämmert, aber wir alle haben die Arbeit gemeinsam über unsere Steuern finanziert und die Handwerker beschäftigt, wenn auch passiv, indem wir das die Kommunalverwaltung erledigen ließen, die wir gewählt haben.

Zugang ist besser als Besitz. Eine Bibliothekskarte oder ein öffentlicher Park in Fußnähe sind besser, als sich die Verantwortung für eine eigene häusliche Bibliothek oder einen schlecht gepflegten Garten aufzuladen. Anstatt nach allem zu gieren, was uns vor Augen kommt – es besitzen zu wollen –, ist es ökonomisch sinnvoller, solche Einrichtungen der Öffentlichkeit zu überlassen, in dem Bewusstsein, dass wir sie immer benutzen können, wenn uns danach ist. Sich etwas anzuschaffen und dafür Geld auszugeben, macht eine Sache weder nützlicher noch schöner noch wertvoller. Lassen Sie die Dinge dort, wo sie sind. Ein wertvolles Gemälde ist in einem öffentlichen Museum besser aufgehoben als an Ihrer Wand im Wohnzimmer. Ein Clip auf einem Videoportal ist mehr wert, als wenn er nur auf der Festplatte Ihres Computers gespeichert ist. Verschaffen Sie sich Zugang zur Cloud. Machen Sie sich diese kollektive, gemeinschaftliche Mentalität zu eigen.

Aber halt, habe ich nicht vorhin erst eine Lanze für die persönliche Verantwortung gebrochen; dafür, dass wir selbst Hand anlegen beim Kochen, Saubermachen und keine Hilfe von außerhalb in Anspruch nehmen? Ja, aber das war etwas anderes. Genau wie wir zu oft »leben, um zu arbeiten« anstatt »arbeiten, um zu leben«, betrachten wir die Dinge falsch herum. Wir lagern zu oft Arbeiten aus, die wir selbst erledigen könnten, wodurch wir eine Begegnung mit dem wahren Leben in all seiner Wucht vermeiden. Und auf der anderen Seite übernehmen wir, weil wir von der Konsumkultur dazu verführt werden, Verantwortung für Dinge, die man besser in der Verantwortung der Öffentlichkeit belässt. Wir beschäftigen eine Putzkraft, anstatt eine Verbindung zu unserem eigenen Wohnraum aufzubauen. Wir werfen eine Menge Geld aus dem Fenster, um Fitnessgeräte für zu Hause anzuschaffen, dabei wäre es ökonomisch vernünftiger und auch praktischer, Mitglied in einem Verein zu werden, der ein Fitnessstudio betreibt.

Abgesehen davon: Wir müssen ja ohnehin schon Steuern zahlen. Und nur ein Vollidiot würde die Dienste, für die er schon bezahlt hat, nicht in Anspruch nehmen, beziehungsweise die Geräte doppelt bezahlen, wenn er sie auch noch für zu Hause anschafft.

Überlasst das Fahren den Profis

Auch was das Fahren betrifft, übersehen wir allzu oft die Menschen, die dazu da sind, bestimmte öffentliche Dienste für uns zu erledigen. Wir sind mitunter regelrecht blind und merken gar nicht, dass uns eine ganze Flotte von Fahrzeugen und jede Menge Chauffeure zur Verfügung stehen. Es ist total schwachsinnig, sich ein privates Auto anzuschaffen. Natürlich gibt es auch hier Ausnahmen: Behinderte Menschen brauchen vielleicht ein Auto, um Gehstrecken zu verkürzen, Menschen auf dem Land brauchen eins, wenn es dort keine öffentlichen Verkehrsmittel gibt. Aber normalerweise ist es völlig verrückt, ein eigenes Auto zu besitzen. Wir sollten lieber die Dienste von Profis in Anspruch nehmen.

Autos, das wird für Sie nichts Neues sein, sind extrem teuer. Eine nützliche Website namens *What Price?*[71] hat ausgerechnet, dass ein Renault Clio pro Monat 208 Pfund an laufenden Kosten verursacht. Darin nicht enthalten ist der Kaufpreis (11.215 Pfund oder 234 Pfund monatlich über vier Jahre), wodurch die monatlichen Fixkosten auf 442 Pfund steigen. Hinzu kommen Parkgebühren und Bußgelder. Im Vergleich dazu: Mein bescheidenes Boheme-Leben kostet mich *mit allem* 476 Pfund pro Monat, inklusive Miete, Heizung, Strom, Wasser, Lebensmittel, Internet und Bier.

Aber jetzt mal Schluss mit dem vulgären Gerede über Geld! Abgesehen von den vielen Stunden Lohnsklaverei, die für ein Auto nö-

---

71 whatprice.co.uk

tig sind, bedeutet es auch eine Menge lästiger Anstrengungen. Bevor man sich hinters Steuer setzen darf, muss man erst mal erniedrigende Fahrstunden hinter sich bringen, Angst fördernde Tests machen und langweilige Exkursionen in Autohäuser unternehmen. Wenn man dann endlich ein Auto erstanden hat, muss man Benzin tanken, Reifen aufpumpen, Öl wechseln, sich mit defekten Scheibenwischern herumärgern, Frostschutzmittel einfüllen, Parkuhren mit Geld füttern, Tickets ziehen, auf der Suche nach einem Parkplatz durchs Stadtzentrum fahren und sich fragen, was mehr Anlass zur Sorge gibt: das Klappern hinten oder das Rattern vorne. Schlimmer noch: Der Sonntagmorgen geht dafür drauf, die verdammte Karre zu waschen wie ein Spießbürger aus den Achtzigern, während man locker beim Frühstück sitzen oder in der Badewanne Trompete spielen könnte. Das Auto ist zudem der Hauptgrund dafür, warum so viele arme Kerle nie dazu kommen, Rauchringe zu blasen oder ein vernünftiges englisches Frühstück zu genießen oder mit einem Hula-Hoop-Reifen gigantische Seifenblasen zu erzeugen.

Aber wie soll man sonst vorankommen? Zu Fuß gehen, Dummkopf! Ein Gang zu Fuß mag länger dauern als eine Fahrt mit dem Auto, aber wenn man konsequent zu Fuß geht, spart das insgesamt viel Zeit. Mich werden Sie niemals in einer langen Reihe von Leuten antreffen, die anstehen, um ein Ding namens Getriebeflansch zu erstehen. Ich gebe zu, Sie könnten mich mal *in der Nähe* einer Tankstelle antreffen, wo ich etwas ähnlich Eigenartiges wie einen Getriebeflansch kaufe, aber das wäre dann meine Sache.

Wenn man zu Fuß geht, sieht man Dinge, die man aus dem Auto heraus niemals bemerkt hätte. Man entdeckt interessante Mauerwerke und Skulpturen auf der Spitze von Gebäuden, die Fragen aufwerfen. Zum Beispiel: »Wieso gibt es eine Statue von Aristoteles in Wolverhampton?« Man kann zusehen, wie sich Wolken am Himmel bilden. Man sieht Menschen, die sich Plastiktüten überziehen, um die Kacke ihres Hundes aufzuklauben, und mit einem Mal sind alle Ihre Probleme deutlich relativiert. Als ich einmal durch Montreal ging, sah ich einen Falken, der vom Himmel herabstürzte, mit seinen Krallen einen Star packte und in der Nacht verschwand. Niemand außer mir hatte es bemerkt. Falls Sie das wenig beeindruckt: In London war ich Zeuge, als der Hip-Hopper Scroobius Pip einen Twix-Riegel verspeiste.

Das Gehen ist der Transit-Modus des vornehmen Müßiggängers, der von Geburt an unaufgeregt flaniert und die Dinge dem eigenen Lebensrhythmus anpasst. Das fördert die Gesundheit. *Solvitur ambulando* ist lateinisch für »es wird durch Gehen gelöst«. So ungefähr.

Gehen ist eine Übung, die keinen großen Aufwand erfordert. Man braucht keine peinlichen Elasthan-Klamotten wie im Fitnessstudio. Ich bin mal an einem Freitag am Fenster eines solchen Etablissements vorbeiflaniert und sah Menschen in diversen Tretmühlen schwitzen und dabei keinen Zentimeter vorankommen. Auf einmal fühlte ich mich so frei wie ein wilder Vogel, der einen Kanarienvogel im Käfig betrachtet, der auf seiner Stange sitzt wie ein gelber Gimpel.

Die einzigen Nachteile des Flanierens in der Stadt sind der Lärm und die Abgase. Sogar in Parks ist das Dröhnen des Verkehrs noch zu hören, und man riecht die Abgase, die die Lunge verquarzen. Autofahrer machen die Umwelt kaputt, bloß aus persönlicher Bequemlichkeit. Alle beklagen sich über die CO_2-Emissionen der Flugzeuge, aber die machen nur achtzehn Prozent des Problems aus, die Autos hingegen vierzig. Flugzeuge überrollen auch keine Hunde, Katzen und Kinder. Dagegen kommt man mit einem Auto nicht mal nach Madagaskar.

Warum sollte man sich also so ein brutales Gerät antun, wenn man doch zu Fuß ganz lässig im urbanen Dschungel unsichtbar werden kann? Warum verantwortlich sein für die rapide zur Neige gehenden Ölreserven, deretwegen Amerika einen neuen Krieg anzetteln wird?

Ich habe nie ein Auto gebraucht – und kann mir nur wenige Gelegenheiten vorstellen, wo das doch der Fall sein könnte. Als wir Möbel transportieren mussten, habe ich einen Mann angeheuert, der mir für fünfzehn Pfund pro Stunde mit seinem Lieferwagen zur Seite stand. Das war günstig und bequem. Wenn ich es eilig habe oder zu müde zum Gehen bin, rufe ich einen der oben erwähnten Profis, steige in eine Bahn oder einen Bus oder nehme ein Taxi. Ein Taxi kostet viel Geld, aber wenn man es nur gelegentlich nutzt, ist es eine große Erleichterung. Busse waren einst eine schwierige Sache, weil man von unfreundlichen Fahrern angemotzt wurde, wenn man das Fahrgeld nicht passend hatte. Heute, in den Zeiten der kontaktlosen Kartenzahlung, ist das kein Thema mehr.

Genau wie Sandwich-Toaster, elektrische Zahnbürsten und Mobiltelefone sind Autos eine problematische Handelsware mit der schädlichen Nebenwirkung, dass sie die einfachen Freuden vernichten. Ein weiterer käuflicher Ersatz für Persönlichkeit. Also meide die gefangen nehmende Blase des Autos, edler Freudensucher. Geh zu Fuß und fühl dich frei.

Genügsamkeit

Um weniger zu arbeiten, müssen wir weniger konsumieren. Arbeit und Konsum sind zwei Seiten derselben Medaille. »Weniger konsumieren, weniger schuften« sollte das Mantra der Lohnsklavin lauten, die ernsthaft darum bemüht ist, ihre Arbeitszeit zu reduzieren. Die Logik dahinter ist leicht zu verstehen: Wenn wir unsere Gier nach kommerziellen Produkten reduzieren, müssen wir sie auch nicht bezahlen. Niemand braucht einen superstressigen Vollzeitjob, um die grundlegenden Verbraucherbedürfnisse befriedigen zu können. Wenn wir alle nur das Essen, die Miete und die Heizung bezahlen müssten, würden wir wahrscheinlich mit zwei oder drei Arbeitstagen pro Woche auskommen.

1930 sagte der große Ökonom und Bohemien John Maynard Keynes voraus, dass im Jahr 2030 die Fünfzehnstundenwoche normaler Standard sein würde. »Was für ein Unsinn!«, wenden die oberschlauen Experten jetzt ein. Aber Keynes hat sich nur in einer Hinsicht vertan: Er hat nicht vorausgesehen, dass wir so unersättlich sind, dass wir nie genug kriegen können. Wenn wir so lebten wie unsere Großeltern, ohne Smartphones, Kaffeepad-Maschinen und anderen Schnickschnack, wäre eine Fünfzehnstundenwoche hier und heute möglich. Wir könnten uns dann endlich den kostengünstigen Dingen zuwenden, die wir wirklich tun wollen, wie lesen, spazieren gehen, kreativ sein, tanzen, uns lieben und Flohhüpfen spielen.

Wir sollten Keynes nicht süffisant tadeln, sondern lieber mal anfangen, einen moderaten Lebensstil zu pflegen; dann wird seine Vorhersage schon eintreffen. Der Essay, in dem er diese These aufstellte, trägt den Titel »Ökonomische Perspektiven für unsere Enkel«. Lasst uns Keynes als unseren Ehren-Großvater adoptieren, und lasst uns weniger konsumieren, um weniger zu arbeiten.

Das muss auch gar keine tyrannische Regel sein. Wenn Sie, sagen wir mal, rauchen wollen, weil Sie gerne rauchen, dann sollten Sie es tun. Aber vergessen Sie nicht, wie viel Schufterei die Kosten für diese Aktivität mit sich bringen. Immerhin ist es dann eine freie Entscheidung, ein ernsthaftes Bekenntnis zu einer Annehmlichkeit, die Sie sich zugestehen, und nicht etwas, das Sie bloß aus Gewohnheit tun.

Möglichkeiten, den Konsum zu reduzieren, gibt es viele:

1. **Sparsamkeit.** Während die Konsumkultur Sie dazu auffordert, Dinge zu kaufen, um Probleme zu lösen, wäre es auf jeden Fall sparsamer, nachhaltig und kreativ zu denken. Wir können selbst etwas bauen, brauen, kochen, nähen oder improvisieren oder auch reparieren. Anstatt ein halb defektes Teil der Mülldeponie zu überantworten, können wir mit ein wenig Bastelarbeit bewirken, dass dieses Teil uns weiterhin gute Dienste tut. Anstatt zum Modesklaven zu degenerieren, können wir lernen, wie man zeitlos stylish aussieht.
2. **Minimalismus.** Wenn es bei der Sparsamkeit darauf ankommt, nichts zu verschwenden und wenig zu wollen, geht die Philosophie des Minimalismus noch einen Schritt weiter und fordert, wenig zu haben und nichts zu wollen. Wenn wir lernen, freie Räume wertzuschätzen, Ruhe und die Abwesenheit von Krempel, werden wir feststellen, dass wir tatsächlich nur sehr wenig wirklich brauchen. Dabei geht es gar nicht darum, dem Sirenengesang des Konsums zu widerstehen, sondern ihm mit Stolz und Verachtung zu begegnen.
3. **Epikureismus.** Wenn wir Freude an den einfachen Dingen finden, so wie Epikur es gefordert hat – dem Wasser, dem Sonnenuntergang oder der Beobachtung von Insekten im Garten –, werden wir von den Verlockungen der Konsumkultur mit ihrem »immer größer, immer schneller, immer lauter, immer brutaler« nicht mehr an der Nase herumgeführt.
4. **Wertschätzung.** Der Philosoph Daniel M. Haybron sagte einmal, es gebe zwei Sorten von Menschen: Konsumenten und Wertschätzer. Konsumenten sind Leute, die an einen hübschen See fahren, um dort mit ihrem Rennboot herumzukurven und sich den Rest des Wochenendes darüber beklagen, dass sie nichts zu tun haben. Diese Geisteshaltung

wird von der Konsumkultur befördert, die uns die ganze Zeit hungrig macht auf das, was als Nächstes kommen wird. Wertschätzung hingegen ist die Fähigkeit, seine Umgebung in ihrer ganzen Fülle zu genießen.

5. **Boheme.** Die ultimative Strategie, der Konsumwelt den Rücken zu kehren, besteht darin (das haben Keynes und seine Freunde von der Bloomsbury Group vorgeführt), das Alltägliche und kulturell oder gesellschaftlich Vorherrschende infrage zu stellen und sein Vergnügen in Kunst, Handwerk, Partys und Liebe zu suchen. Eine Bohemienne führt lieber ein karges Leben und tut das, was sie liebt, anstatt sich gut bezahlten, aber die Seele zerstörenden Beschäftigungen zu widmen.

Wenn Sie Arbeit und Konsum als zwei Seiten derselben Medaille erkennen, wird Ihnen schnell klar, was für ein Betrug die Konsumgesellschaft tatsächlich ist. Ich verrate Ihnen jetzt ein Geheimnis, das dies sehr deutlich macht. Für die Ökonomen ist Arbeit und Konsum dasselbe. Das Bruttoinlandsprodukt eines Landes kann errechnet werden, indem man den Wert der produzierten Güter zusammenzählt oder indem man den Wert des gesamten Konsums addiert. Beides führt zum gleichen Ergebnis. Das liegt daran, dass die Arbeit des einen der Konsum des anderen ist und umgekehrt. Das könnte eine bahnbrechende Erkenntnis sein für all die Millionen Arbeitskräfte, die tagtäglich ihren verhassten Vollzeitjob durchziehen, um dann am Wochenende zu versuchen, beim Einkaufen ihre Würde zurückzuerlangen.

Falls Sie das jetzt amüsant finden, weil Sie Teil einer Punk-Gegenkultur sind und keiner von diesen Konsumsüchtigen, dann sollten Sie vielleicht mal darüber nachdenken, dass das gleiche Gesetz auch bedeutet, dass man den Kapitalismus nicht einfach zerstören kann, indem man nicht mehr einkaufen geht. Wenn Arbeit und

Konsum dasselbe sind, muss man auch den Anteil der Arbeit reduzieren. Ein Mensch, der sich entschließt, weniger zu arbeiten, ist auch besonders dazu qualifiziert, den Kapitalismus zu bekämpfen. Wenn wir der täglichen Plackerei entgehen und dem Kapitalismus einen Schlag ins Gesicht versetzen wollen, sollten wir an der Basis anfangen. Wir sollten unsere Ausgaben vollständig vorhersehbar machen und den Vollzeitjob ein und für alle Mal hinter uns lassen.

Abhängigkeiten reduzieren

Ich bin total auf eine bestimmte und allseits beliebte Rasierklingen-Marke fixiert. Benutze ich eine andere Sorte, ist das Ergebnis wesentlich schlechter. Das ärgert mich, weil ich nicht von einer bestimmten Sache abhängig sein möchte. Außerdem sind die Dinger verdammt teuer. Hinzu kommt, dass ich angefangen habe, diese Klingen zu benutzen, weil der Hersteller mir eine kostenlose Probe geschickt hat, als ich sechzehn geworden war. Ich bin also nichts weiter als das Opfer einer typischen Drogendealer-Marketingstrategie.

Wenn wir unsere Freiheit erweitern und kreativ sein wollen, ohne viel Aufhebens darum zu machen, sollten wir so wenige Abhängigkeiten wie möglich eingehen. Denn jede Abhängigkeit dient dazu, die fixen Kosten zu erhöhen und wird somit zu einem entscheidenden Hinderungsgrund für ein einfaches, sorgenfreies gutes Leben. Manchmal müssen wir Freischaffenden hart sein und uns auf unseren Einfallsreichtum verlassen, um nicht in Gewohnheiten zu verfallen, die Geld kosten und uns nur mehr Arbeit bescheren.

Ich vermute, dass diese vielfältigen Abhängigkeiten das Grundproblem aller Arbeitnehmer-Konsumenten darstellen und die Ursache ihres Elends sind: Lohnsklaverei ist ein Abhängigkeitsverhältnis – man ist auf die Lohnzahlung angewiesen –, sonst würde man sie niemals in Erwägung ziehen; Koffein und Alkohol sind die Abhängigkeitssubstanzen für all jene, die die Lohnsklaverei überstehen wollen, ohne wahnsinnig zu werden; und natürlich sind da noch die Mobiltelefone, die Autos, die Fertiggerichte, die Einkaufstouren und all die anderen erlernten (oder von außen kultivierten) Abhängigkeiten, die uns dazu bringen, noch härter zu arbeiten.

Besser ist es, meine ich, sich von jeder dieser Abhängigkeiten zu entwöhnen. Damit meine ich nicht, dass wir zu Puritanern werden sollen. Ich bekenne, dass ich weiterhin trinke, Unzucht treibe, fluche, lüge, manchmal sogar stehle, in der Nase bohre und armen Tauben Angst einjage. Aber worauf es ankommt, ist ja, dass wir eine Art zu leben entwickeln, in der Freude nicht nur im Rahmen verschiedener Abhängigkeiten stattfindet, sondern *bewusst* erlebt wird. Dinge, von denen wir abhängig sind, beherrschen uns und unser Tun und tragen nur dazu bei, die fixen Kosten zu erhöhen. Wenn wir ihnen nicht nachgehen – keinen Kaffee kriegen, keinen Blick aufs Smartphone werfen können –, fühlen wir uns unwohl und ausgeschlossen. In meinem Fall läuft es darauf hinaus, dass ich jeden Monat fünfzehn Pfund für Rasierklingen, hinblättern muss.

Abgesehen von dem Fiasko mit den Rasierklingen, bin ich aber ganz gut im Aufhören. Hier sind ein paar Tricks, die ich anwende, um mich aus der Abhängigkeit von der Arbeits- und Konsumwelt zu befreien:

1. **Seien Sie kein Muggel.** Wegen meiner runden Brille weisen eine Menge minderbemittelter Menschen mich gerne darauf hin, dass ich wie Harry Potter aussähe. Tue ich nicht. Ich sehe aus wie Harold Lloyd oder – ebenfalls aus dem komödiantischen Fach, aber weiblich – Sue Perkins. Trotzdem bin ich bereit, die schwere Bürde des Zauberers zu tragen. Was

ja auch immer mit imaginären Überlegenheitsgefühlen einhergeht und einem die Kraft verleiht, tatsächlich Magisches zu bewirken. Zum Beispiel die gnadenlose Arroganz zu entwickeln, nicht fernzusehen, keine übersüßten Getränke zu trinken oder Auto zu fahren. Das alles sind Errungenschaften nicht-magischer Muggel und nichts für einen vielversprechenden jungen Zauberer. Versuchen Sie es mal. Tun Sie so, als seien Sie ein Zauberer. Aber passen Sie auf, dass Sie niemanden verletzen, wenn Sie mit Ihrem Zauberstab herumfuchteln.

2. **Identifizieren Sie Abhängigkeiten.** Legen Sie eine kleine Liste an. Oder eine große. Und schon können wir uns fröhlich daranmachen, eine Abhängigkeit nach der anderen zu eliminieren.
3. **Eliminieren Sie kleinere Abhängigkeiten** mithilfe von konsequenten, sofort anwendbaren Regeln. Suchen Sie sich ein paar Dinge aus der Liste aus – erst mal die ganz leichten – und nehmen Sie sich fest vor, ihnen nie mehr nachzugeben. Wäre es sehr schlimm, wenn Sie keinen Kaugummi mehr hätten? Gar nicht schlimm. Es wäre ganz leicht. Nehmen Sie sich vor, damit aufzuhören, gleich jetzt.
4. **Ersetzen Sie schwere Abhängigkeiten.** Die Abhängigkeit vom Arbeitslohn sollte ersetzt werden durch eine andere Form des Einkommens – das durchaus auch kleiner sein oder auf kreativere Art und Weise erzielt werden kann. Die Abhängigkeit vom Fernsehen, vom zweistündigen abendlichen Dahinvegetieren vor der Glotze, könnte dadurch ersetzt werden, dass wir unserem Partner etwas vorlesen. Die Abhängigkeit von Kaffee könnte durch den Konsum von grünem Tee ersetzt werden, ebenfalls ein tolles Getränk, aber gesünder und oft auch billiger und weniger koffeinhaltig.

5. Benutzen Sie die Swish-Technik. Ein Freund von mir, der sich mit Neurolinguistischem Programmieren auskennt, hat mir von einer Übung namens »Swish« erzählt, die in dieser psychologischen Richtung zur Anwendung kommt, um Abhängigkeiten loszuwerden. Die Swish-Technik funktioniert folgendermaßen: Man identifiziert eine unerwünschte Angewohnheit (z. B. Kaffeetrinken), stellt sich vor, wie man sich stattdessen fühlen möchte (z. B. wie ein klarsichtiger, superkonzentrierter buddhaähnlicher Typ), findet die Ursache für das negative Benehmen (z. B. den »tollen« Anblick des Kaffees, wie er sich schwarz und stark aus der Kanne in Ihren Lieblingsbecher ergießt) und wechselt nun rasch zwischen den beiden Bildern hin und her (z. B. stellen Sie sich vor, wie die Kaffeekanne in den Hintergrund geschoben wird, während das Bild des Zenmeisters in den Vordergrund tritt). Der Sinn des Ganzen ist, die neue Alternative attraktiv zu machen, sie im Bewusstsein nach vorn zu rücken, um das Unerwünschte zu ersetzen.

6. Duschen Sie kalt. Auch wenn das sofort das Bild von puritanischer Selbstzucht hervorruft: Hierbei geht es nicht um Selbstkasteiung. Ein Freund hat es mir empfohlen, als ich ihm von meinen verschiedenen Allergien erzählte. Eine kalte Dusche, so sagte er, funktioniert wie ein Reset-Knopf für das Immunsystem. Und er hatte recht. Ich dusche seit einem Monat kalt und kann endlich wieder durch meine Nase atmen. Ein interessanter Nebeneffekt ist das erstaunliche Anschwellen der Willenskraft. Wenn man keine heiße Dusche mehr braucht, braucht man überhaupt nichts mehr. Jubelschrei!

7. Genehmigen Sie sich eine. In dem Film *Coffee and Cigarettes* rauchen Tom Waits und Iggy Pop Zigaretten, um den

Umstand zu feiern, dass sie mit dem Rauchen aufgehört haben. »Das Schöne am Aufhören ist, dass ich jetzt, nachdem ich aufgehört habe, einfach mal eine rauchen kann«, sagt Tom Waits. Das ist so witzig wie wahr. Wenn Sie nicht davon abhängig sind, können Sie sich jedes Vergnügen gönnen, ohne Gewissensbisse zu haben.

Wichtig ist, dass man sich den Genüssen nicht versagt, sondern davon nicht abhängig wird. Freiheit heißt, Dinge zu tun, die wir tun möchten, wenn es Spaß macht, nicht aus Gewohnheit oder Notwendigkeit.

Leihen statt kaufen

Der beste Grund, eine Wohnung zu mieten, statt sie auf Kredit zu kaufen, ist das Vermeiden von Schulden. Falls Sie der Ansicht sind, eine Zukunft, in der man Schulden bis ins Grab abzahlen muss, sei erstrebenswert, sollten Sie ein Haus kaufen. Ein monatlich zahlender Mieter schuldet dagegen niemandem etwas. Das Geld kommt rein und wird weitergegeben, fertig. Das passt zu unserem Manifest des guten Lebens und der Regel, dass wir in erster Linie arbeiten, weil wir unseren Alltag finanzieren müssen. Genauso wie wir nicht arbeiten sollten, um soziale Anerkennung zu finden, sollten wir auch nicht arbeiten, um einen unübersichtlichen, unfassbaren Schuldenberg abzutragen. Wir arbeiten für unseren Lebensunterhalt und reiten auf dem Wellenkamm des Hier und Jetzt. Wir arbeiten nicht, um später für Entscheidungen zu zahlen, die wir in der Vergangenheit gefällt haben (im Fall von Kreditkartenschulden), oder um einen Zustand zu finanzieren, der irgendwo in der Zukunft liegt (indem wir die Hypothek abzahlen).

Schulden sind böse, und eine Hypothek, auch wenn sie uns im Vergleich zu einem normalen Kredit wenig kostet, ist keine Ausnahme. Ich erinnere mich noch an einen meiner Kollegen auf der Betoninsel, der sagte: »Oh, aber eine Hypothek zählt doch gar nicht. Sie ist bloß im Hintergrund vorhanden, und man vergisst völlig, dass sie da ist.« Wenn dem so wäre, wäre ja alles locker! Aber ich frage mich schon, wie jemand eine Schuld von hunderttausend Pfund (oder mehr) einfach so vergessen kann, denn dieser Betrag steht eindeutig im Minus und schränkt den finanziellen Spielraum ein. Mich würde das in den Wahnsinn treiben. So eine versteckte Schuld würde mich genauso belasten wie eine Leiche im Keller oder eine drohende Klimakatastrophe irgendwann in der Zukunft. Eine Hypothek abzahlen zu müssen, ist für viele Menschen ja das entscheidende Argument dafür, sich in die Lohnsklaverei zu begeben.[72]

Meine Großeltern haben ihr Leben lang Miete für ihre Doppelhaushälfte bezahlt und dort ein angenehmes karges Leben gelebt; immer ein wenig improvisiert und bescheiden. Sie hatten nie Schulden, und abgesehen von ihrer Dienstverpflichtung während des Krieges mussten sie nie so obsessiv arbeiten wie wir heute. Nach dem Krieg setzten sie sich zur Ruhe, und der Staat zahlte ihnen dreißig Jahre lang Rente bis zu ihrem Tod. Was für ein Leben! Ihr Fernseher – wahrscheinlich die teuerste Anschaffung ihres Lebens – war ebenfalls geliehen. Ein Pfund pro Woche ging an die

---

[72] Ich möchte die tatsächlich stattfindende echte Sklaverei, die es immer noch gibt, nicht herabwürdigen, indem ich sie mit einem unangenehmen modernen (immerhin bezahlten) Job gleichsetze. Aber eine Arbeit, die man nur deshalb annehmen muss, um eine Hypothek abzuzahlen, hat schon eine gewisse Ähnlichkeit mit gewissen Formen von Leibeigenschaft vergangener Zeiten. Man denke nur an die europäischen Bauern, deren Überfahrt in die Neue Welt von wohlhabenden Amerikanern bezahlt wurde, die sie dann als Lohnsklaven für sich arbeiten ließen.

Firma Radio Rentals. Es ist wirklich eigenartig, dass wir uns in eine ganz andere Richtung entwickelt haben: Zwei Generationen später will jeder etwas *haben* und ist nie damit zufrieden, einfach nur zu *sein*. Keynes, das muss ich hier noch mal betonen, hatte recht: Wenn wir nicht so gierig wären, könnten die meisten Menschen meiner Generation dank der neuen Technologien und Rationalisierungsmaßnahmen locker von einer Drei-Tage-Arbeitswoche leben und müssten keine Vollzeit-Lohnsklaven sein.

Dass man sein Geld zum Fenster rauswirft, wenn man eine Wohnung bloß mietet, ist ein Mythos, und zwar ein schädlicher. Es mag ja gelegentlich so erscheinen – weil man das Geld nicht mehr wiedersieht –, aber es handelt sich um eine optische Täuschung. Und zwar deshalb, weil die einzige Alternative zum Mieten das Aufnehmen einer Hypothek ist, das ist doch offensichtlich.[73] Und wenn man das tut, geht man die Verpflichtung ein, Zinsen zu zahlen. Auch wenn die Zinsen bei einer Hypothek im Vergleich zu einer Kreditkartenschuld niedrig sind, kommt im Laufe der Zeit doch ein sehr hoher Betrag zusammen, den viele Menschen niemals ganz abtragen können. Das ist wie ein Fass ohne Boden.

Und was nützt es überhaupt, etwas »für immer« zu besitzen, wenn das Leben endlich ist? Warum soll man Eigentum besitzen, wenn man sowieso sterben muss? Welchen Sinn macht das? Wenn Sie Kinder haben, werden die Ihr Eigentum erben (abzüglich der Erbschaftssteuer, die nicht unerheblich ist), es verkaufen und das Geld für irgendwelchen Blödsinn ausgeben (denn wenn sie es nutzen würden, um der Lohnsklaverei zu entrinnen, würde es nicht so viele Lohnsklaven heutzutage geben, hm?). Oder diese Kinder ver-

---

73 Radikalere Optionen wie das Leben in einer Kommune, Landstreicherei, Einsiedelei, Minihäuser und Hausbesetzung habe ich in *Ich bin raus* bereits erörtert.

wandeln sich in jene undankbaren überprivilegierten Monster, die in Wirtschaft und Politik ihr Unwesen treiben. Wenn Sie keine Kinder haben, wird Ihr Vermögen vielleicht einem Tierheim zugutekommen. Oder wem oder was auch immer. Das ist dann ja auch schon egal. Wenn Sie hingegen als Mieter sterben, wird der Hausbesitzer einfach eine neue Mieterin finden – die vielleicht sogar zu Ihrer Beerdigung kommt –, und das Leben geht weiter.

Es ist schon eigenartig, dass Menschen unbedingt ein Haus oder eine Wohnung besitzen wollen. Man kauft sich doch auch keine Kleider oder Nahrungsmittel auf Kredit, die man dann bis in alle Ewigkeit abbezahlen muss. Man schafft sie an, weil sie einen unmittelbaren Nutzen haben – sie wärmen oder machen satt, fertig. Mit einem Dach über dem Kopf muss das nicht so viel anders sein.

Der Musiker und Schriftsteller Momus schrieb in seinem 2007 erschienenen Essay mit dem Titel »Brick-and-mortar conservatism«, dass interessante radikale Menschen dazu tendieren, Wohnungen zu mieten, während konservative Langweiler es vorziehen, Wohnungen zu besitzen. Falls das wahr ist und es womöglich sogar eine Kausalbeziehung zwischen der jeweiligen Wohnsituation und der Geisteshaltung gibt, dann vermutlich deshalb, weil Mieter dazu tendieren, im Hier und Jetzt zu leben und damit einer Denkart anhängen, die dem guten Leben förderlich ist. Sie betrachten die Welt auch eher im Zusammenhang mit sinnlichen Freuden und stellen sich Fragen wie:»Was wohl passieren würde, wenn …« Und dann schreiben sie ein Buch oder malen ein Bild, das auf dieser Frage beruht. Außerdem müssen sich Mieter weniger Sorgen machen und tendieren deshalb dazu, eine größere Bandbreite kreativer Aktivitäten zu entwickeln. All das sorgt dafür, dass man sich mit dem echten Leben befasst und nicht einem so bürgerlichen Ideal wie dem Perfektionismus huldigt.

Zusätzlich zu dem ganzen Ärger, den Schulden und Zinsen mit sich bringen, muss ein Haus- oder Wohnungsbesitzer sich auch um Versicherungen, Finanzierungskonditionen, Unterhalt und Renovierungen kümmern, für den Fall, dass sich während eines Sturms ein Dachziegel löst und einen Passanten erschlägt. Eine fröhliche Mieterin muss sich um solche Sachen nicht kümmern. Sie gönnt sich den Luxus, zu Hause eine Tasse Tee zu trinken, schaut aus dem Fenster, sieht den toten Passanten und sagt: »Ach du Schreck, ich glaube, ich sollte mal den Vermieter anrufen.« Die festen Kosten, sowohl in finanzieller wie in psychologischer Hinsicht, werden deutlich reduziert, wenn man nur gemietet hat. Wenn ein Duschkopf oder eine vom Vermieter gestellte Waschmaschine explodieren, rufen wir ihn an. Er kümmert sich darum. Ganz einfach. Er glaubt, er sei der Boss, dabei ist er in Wirklichkeit unser willfähriger Sklave. Haha und so weiter.

Als Mieter muss ich auch nicht viele Werkzeuge besitzen und wissen, wie man sie benutzt. Wir haben einen Multi-Schraubendreher und einen Hammer. Das war's schon. Wir brauchen selten mehr, denn wenn etwas kaputtgeht, muss sich der Vermieter darum kümmern. Oder ich borge mir von einem Bekannten das nötige Gerät. Kurz nach unserem Einzug wollte ich eine eigenartige Vorhangschiene kürzen, weil sie zu lang für das Fenster war und hässlich hervorstand. Ich fragte meinen Vater, ob er mir eine Säge leihen könnte. »Hast du denn keine?«, fragte er tadelnd. Ich musste ihm also erklären, dass ich keine Säge besitze und ein solches Gerät auch in den letzten zehn Jahren nicht benutzt hatte.[74]

---

[74] Für die Generation meines Vaters war ein Geräteschuppen noch wichtig, weil man dort noch selbst Hand anlegen konnte, um Dinge zu reparieren. Heutzutage, wo Konsumgüter nicht mehr repariert werden können und die Häuser kleiner geworden sind, ist so ein Schuppen unnötig. Er dient meinem Vater aber auch dazu, sich in seinem eigenen Reich einzurichten. Dort,

Zur Miete zu wohnen, hat natürlich auch Nachteile. Der Mietvertrag kann gekündigt werden, wenn der Besitzer sich entschlossen hat zu verkaufen, oder wenn Sie zu laute Musik hören oder erotische Tattoos tragen. Aber ein drohender Umzug trägt auch zur Mobilität bei. Sie werden dadurch animiert, sich woanders umzusehen. Vielleicht ziehen Sie ja aus einer Laune heraus nach Frankreich.

Ein anderer Nachteil ist, dass man eine Kaution zahlen muss, die dann so lange hinterlegt wird, wie man Mieter bleibt. Wenn man woanders hinzieht, muss man sie dort wieder bezahlen. Das bedeutet, dass man eine für immer nutzlose Summe Geld auf der Konto-Bilanz stehen hat, Phantomgeld, das nie sinnvoll genutzt werden kann. Es sei denn, man würde willentlich obdachlos werden. Das ist frustrierend, aber man steckt es leichter weg als das Problem mit der Hypothek.

Ich vermute, Hausbesitz kann durchaus einige Vorteile haben, wenn man ohne den Horror einer Hypothek auskommt: Wenn man irgendwie zu zweihunderttausend Pfund gekommen ist, kann man das Problem mit dem eigenen Dach über dem Kopf ein für alle Mal lösen. Aber ich tendiere doch eher zu der Idee, frei zu sein und jederzeit woanders hinziehen zu können. Wie wäre es also damit, das Geld stattdessen zu investieren? Dann hätten Sie ein Einkommen, mit dem Sie ein weniger arbeitsintensives Leben finanzieren könnten und wären nicht an so ein altes Gemäuer gebunden, für das Sie verantwortlich sind und das Ihnen irgendwann Proble-

---

in seiner Höhle, hat er alles im Griff und kann sich daran erfreuen, was im Haushalt nicht möglich ist, denn dort hat seine Frau das Sagen. Ich finde die Situation irgendwo ganz nett, aber sie zeigt auch, wie fahrlässig es ist, sich nicht im Haushalt zu engagieren. In einem extra dafür vorgesehenen Gebäude einen eigenen Bereich abzutrennen, läuft doch darauf hinaus, dass man sich zurückzieht und einschränkt. Wir sollten also kleine Wohnungen bevorzugen und uns die Verantwortlichkeiten teilen. Wir sollten eins werden mit unserem hübschen kleinen Lebensraum.

me bereiten könnte. Denken Sie bloß an die herabfallenden Dachziegel!

Wenn Sie eine Hypothek abzahlen und die Zinsen noch dazu, profitiert eine Bank davon, und zwar über einen langen Zeitraum. Deshalb leihen die Ihnen ja das Geld: Um einen Teil der Kohle einzustreichen, die Sie als Lohnsklave verdienen. Wenn Sie dagegen Mieter sind, zahlen Sie Ihr Geld immerhin an ein menschliches Wesen. Vielleicht können Sie Ihren Vermieter überhaupt nicht leiden, aber gestehen Sie lieber ihm etwas Geld zu, als es der Hongkong & Shanghai Banking Corporation zu überlassen, die es nur in sinnlose weltweit gespannte Aktivitäten steckt.

Samara und ich haben einmal eine Wohnung von unserer Freundin Heather gemietet. »Ist das denn gut für eure Freundschaft?«, wurde ich auf der Betoninsel gefragt. »Sorgt das nicht für Verstimmung, wenn man einer Freundin Miete zahlen muss?« Das soll wohl ein Scherz sein! Ich möchte doch, dass es meiner Freundin finanziell gut geht, damit sie mein Geld (das unbedingt ausgegeben werden soll, vergessen wir das nicht) für Reisen oder ihre Kinder oder neue kreative Projekte verwenden kann. Ist es nicht verrückt, wie schräg manche Leute denken? Die würden ihr Geld lieber einer Bank geben als einem Freund oder einem anderen Bekannten.

Die Bloomsbury Group – deren Angehörige zweifellos wohlhabend waren – bestand aus Mietern; auch dank des persönlichen Rates ihres Mitglieds John Maynard Keynes, dem bedeutendsten Ökonomen überhaupt. Zumindest haben sie Charleston Farmhouse gemietet. »Es ist wirklich hübsch«, schrieb die Malerin Vanessa Bell an ihren Kollegen Roger Fry, »sehr solide und einfach.« Charleston ist heute berühmt dafür, dass dort der Nachlass von Vanessa Bell und Duncan Grant besichtigt werden kann, innerhalb grob getünchter Wände und vor einem mit lauter Nackten bemalten Kamin. Ich frage mich, ob sie ihre Kaution jemals zurückbekommen haben.

Nur in Großbritannien und Amerika sind die Menschen so besessen vom Hauseigentum. Auf dem europäischen Kontinent ist das Wohnen zur Miete viel weiter verbreitet.[75] Wir Briten sind sehr materialistisch geworden und geradezu engstirnig, weil wir unbedingt unseren von Mauern eingeschlossenen Besitz haben wollen. Mehr ist ein Haus doch nicht: eine Mauer, die um ein Stück Land gezogen wurde. Oder wie es der Komiker George Carlin mal sagte: »Ein Haufen Krempel mit einem Dach drüber.« Wirklich toll. Darauf kann man auch verzichten, würde ich sagen. Lasst uns dafür sorgen, dass diese Zwangsidee des Grundbesitzes verfliegt wie ein Luftballon, den der Wind davonträgt. Geben Sie das alles auf, und werden Sie ein glücklicher Mieter. Das steht im Einklang mit der Natur; denn wir alle sind nur Mieter auf dem Planeten Erde. Sie werden feststellen, dass Sie mehr Zeit, mehr Freunde, weniger Verantwortung und mehr Zeit für kreative Projekte haben – was ja schon für sich genommen gute Lebensaufgaben sind – und dass Sie weniger Geld benötigen und somit weniger schuften müssen.

---

75 In Großbritannien besitzen siebzig Prozent der Bevölkerung ein Eigenheim, während es im europäischen Durchschnitt sechzig sind und in Berlin zum Beispiel nur dreizehn.

Die Positionierung des Zuhauses in der persönlichen Kosmologie

Viele Menschen identifizieren sich auf besondere Weise mit ihrer Arbeit; das hat es schon in der ganzen Neuzeit gegeben und gibt es heute noch. Alles schön und gut, aber das funktioniert nur, wenn man eine prestigeträchtige Position innehat, zum Beispiel ein angesehener Anwalt ist oder ein Fernsehmoderator. Oder wenn man etwas wirklich Nützliches tut, wie ein Tischler oder ein Flugkapitän. Es fällt leicht, die eigene Identität von seinem Beruf abzuleiten, wenn man etwas tut, das die meisten Leute im Großen und Ganzen nachvollziehen können. Aber was ist, wenn man »Stellvertretender Produktmanager« ist oder »Fachreferent für globale Integration« wie die meisten Menschen heutzutage? Ich will damit nicht sagen, dass wir uns nicht mit unserer Arbeit identifizieren sollen; das Problem ist eher, dass es nicht mehr möglich ist.

Wer kann schon so etwas wie Identität finden in einer Tätigkeit, die total abgehoben, spezialisiert, dequalifiziert, unnütz und langweilig ist? In etwas, das unendlich weit entfernt ist von jeder Form gesellschaftlichen Nutzens? Stellen Sie sich mal vor, Sie gehen zu einer TV-Spielshow und werden vom Moderator gefragt, was für einen Beruf Sie ausüben, und murmeln dann vor den Augen und Ohren der gesamten Nation etwas vor sich hin wie: »Konzeptmodellierungssynergist«.

Mein Job auf der Betoninsel zum Beispiel war weit, weit entfernt von der soliden Arbeitsbeschreibung der Klempnerin, die ich zu Beginn dieses Buchs erwähnt habe und die dazu befähigt ist, die Abwasserrohre einer Familie zu reparieren, damit sie in ihrem guten Leben fortfahren kann. Was ich auf der Betoninsel machte, hatte keinen Nutzen und war dementsprechend kaum geeignet, mir als Quelle meiner persönlichen Identität zu dienen.

Stellen Sie sich mal vor, Sie müssten Ihre Identität aus der Tatsache ableiten, dass Sie der Leiter eines Teams von zwölf Leitern eines Teams von zwölf Teams im Reinigungswesen sind, deren Aufgabe es ist, Büros zu reinigen, die wiederum staatlichen Stellen auf unterer Dienstebene zuarbeiten und eigentlich nichts weiter als schädliche bürokratische Hemmnisse erzeugen. Es wäre sogar alles andere als gut für Ihre psychische Befindlichkeit, wenn Sie versuchten, in dieser leitenden Tätigkeit so etwas wie eine persönliche Identität zu finden, selbst wenn das möglich wäre.

Und doch mühen sich viele Menschen mit solchen Dingen ab und müssen dabei natürlich zwangsläufig scheitern. Viele der älteren Angestellten auf der Betoninsel hatten das Problem erkannt und rissen nur noch ihre Zeit ab, um nach Feierabend eine neue Identität in der Rolle lässiger Großeltern zu finden. Eine ältere Dame, die ein Jahr vor der Rente stand und keine Enkelkinder hatte, erzählte mir, sie freue sich auf ihre neue Beschäftigung als Imkerin! Ist das nicht wunderbar? Es ist einfach eine Schande, dass sie so lange warten musste, bevor sie eine sinnvolle Tätigkeit ausüben durfte und endlich ihre Identität als Imkerin fand, anstatt die ganze Zeit nur darauf zu *warten,* endlich Imkerin zu werden.

Die Angestellten in meinem Alter oder die Jüngeren brachten sich dagegen mit bestürzender Energie in einen Job ein, der überhaupt keine Bedeutung hatte. Anscheinend waren sie schon froh darüber, überhaupt einen Beruf zu haben und Kleider für Erwachsene tragen zu dürfen. Vielleicht wollen junge Leute ja einfach bloß dem Beispiel ihrer Eltern folgen, die womöglich tatsächlich noch eine Identität als Lehrer, Automechaniker, Bergarbeiter oder Künstler finden konnten.[76]

Manchmal heißt es, das Identitätsproblem werde dadurch verursacht, dass man sich als kleines Rädchen im Getriebe empfindet und nicht als begabter Handwerker oder Autoritätsperson, aber ich bin mir da nicht so sicher. So etwas hängt doch auch mit der Art von Maschinerie zusammen, in der man tätig ist: Eine angehende Krankenschwester in einem großen Krankenhaus fühlt sich womöglich gar nicht so schlecht. Vielleicht fühlt sich sogar ein Verwaltungsangestellter eines Krankenhauses, der sich um die Ausbildung der Krankenpfleger kümmert, gar nicht so schlecht. Aber was ist, wenn die Maschinerie einer Moral oder einer Mission folgt, die

---

[76] Wenn wir nicht aufpassen, führt unsere in sozialer Hinsicht oft wertlose Arbeit zu sinn- und rücksichtslosem Streben nach beruflichem Erfolg, bei dem es nicht mehr auf ein Tun ankommt, sondern darauf, dass die Jobbeschreibung den Eindruck vermittelt, man wäre unglaublich professionell und würde verdammt gut bezahlt. Vielleicht ist es ja wirklich schon zu spät. *Star Trek: Discovery* zum Beispiel unterscheidet sich von den anderen *Star Trek*-Staffeln dadurch, dass die Protagonisten allesamt *Karrieristen* sind. Sie haben offenbar keine Ideale mehr wie die vorherigen Generationen, die noch an den Multikulturalismus oder die große Aufgabe der Erforschung des Weltraums glaubten. Wir werden nicht mehr Zeugen solcher Dinge wie der Liebe eines Androiden zu seiner Katze oder eines Posaune spielenden Raumschiffkommandanten, denn solche Identitätszuschreibungen haben ihre Quellen im Privatleben, nicht in der Arbeit. Stattdessen werden wir nun mit Offizieren konfrontiert, die Captain werden wollen und ihre Zeit damit verschwenden, sich wichtig zu machen und nach Mehrarbeit gieren.

neutral oder gar negativ ist? Stellen Sie sich mal vor, Sie sind ein Rädchen im Getriebe eines rechtsradikalen Zeitungsverlegers und verbreiten die ganze Zeit schädliche Lügengeschichten, mit denen Sie Ihren Boss, der bereits Milliardär ist, noch reicher und mächtiger machen. Wie ist es dann um Ihre persönliche Identität bestellt? Kann man dann noch Schutz in der Behauptung suchen, man sei nur ein kleiner Teil des großen Problems?

Die Lösung für uns Lohnsklaven könnte sein, uns unsere Identität woanders zu beschaffen als ausgerechnet im Job. Und wo finden wir unsere Identität am besten, wenn nicht in unserem Zuhause, dem anderen Ort, wo wir die meiste Zeit verbringen? Viele von uns haben das bereits kapiert, aber beim Versuch, das zu erreichen, werden wir leider oft ein Opfer des Konsums. (Was bedeutet, dass das System doppelt gewinnt, indem es uns erst am Arbeitsplatz die Kraft aussaugt und uns dann auch noch das sauer verdiente Geld wegnimmt.) Genauso müssen wir natürlich darauf achten, dass unser Heim nicht zum bloßen Boxenstopp wird, wie ich das schon vorne beschrieben habe, oder ein bloßer Ort der Erholung von der Arbeit. Nein, es soll ein Ort sein, an dem wir unsere Identitäten finden und uns *verwirklichen* können auf eine Weise, wie es unter dem Deckmantel der Professionalität niemals möglich wäre. Das ist schon seit den Sechzigerjahren wahr und heute noch wahrer als damals, denn wir leben in einer Zeit, in der junge Leute dankbar sein sollen, wenn sie einen Job in einem Callcenter ergattern.

Anstatt also so etwas Unsinniges »sein« zu wollen wie ein »Digitalprodukt-Projektmanager«, können wir zu Menschen werden, die ihr eigenes cooles Heim einrichten und es kreativ und im Sinne des guten Lebens nutzen. Dieses Projekt können wir unter Umständen mit dem Lohn unserer Tätigkeit als »Digitalprodukt-Projektmanager« finanzieren.

Das erinnert mich jetzt zufälligerweise an Ray Kroc[77], den Gründer des McDonald's-Imperiums, der einmal gesagt haben soll, er sähe sich selbst als jemanden, der im »Immobiliengeschäft, nicht im Hamburger-Geschäft« ist. Tatsächlich *tat* und *war* er Folgendes: ein Mensch, der Einzelhandelsgeschäfte übernahm und dafür eine finanzielle Entschädigung zahlte, was er als ehrwürdig oder seriös ansah und vereinbar mit seinem Verständnis von Identität. Hamburger und Milkshakes zu verkaufen, was er womöglich als minderwertig ansah, war nur die Art und Weise, wie er sein Geschäft betrieb. In ähnlicher Weise können wir im »Geschäft« des guten Lebens sein, während dieses »Digitalprodukt-Projektmanagement« nur ganz nebenbei und zufällig stattfindet. Das ändert nichts daran, dass es Hamburger auf der Welt gibt und dämliche Bürojobs. Aber es ist eine Art, die Dinge anders zu betrachten; durch eine rosa Brille, zugegeben, die uns aber immerhin dabei hilft, unsere Identität zu entwickeln.

Alle Arbeiten, die zu Hause vorgenommen werden – auch häusliche Tätigkeiten wie Putzen, Kochen oder Aufräumen sind Teil des kreativen Prozesses –, sollten selbstbestimmt, selbstinitiiert und unbedingt im Sinne des guten Lebens durchgeführt werden. Was bedeutet, dass sie von größerer Wichtigkeit sind als alles, was wir in unserer Rolle als Lohnsklaven tun. Wir können diese Tätigkeiten zur Bildung unserer Identität nutzen. Auf Partys könnten Sie dann zum Beispiel den Leuten erzählen, Sie seien Textil-Designerin, weil Sie das mit Freude tun, anstatt ihnen zu erklären, Sie seien zum Beispiel eine »Digital Produkt Produzentin«[78], was *überhaupt nichts* ist.

---

77 Ich wünschte, er hieße Ray Croque – so wie in »Croque-Sandwich« oder »Croque McShit«.
78 Die Bezeichnung »Digital Produkt Produzentin« sah ich kürzlich in einer Anzeige. Selbst wenn ich mich für diesen Job geeignet hielte, müsste ich ihn schon allein aufgrund der schlechten Grammatik ablehnen.

Wir müssen also das Zuhause wieder in den Mittelpunkt rücken. Ich sage »wieder«, weil ich der Überzeugung bin, dass zum Beispiel das Leben im Mittelalter sich um das Heim herum abspielte. Der Gedanke, man könnte eine Identität durch eine Arbeit finden, die man anderswo verrichtet, hat sich erst im Zuge der industriellen Revolution entwickelt. Das mittelalterliche Heim war eine kleinbäuerliche Siedlung, die das Zentrum darstellte für produktive, persönliche und häusliche Tätigkeiten. Wir müssen aufhören, die auswärtige Arbeit höher zu schätzen als unsere heimischen Tätigkeiten, denn diese Arbeit ist sinnentleert und armselig geworden. Der Künstler Grayson Perry soll angeblich seinen Teddybären aus Kindertagen als »das Zentrum meiner persönlichen Kosmologie« bezeichnet haben. Was er damit genau gemeint hat, ist nicht so wichtig. Mir gefällt vor allem dieser Begriff »Zentrum der persönlichen Kosmologie«. Und daran wiederum der Gedanke, dass es ein Zentrum gibt, von dem etwas ausgeht und sich ausbreitet und an anderen Orten zu wirken beginnt.

Mein Zentrum, das entschied ich während meiner Zeit auf der Betoninsel, sollte mein Zuhause sein. Ich fühlte mich erstaunlich zentriert, nachdem ich endlich meinen ganzen Kram und den meiner Frau unter einem Dach versammelt hatte, nachdem er zuvor über drei Länder – nämlich England, Schottland und Kanada – verstreut gewesen war. Und was sonst könnte das Zentrum der persönlichen Kosmologie für jemanden sein, wenn nicht der Ort, an dem er eine kreative Person, ein Liebhaber, ein Hausmeister, ein Handwerker sein kann und all das tut, was identitätsmäßig wirklich von Bedeutung ist. Hier kann ich lesen, schreiben, kochen, Freunde empfangen und Geräusche auf meiner Geige machen. Solche Dinge stellen die Essenz des guten Lebens dar und bereichern mich wesentlich mehr und grundsätzlicher als alles, was ich an meinem idiotischen Arbeitsplatz tun konnte.

Der Schlüssel für den Aufbau eines Zentrums der Identität ist dann gefunden, wenn wir erfolgreich verhindern, dass Arbeit und Konsum in diesen Ort eindringen. Sie können diese unheilvollen Einflüsse zurückdrängen, wenn Sie die Methoden anwenden, die ich beschrieben habe. Gelingt es Ihnen, dürfen Sie sich mit Fug und Recht als jemand bezeichnen, der »das Job-Problem mit Witz und Herz gemeistert hat«. Auch das wird dann Teil Ihrer Identität.

Heimat ist nicht, woher Sie kommen

Meine Eltern wohnen in einem Reihenhaus[79] in einem ehemaligen Industriegebiet in den Midlands. In diesem Haus bin ich aufgewachsen. Ich mochte es sehr gern; und auch wenn es sich sehr verändert hat, seit ich großgeworden und weggezogen bin, bin ich dankbar, dass ich immer noch hinfahren kann. Die Grundstruktur des Hauses ist gleich geblieben, und es gibt immer noch Überreste der alten Inneneinrichtung aus der Zeit meiner Kindheit, die mich angenehm an damals erinnern.[80]

Für mich ist es sehr nostalgisch, dort zu sein und in meinem alten Zimmer zu schlafen. Aber ich würde das Haus meiner Eltern nicht mehr als mein »Zuhause« bezeichnen, wie das viele Leute tun.

Auf der Betoninsel sagte dann und wann mal jemand: »Ich fahre am Wochenende nach Hause, um meine Familie zu besuchen«, oder jemand fragte: »Fährst du zu Weihnachten nach Hause?«

---

79 Im Englischen heißt es *terraced house*. Falls Sie nicht genau wissen, was damit gemeint ist, denken Sie einfach an die Häuser in *Coronation Street*.
80 Zum Beispiel wurde der alte grüne Teppich in meinem ehemaligen Zimmer schon vor längerer Zeit durch schicke Holzdielen ersetzt, aber ein kleines Stück des Teppichs ist noch am Boden des Einbauschranks zu sehen.

Ich weiß, wie sie das meinen, und es ist eigentlich nicht der Rede wert, aber ich habe mir abtrainiert, das alte Haus »mein Zuhause« zu nennen; auch wenn ich es weiterhin sehr mag und viele Erinnerungen damit verbinde. Stattdessen sage ich: »Ich besuche den Ort, an dem ich ausgebrütet wurde«; so wie ein Königspinguin. Oder ich nenne es »das Haus meiner Eltern«, was es ja ganz genau beschreibt.

An das Haus der Eltern und das alte Viertel zu denken, hat auch ein paar unerwünschte Nebenwirkungen. Je mehr man zum Beispiel daran als »Heimat« denkt, umso weniger Gefühle wird man für das wahre aktuelle Zuhause entwickeln. Die Gefahr dabei ist, dass man es nur als zweitrangig oder vorübergehend betrachtet; als eine Art Außenposten oder Kolonie (so wie der zuvor erwähnte viktorianische Patriarch). Und das wiederum bewirkt, dass man ständig an das frühere Heim denkt und dadurch das Gefühl der Verantwortung für das jetzige Zuhause schwächt. Das ist ein lästiger Umstand und widerspricht dem Gedanken, Ihr aktuelles Heim als das Zentrum Ihrer persönlichen Kosmologie zu betrachten; als eigentliche und einzige Basis für alle wichtigen Angelegenheiten.

Wenn sich Ihr Zuhause wie etwas Vorübergehendes anfühlt – eher wie ein Camp im Vergleich zu den starken und unwandelbaren Fundamenten des Elternhauses –, dann tendieren Sie dazu, weniger von sich selbst dort einzubringen, um es wirklich und wahrhaftig zu Ihrem eigenen Heim zu machen.

Anstatt sich an alten Dingen festzuklammern, sollte man lieber neue Wurzeln schlagen.

In der Straße in Glasgow, in der ich wohne, leben vor allem junge Paare – Leute, die so alt sind wie ich oder jünger[81] –, und ich

---

81 Meine Ärztin sagte mir, die Straße würde von den dortigen Medizinern »der Kuschelhügel« genannt, weil dort viele neue Babys gemacht werden.

vermute, dass viele von ihnen ihre Wohnungen als vorübergehende Stationen ansehen, weil sie später, wenn sie vierzig sind und ihre Hypothek weitgehend abgezahlt ist, größere Anwesen haben wollen. Vielleicht sehe ich das aber auch falsch: Viele meiner Nachbarn haben eine Tendenz zum Boheme-Leben, arbeiten von zu Hause aus oder haben überhaupt keinen Job. Kann also auch sein, dass sie länger bleiben. Ich erwähne das auch nur, weil ich beobachtet habe, dass die Straße an Weihnachten beinahe entvölkert ist. Als wäre es eine Kulisse aus *The Purge*. Alle fahren über Weihnachten »nach Hause«. Wenn Weihnachten einfach nur eine familiäre Angelegenheit wäre und meine Nachbarn ihre Wohnungen als echtes Zuhause ansähen, würden doch zumindest einige (oder sogar die Hälfte!) dieser Paare ihre Eltern *zu sich* einladen. Tatsächlich aber ist es anders. Sie fahren an den Ort, den sie als ihr wahres Zuhause ansehen, und das ist ihr Elternhaus. Ich finde das schade. Das wirkt nämlich so, als würden sie die ganze Zeit bloß »Zuhause spielen«, anstatt sich dort vollständig einzubringen und sich damit zu identifizieren. Vielleicht ist ihre Identität ja aufgeteilt zwischen dem Elternhaus und dem Büro. Ich bewahre an solchen Orten eher nur einige Comics und ein Paar Schuhe zum Wechseln auf.

Von den Vorteilen des Mietens gegenüber dem Kaufen haben wir ja schon gesprochen (auch darüber, dass das Mieten dem guten Leben förderlich ist). Ein üblicher Einwand lautet dann so: Es ist doch viel schwerer, in einer Wohnung Wurzeln zu schlagen, die einem nicht gehört. Zum guten Leben gehört aber, sich so weit wie möglich aus den Zwängen des Besitzes zu befreien. Denn Eigentum macht alles nur schwerer und nagelt einen fest. Eigentum hat keinen realen Wert, höchstens für Anwälte und Polizisten. Wenn wir uns dem Minimalismus verschreiben, streben wir weniger Besitz an. Dann beginnen wir zu verstehen, dass Eigentum nur eine Illusion ist, weil man auf so gut wie alles verzichten kann, wenn man sich dazu entschließt. Besitzdenken führt nur dazu, dass man etwas in gewisser Weise hinter Schloss und Riegel sperrt. Oder dass man eine Menge absurden Papierkram erledigen muss, um zu »beweisen«, dass einem eine Sache wirklich gehört. Ein Ding zu besitzen, macht es keinesfalls realer, als es ohnehin schon ist. Hinzu kommt, dass wir uns ja auch der Idee verschrieben haben, nicht allein zu existieren. Im Gegenteil, wir sind froh über die öffentlichen Bibliotheken und Straßen in Gemeinbesitz, fühlen uns der Gesellschaft um uns herum zugehörig. Wenn also ein Großteil unserer Umgebung in gewisser Weise uns gehört, fällt es uns auch leicht, dort Wurzeln zu schlagen. Mühsam erkämpfter, illusorischer Besitzstand ist dabei nur hinderlich.

Was eine gewisse Verbindung zum Ort der Kindheit betrifft, so kann man ja einige Rudimente aus der Jugend mit sich nehmen – das kann von Ihrer heimatlich geprägten Sprechweise über gewisse Erinnerungen bis hin zur Art der Teezubereitung gehen –, entwickelt aber doch völlig andere Werte, wenn man an einem neuen Ort lebt. »Blut und Boden« (also im Grunde Familie und Herkunftsort) sind sinnentleerte Obsessionen der politischen Rechten. »Wo kommen Sie denn her?« und »Ja, aber wo kommen Sie *ursprünglich* her?« sind bloß Klischeefragen der Scheinheiligen. »Zu Hause« ist bloß der Ort, wo Sie gerade sind, nicht der Ort, den Ihre Seele in der Nacht aufsucht; denn der liegt weit entfernt in der Vergangenheit und existiert genau genommen überhaupt nicht mehr.

Das bewegliche Zuhause und das erweiterte (oder gesprengte) Zuhause

Ich hoffe, das klingt in Ihren Ohren nicht allzu esoterisch – und für den Fall, dass Sie harte Fakten philosophischen Überlegungen vorziehen, können Sie dieses Kapitel auch überspringen. Aber ich finde den Gedanken interessant, dass ein Zuhause eine bewegliche Angelegenheit ist. Es kann, wenn wir es auf andere Weise betrachten, durchaus zu etwas Formlosem werden und zumindest teilweise die Gemeinschaft umfassen, deren Teil wir sind, anstatt etwas komplett Zentralisiertes zu sein. Das ist jetzt vielleicht ein bisschen happig, nachdem ich gerade erst von Ihnen verlangt habe, die Nabelschnur zum Elternhaus durchzuschneiden und ganz neue Wurzeln zu schlagen, aber warten Sie mal ab.

Das Zuhause kann ja auch weiterhin das »Basislager« oder das »Hauptquartier« sein und wie unser *Belle Ombre* das Zentrum unserer persönlichen Kosmologie. Aber es gibt auch so etwas wie ein bewegliches oder transportables Zuhause in unserem Bewusstsein. Das wurde mir kürzlich klar, als ich mit meinem Laptop und meinem Smartphone in der Bibliothek saß und beinahe vergessen hatte, dass ich mich ja an einem öffentlichen Ort befand und nicht zu Hause. Ich schätze, ich war beim Schreiben in einen Flow geraten, und da ich die Tastatur meines Laptops und die Apps auf meinem Smartphone auch zu Hause benutze, fühlte ich mich in diesem Moment an diesem Ort tatsächlich zu Hause. Zum Glück geriet ich nicht in die Versuchung, meine Hose auszuziehen.

Vielleicht ist »Zuhause« also einfach ein Bewusstseinszustand, der uns gelegentlich überkommt. Und womöglich können wir diesen Zustand heute, im Zeitalter der tragbaren digitalen Technologien, leichter erzeugen als früher. Die digitale Metapher von der Cloud passt hier sehr gut, denn sie weist uns darauf hin, dass alles, was uns wichtig ist, irgendwo um uns herum oder über uns schwebt und jederzeit erreichbar ist.

Das führt zu dem Gedanken des erweiterten (oder gesprengten) Zuhauses. Ich bin noch nicht bereit, selbiges explodieren zu lassen, denn ich lebe und arbeite sehr gerne dort. Aber wenn das Zuhause in erster Linie ein Bewusstseinszustand ist, den wir an andere Orte mitnehmen können, wäre es dann nicht möglich, eine Stufe des Minimalismus zu erreichen, wo unsere Wohnung nur noch aus einem kleinen Zimmer besteht, in dem wir unser Bett aufgestellt haben, während die anderen Räume sich über die ganze Stadt verteilen? Damit würden wir wirklich und wahrhaftig unserer Idee vom gemeinschaftlichen Leben entsprechen, und wir könnten uns sicher sein, dass wir niemals allein sind. Das Café kann unsere Küche sein, die Bibliothek unser Arbeitszimmer und unsere, na ja, Bibliothek. Das Schwimmbad dient uns dazu, Sport zu treiben und uns zu waschen. Das Zuhause wird somit zu einer Kombination verschiedenster Orte und einem einzigen Bewusstsein. Man wird sich nie mehr langweilen und nie mehr das Gefühl haben, man müsste sich mal wieder bewegen. Na gut, war bloß so eine Idee. Muss man ja auch nicht überstürzen.

Das Exportieren unserer Ideen

Ich frage mich, ob es mit der Lohnsklaverei jemals ein Ende haben wird. Ich hoffe, wir werden das noch erleben. Orte wie die Betoninsel könnten dann für immer platt gemacht und durch Bibliotheken, Parks, Museen ersetzt werden – oder als Denkmale für diese alte beschissene Idee fungieren.

Das wird aber nicht geschehen, wenn wir uns nicht mit ganzem Herzen dem guten Leben verschreiben und diese Idee an andere Menschen weitergeben, damit auch sie die jeweiligen Werkzeuge an ihren Arbeitsplätzen niederlegen und sich uns anschließen, um der wahren Lebenskunst nachzugehen.

Unser zentraler (und schlagkräftigster) Gedanke ist, **dass wir zur Arbeit gehen, weil wir müssen, nicht weil wir es gern tun.** Deshalb nennen wir dieser Zustand »Lohnsklaverei« und nicht »supertolle glückliche Stunden«. Wir arbeiten, weil wir kaum eine andere Wahl haben; weil die Umstände, die man sich für uns ausgedacht hat (die aber gleichwohl sehr real sind), uns zum Mitmachen zwingen, da wir sonst in ernste Schwierigkeiten geraten. In meinem Fall war es die Drohung, dass ich von meiner Frau getrennt oder sogar aus meinem eigenen Land ausgewiesen würde.

In Ihrem Fall könnte eine Flucht aus der Lohnsklaverei Sie vielleicht Ihre Wohnung kosten, oder Sie werden zu *Workfare*[82] verdammt, was ganz bestimmt noch schlimmer ist, als sich der Lohnsklaverei zu unterwerfen. Die Umstände sorgen manchmal dafür, dass eine Flucht unmöglich wird. Der Gedanke, wir könnten der Arbeit entgehen, ohne einen praktikablen Ersatzplan zu haben, verkennt die Realität. Wir wurden leider in eine Welt geboren, die von mächtigen Menschen regiert wird, in deren Interesse es liegt, dass wir uns abrackern, weil wir Angst vor den Konsequenzen eines Ausstiegs haben.

Unser zweiter wichtiger Gedanke (der am wirkungsvollsten ist, wenn er mit Ersterem gekoppelt wird) lautet: **Ein Leben ohne Vergnügen ist überhaupt kein Leben, und die *angebliche* Lösung des Problems (der Konsum) verschärft unser Problem und unser Unglück nur mehr.**

Diese Kombination zweier Gedanken ist tatsächlich überaus hilfreich. Und ungewöhnlich. Es kommt selten vor, dass jemand herumgeht und die Leute auffordert, weniger zu arbeiten und sich die Prinzipien des Minimalismus anzueignen. Aber bei einer Sache sind sich Konservative und Sozialisten einig: beim Segen der »Vollbeschäftigung«. Alle sollen arbeiten, arbeiten, arbeiten zum Wohl der Nation (an der Illusion des BIP) und aus persönlicher Tugendhaftigkeit. In seinem großartigen Essay mit dem Titel *Die Abschaffung der Arbeit* hat der Anarchist Bob Black schon 1985 geschrieben:

> *Obwohl alle Ideologen die Arbeit verteidigen – und das nicht nur, weil sie andere Leute für sich schuften lassen –, sind sie doch eigenartig zögerlich, das zuzugeben. […] Gewerkschaf-*

---

82   Etwa gleichbedeutend mit Hartz IV. (d. Red.)

ten und Unternehmer sind sich einig, dass wir unsere Lebenszeit mit Arbeit zubringen sollen, um überleben zu können, obwohl sie über den Preis noch verhandeln. [...] Offensichtlich haben diese ideologischen Hanswürste ernsthafte Differenzen darüber, wie sie die Macht aufteilen sollen, die sie sich angeeignet haben. Genauso offensichtlich haben diese Leute überhaupt nichts gegen Macht an sich einzuwenden und sind erpicht darauf, dass wir weiterarbeiten.[83]

Nur wenige sehen, dass die Arbeit an sich das Problem ist. Tatsächlich wurde sie uns lange Zeit als Allzweck-Kur angepriesen, weil sie die industrielle Revolution vorangebracht hat. Heute müssen wir diesem Verkaufsargument nicht mehr folgen, denn wir sind inzwischen im Informationszeitalter angekommen. Dennoch hören sie nicht auf, uns diesen uralten Ladenhüter als Heilsbringer anzupreisen wie Sauerbier. Genauso schlimm ist aber, dass auch diejenigen, die die Arbeit als das Grundproblem erkannt haben, oftmals keine Alternative dazu sehen.

Wenn wir Lohnsklaven dieses System ernsthaft infrage stellen wollen und zwar mit Blick auf eine grundlegende Veränderung, müssen wir erst mal die unverhältnismäßige Wertschätzung der Arbeit anzweifeln. Das soll nicht heißen, dass niemand mehr arbeiten soll. Wir lehnen keineswegs jede Art von Arbeit ab. Schon gar nicht die nützliche, die von Krankenpflegern, Tischlern, Putzkräften, Klempnern, Künstlern und Lehrern geleistet wird und uns und unserem Streben nach dem guten Leben zugutekommt. Wir lehnen es hingegen ab, unserer Arbeit mit übermäßigem Eifer nachzugehen (es sei denn, es ist wirklich dringend erforderlich). Indem

---

83 Den ganzen Essay (allerdings auf Englisch) können Sie hier lesen: https://theanarchistlibrary.org/library/bob-black-the-abolition-of-work

man uns diesen Eifer einredet, hält man uns ruhig und hält uns am Arbeitsplatz fest, wo wir dahinvegetieren wie die in Erdlöchern hausenden Morlocks, die Schönheit, Müßiggang und Vergnügen ablehnen, ja sogar hassen. Der Begriff der »Arbeit um ihrer selbst willen« ist schrecklich antiquiert und gehört zu einem Betriebssystem, das durch ein neues ersetzt werden muss.

Vielleicht helfen uns ja die neuen Technologien – Automation, Telekommunikation – dabei, dieses alte System zu zerstören oder umzuwandeln. Allerdings existiert das Internet nun bereits seit zwanzig Jahren, und dennoch wird immer noch von uns erwartet, dass wir jeden Tag quer durch die Stadt fahren (oder gar von einer Stadt in die andere) für Tätigkeiten, die wir auch im Bett erledigen könnten. Und auch die Automation scheint nur ständig neue Jobs hervorzubringen, zumeist Bullshit-Jobs, anstatt sie auszumerzen und die Befreiung der Lohnsklaven zu bewirken. Leider gibt es, wenn Jobs überflüssig werden, kein sensibles System, um die zu unterstützen, die eigentlich freigesetzt werden könnten. Mehr noch: Von rechten politischen Parteien werden sogar die existierenden und recht unzulänglichen Formen des Wohlfahrtsstaats angegriffen.

Wenn wir jetzt eine neue politische Bewegung brauchen (ich persönlich ziehe die weniger dramatische Verbreitung von Ideen dem militanten Aktivismus vor), sollte sie sich zum Ziel machen, die Idee von der Arbeit als etwas Gutem und Großartigem und Wertvollem an sich zu zerstören. Denn diese Idee ist eine Lüge. Wie wir schon weiter vorne erörtert haben, hofft die Klempnerin, die die Abwasserleitung einer Familie repariert, mit ihrer Arbeit der Familie nutzen zu können. Sie tut dies keinesfalls aus einem irren Bedürfnis, unbedingt klempnern zu müssen. Arbeit sollte so unmittelbar wie nur möglich dem guten Leben dienen, also dem Vergnügen, sonst macht sie keinen Sinn. Die Alternative wäre, weiterhin diesen Planeten aufzureißen und alles Mögliche aus den Tiefen des Erdreichs zu fördern und weiterzuarbeiten, immer weiter, bis die ganze Welt verbraucht, verschwendet und verschwunden ist.

Um unsere Botschaft zu verbreiten – und ich hoffe, dass ich mit diesem Buch einen Beitrag dazu leiste –, müssen wir ein Beispiel geben. Also sollten Sie Ihre Arbeitsstunden im Büro reduzieren, ganz offiziell, wenn das möglich ist, oder inoffiziell, wenn es irgendwie geht. Wenn Sie dann noch Zeit und Energie und Willenskraft übrig haben, sollten Sie andere dazu animieren, es ebenfalls zu tun.

Geben Sie ein Beispiel, leben Sie für das Vergnügen! Verschönern Sie Ihr Zuhause, widmen Sie sich der Kunst, erlernen Sie ein kreatives Handwerk. Und dann: Erzählen Sie den Menschen davon! Stellen Sie Werke aus, verbreiten Sie sie, exportieren Sie Ihre Ideen, laden Sie Leute ein, und zeigen Sie ihnen, wie Sie leben. Falls es Fragen gibt – »Wieso ist da ein Totenkopf auf dem Regal? Wie können Sie sich eine so hübsche Wohnung leisten? Woher kriegen Sie all diese Ideen? Wie kann man mit so wenigen Dingen auskommen?« –, dann beantworten Sie diese Fragen voll und ganz und mit Begeisterung, Freude und Übermut. Holen Sie die Leute an Bord.

Zeigen Sie es auch durch Ihr Auftreten. Propagieren Sie Ihre Ideen durch die Art und Weise, wie Sie sich kleiden (nonkonformistisch, aber fröhlich und nicht aggressiv), durch die Geschichten, die Sie erzählen (vermeiden Sie Übertreibungen oder Tiefstapelei, und konzentrieren Sie sich auf die Freuden des minimalistischen kargen Lebens und den Spaß, den Sie und Ihre Freunde dabei haben) und die Werte, für die Sie eintreten.

Wenn Sie noch mehr Einsatz zeigen wollen, können Sie sich eventuell politisch engagieren. Dabei empfiehlt es sich, bereits existierenden Bewegungen beizutreten, anstatt neue zu gründen, in der

Hoffnung, sie könnten aus dem Nichts heraus Gestalt annehmen. Kampagnen für eine Verkürzung der Wochenarbeitszeit gibt es bereits.[84] Sie sind aus einer klassischen Forderung der Linken hervorgegangen, und es gibt keinen Grund, warum man sie nicht in eine Kampagne für eine Vier- oder Drei- (oder gar Zwei-)Tage-Woche umwandeln sollte. Immerhin hat die Arbeiterbewegung dafür gesorgt, dass der Anspruch auf ein Sabbatjahr ins Arbeitsrecht aufgenommen wurde.

Es gibt auch einige Projekte, die die Auswirkungen eines Bürgereinkommens oder eines bedingungslosen Grundeinkommens erforschen oder sich dafür einsetzen.[85] Ein bedingungsloses Grundeinkommen könnte, wenn es vernünftig eingeführt wird, bewirken, dass jeder Bürger seine Grundbedürfnisse befriedigen kann und der gesellschaftliche Reichtum gerecht verteilt wird. Darüber hinaus würde es den Bullshit-Jobs und der ganzen Lohnsklaverei ein Ende bereiten.

Bis es so weit ist, dürfen Sie gerne über das Manifest am Anfang dieses Buchs nachdenken, es bei Bedarf durch persönliche Punkte erweitern und gern auch Ihr Leben nach den dort festgelegten Prinzipien einrichten. Der nächste Schritt wäre, einem Freund davon zu erzählen – ihm zum Beispiel eine Fotokopie des Manifests zu geben – und ihn zu ermutigen, nicht länger um der Arbeit willen zu arbeiten, sondern um das gute Leben zu befördern.

Stellen Sie aber klar, dass das gute Leben nicht bedeutet, auf Shopping-Tour zu gehen. Und vergessen Sie nicht, dass es keinen Grund gibt, die Sache strenggläubig oder fundamentalistisch anzugehen. Es geht hier nicht darum, eine Sekte ins Leben zu rufen oder eine langweilige Bewegung. Es ist eine Vision und vielleicht

---

84 https://neweconomics.org/campaigns/shorter-working-week
85 http://www.archiv-grundeinkommen.de/

eine Möglichkeit, so zu leben, wie man gerne möchte. Als Gewinn winkt ein ruhiges, würdevolles Leben, bei dem der Spaß nicht zu kurz kommt. Und wenn es uns gelingt, uns vom krassen Konsum freizumachen, während wir unserem guten Leben nachgehen, könnten wir sogar dazu beitragen, diesen Planeten zu retten. Und falls es uns nicht gelingt, andere Menschen auf unsere Seite zu ziehen, können wir zumindest die Zeit reduzieren, die wir in der Tretmühle der Lohnsklaverei verbringen und stattdessen das Leben genießen. Das ist kein schlechter Nebeneffekt.

NACHWORT

Flucht von der Betoninsel

Fast zweieinhalb Jahre lang hatte ich auf diesen Tag gewartet. Heute sollte mir das Visum erteilt werden. Ich würde kündigen können, und die Betoninsel wäre endlich Vergangenheit.

Als wir in der Glasgower Zweigstelle des Innenministeriums (Home Office) ankamen, stellten wir aber fest, dass auf der anderen Straßenseite ein Stand aufgebaut worden war, auf dem stand: HUNGERSTREIK und UNFAIRE BEHANDLUNG DURCH DAS HOME OFFICE.

Eine Folge des Hungerns ist ja, dass man sich übergeben muss, weil der Blutzucker niedrig ist und sich immer mehr Säure im Magen konzentriert. Aus diesem Grund roch es auf der Straße nach Erbrochenem. Das machte mich total nervös. Ich wollte anhalten und mit den Hungerstreikenden reden, aber gleichzeitig wollte ich vermeiden, dass irgendjemand einen Grund finden könnte, mir die Aufenthaltsgenehmigung zu verweigern. Abgesehen davon kannte ich die ganze Geschichte ja schon. Ich hatte jede Menge Horrorstorys über das Home Office und die feindliche Einwanderungspolitik der britischen Regierung im *Guardian* gelesen, während ich im Büro so getan hatte, als würde ich arbeiten.

Die Bezeichnung »Home Office« ist auch so eine Sache. Sie besteht aus »Home« wie »Zuhause« und »Office« wie »Büro«, also zwei Dingen, mit denen ich mich die ganze Zeit geradezu obsessiv beschäftigt hatte. Dass ich jetzt darauf gestoßen wurde, erweckte in mir den Eindruck, dass das ganze Thema an diesem Morgen eskalierte.

Drinnen angekommen, mussten wir drei Stunden lang im Warteraum sitzen. Ein stumm geschalteter Fernseher lief die ganze Zeit. Als wir reingekommen waren, hatte er gerade *Bargain Hunt* gezeigt (eine Art *Bares für Rares*); danach folgte eine Sendung über vom Staat bezahlte Kopfgeldjäger auf der Suche nach Umweltverschmutzern. Das Ganze machte uns noch nervöser, als wir ohnehin schon waren, weshalb wir uns in eine Ecke setzten, von wo aus wir den Bildschirm nicht sehen konnten. Die beiden Sendungen kamen uns vor wie Propaganda-Sendungen in einem dystopischen Zukunftsstaat, der seine Bürger freundlich lächelnd daran erinnert, dass die Regierung sie unter ständiger Beobachtung hat und jederzeit bereit ist, sozialen Unrat zu beseitigen. Es war ein eigenartiger Moment, der uns darin bestätigte, keinen Fernseher haben zu wollen. Stellen Sie sich vor, Sie lassen solche vergifteten Botschaften in Ihr Wohnzimmer. Stellen Sie sich bloß mal vor, Sie bezahlen auch noch Geld dafür!

Wir waren zu früh erschienen, weil wir mit der idiotischen Terminseite des Home Office nicht klarkamen und unsicher waren, ob wir um 11:00 oder um 11:30 Uhr dran waren, also gingen wir auf Nummer sicher. Man hatte uns außerdem zu verstehen gegeben, dass wir eine Viertelstunde vor dem Termin erscheinen sollten, weil wir noch eine Sicherheitsschranke passieren mussten, was bewirkte, dass wir sogar schon um 10:45 Uhr eintrafen.

Wir saßen da und taten nichts weiter, als Panik zu schieben, weil wir Angst hatten, unser Antrag würde aufgrund irgendeines lächerlichen Formfehlers abgelehnt oder weil wir irgendeinen Hinweis auf dem Antragsformular missverstanden hatten (der Antrag hatte sechsundachtzig mit zahlreichen Vagheiten und Rätseln angefüllte Seiten). Ich musste ständig zu einem Spruchband schauen, auf dem das Wappen des Home Office zu sehen war. Das Spruchband war genauso billig und dämlich wie jene, die wir bei irgendwelchen speziellen Gelegenheiten auf der Betoninsel aufgehängt hatten. Die Slogans des Home Office bestanden aus Begriffen wie »Service«, »Möglichkeiten« und »Vertrauen«.

»Das soll wohl ein Witz sein«, dachte ich. »Eure beschissene ›Politik der feindlichen Umgebung‹ ist der Grund, warum ich zweieinhalb Jahre als Verbannter auf der Betoninsel zubringen musste.«

Wir sahen zu, wie andere Antragsteller hineingingen und herauskamen. Sie waren wie wir: junge Paare, die sich aneinanderklammerten wie verängstigte Äffchen und auf das Beste hofften. Ein kanadisches Paar hatte einen Anwalt dabei. Die meisten aber vertrauten darauf, den Papierkrieg eigenständig bewältigen zu können, so wie wir. Manche hatten Rucksäcke dabei, was mir seltsam vorkam, aber dann machte Samara mich darauf aufmerksam, dass sie wahrscheinlich aus anderen Städten angereist waren, in denen es keine Außenstelle des Home Office gab. Und mit einem Mal war ich sogar froh darüber, dass dieses schaurige Ministerium nicht weit von unserer Wohnung entfernt war.

Ich gebe auch zu, dass ich anfangs schon beim bloßen Anblick des Gebäudes Angst bekommen hatte. Hinter diesen Mauern wurde über unser Schicksal entschieden! Also hatte ich alles Mögliche getan, um mich emotional auf diesen Tag vorzubereiten. Wie es der Zufall wollte, hatte ich während der letzten drei Wochen für ein spezielles Betoninsel-Projekt Schulungsmappen hergestellt, und zwar direkt um die Ecke beim Home Office. Als ich das herausfand, dachte ich, ich müsste mich übergeben, so nervös wurde ich. Aber dann entschloss ich mich, jede Woche einmal direkt zum Home-

Office-Gebäude zu gehen, durch die Fenster zu schauen oder den uniformierten Wachposten und den Beamten zuzusehen, wie sie vor dem Eingangstor standen und rauchten. Auf diese Weise arbeitete ich in kleinen Dosen gegen meine Angst an und kam langsam damit klar. »Es ist doch nur ein Haus«, sagte ich mir. »Nur ein Haus, genauso wie das deiner Eltern oder irgendein anderes Büro.« Erstaunlicherweise funktionierte das. Jedenfalls entspannte ich mich etwas.

Ich musste an den Stützpunktkommandeur denken; den nur selten in Erscheinung tretenden Übervater auf der Betoninsel, der angeblich einmal für die Regierung tätig gewesen war. Ich fragte mich, ob er wohl für Theresa May gearbeitet hatte, als sie noch Innenministerin gewesen war und im Home Office die Grundlagen der »Politik der feindlichen Umgebung« gelegt hatte. Möglicherweise saß ich jetzt also nicht nur in einem Außenposten ihrer Deportationsmaschine, sondern hatte die ganze Zeit über auf der Betoninsel meine Zeit in der Nähe eines Ihrer Handlanger verbracht. Ganz schön beängstigend.

Nach drei Stunden wurde der Name meiner Frau aufgerufen, und wir wurden zu einem kleinen Pult geführt. »Unterschreiben Sie bitte hier«, sagte die Beamtin. »Und hier.« Sie erklärte uns nicht, ob unser Antrag positiv oder negativ beschieden worden war.

»Ist denn alles in Ordnung?«, fragte ich.

»Ja«, sagte sie. Und dann zu meiner Frau: »Ihre biometrische Aufenthaltsberechtigungskarte sollte innerhalb von zehn Tagen per Post zu Ihnen nach Hause kommen. Falls Sie nicht eintrifft, rufen Sie diese Nummer an.« Und sie deutete auf eine Londoner Telefonnummer auf einem Zettel.

Wir hatten es geschafft.

Drei Tage später kam die Karte im *Belle Ombre* an. Ich erinnere mich noch, wie der Postbote, Anson, sie mir überreichte. Ich sah das Wappen des Home Office und dachte: »Hurra! Das Visum! Das Visum ist da!«

Nachdem ich eine Weile frohlockt hatte, beugte ich mich über meinen Laptop, öffnete den Ordner mit den Entwürfen und klickte bei der E-Mail, die ich in den letzten Wochen entworfen hatte, auf »Abschicken«.

Lieber Tibs der Große,

nun ist es uns erfolgreich gelungen, das Visum für meine Partnerin zu bekommen. Daher habe ich die Absicht, die Betoninsel zu verlassen, bin aber bereit, die Kündigungsfrist einzuhalten. Es tut mir leid, dass ich meine Absicht nicht schon früher geäußert habe, aber Sie werden verstehen, dass das unter diesen Umständen nicht möglich war ... usw.

Die letzten Tage waren eigenartig. Ich fühlte mich merkwürdigerweise für meine Kollegen verantwortlich. Das äußerte sich auf verschiedene Arten. Ich hatte eigenartige Tagträume und Fantasien. Die Seltsamste davon war, dass ich mir vorstellte, ich würde Sybil die Haare bürsten! Offenbar hatte ich große Schuldgefühle, weil ich so böse, gemeine Dinge über sie gedacht hatte, und das auch noch über eine so lange Zeit. Und weil ich sie nun verlassen würde.

Was ich da erlebte, muss wohl so etwas wie das Schuldgefühl-Syndrom gewesen sein, das Menschen überkommt, die eine Katastrophe wie den Untergang der Titanic oder etwas Ähnliches überlebt haben und sich immer wieder fragen: »Warum ich?« Ich hatte mich das natürlich auch schon öfter gefragt, aber nicht aus dieser Perspektive. Normalerweise stellte ich mir die Frage beim Anblick von Prince Chunk und den Geräuschen, die er von sich gab, während er einen Topf Fertignudeln verzehrte.

Ich unterhielt mich mit meinen Kollegen über Themen jenseits der Arbeit, soweit es möglich war, ohne allzu aufdringlich zu werden, um freundlich herauszufinden, was sie so in ihrer Freizeit machten. Ich fragte nicht nach Details, aber ich gab ihnen zu verstehen, dass ich ihnen nur das Beste wünschte.

Schließlich leistete ich einen letzten Beitrag für die Kaffee- und-Kuchen-Kasse. Ich tat das mit jener wortlosen Geste der Zuneigung, die sich bei anderen im Mitbringen von Kuchenstücken oder Pralinen ausdrückt, von denen sich jeder bedienen kann. Ich setzte auch einen kleinen Betrag darauf, wer wohl den nächsten Gehwettbewerb gewinnen würde, von dem ich ausgeschlossen war, weil ich ja bald woanders hingehen würde.

Ich träumte davon, jedem meiner Mit-Gestrandeten eine Ausgabe meines Buchs *Ich bin raus* zu schenken. Oder, etwas kryptischer, so etwas wie Paul Austers *Die Musik des Zufalls* oder *Der König auf Camelot,* aber das würde mir auf den letzten Drücker noch das Spiel verderben. Ich wollte ihnen ja gar nicht erzählen, dass ich die ganze Zeit darüber nachgedacht hatte, die Betoninsel hinter mir zu lassen und nicht eine Minute länger dort bleiben wollte als nötig. Ich erzählte ihnen auch nicht, dass ich weggehen würde, um ein Buch zu schreiben, in dem es unter anderem auch um Arbeit gehen würde.

Glücklicherweise konnte ich mit einem guten Alibi aufwarten. Ich hatte einen Job an Land gezogen, bei dem es darum ging, den Buchbestand einer kleinen wissenschaftlichen Bibliothek zu katalogisieren. Also ließ ich meine Mit-Gestrandeten auf der Betoninsel in dem Glauben, ich würde sie wegen dieses Jobs verlassen, dabei handelte es sich in Wirklichkeit nur um eine sehr überschaubare freie Tätigkeit. Es war die perfekte Strategie: Niemand war verletzt oder beleidigt. Ich konnte einfach losgehen und meinen neuen »Job« übernehmen.

An meinem letzten Tag machten wir gemeinsam Mittagspause. Ich war schon zuvor bei einigen dieser Abschiedsessen gewesen und wusste so ungefähr, was auf mich zukam: grässliche Supermarkt-Snacks, peinliche Gespräche, die immer gleiche Rede von Tibs dem Großen und eine Tüte mit Geschenken. Mir ist es immer unangenehm, solche Geschenke zu erhalten, denn ich bin ja Minimalist und möchte überhaupt nichts bekommen. Ich verstehe durchaus, dass Geschenke in unserer Gesellschaft eine wichtige Funktion haben – um Verbindungen zu knüpfen und Beziehungen aufzubauen, was auf jeden Fall gut ist –, also zeige ich mich immer dankbar. Außerdem war mein Abschiedsessen ein interessanter Indikator dafür, wie gut meine Mit-Gestrandeten mich inzwischen kannten oder wie gut sie mich *nicht* kannten, weil ich ja ein eher verschwiegener Mensch bin – und weil in Büros ja generell eine eigenartige Atmosphäre herrscht. In einem Großraumbüro ist einfach kein Platz für Privates, und die geforderte Professionalität und das Fehlen einer gemeinsamen Mission verhindern, dass sich so etwas wie Kameradschaft entwickelt.

Einer der Snacks in meiner Lunchtüte waren Dosen mit Erdnüssen. Ich bin sehr allergisch gegen Erdnüsse. Hatte ich meinen Kollegen nie davon erzählt? Dieser eine Fehler bewirkte, dass ich nichts von meinem Abschiedsessen zu mir nehmen konnte, weil alles von den geöffneten Dosen mit den für mich tödlichen Erdnüssen verseucht wurde. Ich war ein bisschen traurig, weil ich meinen Mit-Gestrandeten so wenig von mir erzählt hatte; noch nicht mal die grundlegendsten Dinge. Aber andererseits war Diskretion ja Teil des Plans. Mein Ziel war gewesen, möglichst unbemerkt reinzugehen und unerkannt wieder rauszukommen.

Da ich keine Lust hatte, ausgerechnet am Tag meiner Flucht an einem allergischen Schock zugrunde zu gehen, und auch nicht den Wunsch verspürte, nach einer adrenalingeschwängerten Sause mit anschließendem Whisky-Koma im Krankenhaus zu landen, aß ich nichts. Und weil ich verhindern wollte, dass jemand sich schuldig fühlte wegen der Erdnüsse, oder auch weil ich es eigenartig fand, meine Allergie nie erwähnt zu haben, entschied ich mich, diese Sache zu verschweigen. Stattdessen knabberte ich vorsichtig an einem Cracker und ließ mich auf die peinlichen Gespräche ein, die ich erwartet hatte, wobei ich mich bemühte, den heiklen Fragen nach meinem neuen Job auszuweichen.

Ihre Fragen gingen alle in diese Richtung: »Und wie hast du den neuen Job gefunden?«, denn sie hatten nirgendwo eine Anzeige gesehen (ich kannte die Frau meines neuen Arbeitgebers). Oder: »An welcher Stelle der Hierarchie wirst du dort stehen?« (An keiner, weil ich frei arbeiten würde, als Söldner.) Falls sie geglaubt hatten, sie könnten mich ausquetschen, waren sie auf dem falschen Dampfer. Schließlich war ich immer noch darauf aus, sie zu schützen und nicht so etwas von mir zu geben wie: »Ich haue ab, weil ich diesen Arbeitsplatz hasse. Nirgendwo hinzugehen, ist immer noch besser, als jeden Tag acht Stunden an diesem beschissenen Arbeitsplatz verbringen zu müssen. Ich frage mich wirklich, wie ihr das aushaltet!« Tatsächlich brodelte es in mir, und ich war versucht, etwas in dieser Art loszuwerden, stand praktisch kurz davor eine Art Lohnsklaven-Tourette-Syndrom zu bekommen.

Tibs der Große hatte ein kleines Ratespiel vorbereitet, um dem Augenblick gerecht zu werden und die unvermeidlichen Small

Talks etwas abzufedern. Dafür bin ich ihm wirklich dankbar. Die Fragen allerdings drehten sich alle um mich. »Ach, du meine Güte«, dachte ich, »jetzt wird sich doch noch herausstellen, was sie über mich wissen.«

Der Inhalt der Geschenketüte enthüllte auch noch ein bisschen dessen, was sie von mir wussten. Da gab es ein Buch mit Kneipenrätseln als kleine freundliche Anspielung auf die Anekdoten, die ich dienstagmorgens gern erzählt hatte; ein Päckchen mit Kaffeebohnen (weil sie wussten, dass ich Kaffee mochte, aber nicht, dass ich zu Hause keine Möglichkeit hatte, Kaffeebohnen zu mahlen); eine Flasche Kirsch-Bier (weil sie wussten, dass ich Bier mag, aber meine Abneigung gegen Bier mit Fruchtgeschmack *nicht* kannten); und dann kam noch ein Amazon-Gutschein (weil ihnen die Ideen ausgegangen waren).

»Vielen Dank«, sagte ich, »das hatte ich jetzt wirklich nicht erwartet.«

Eine Karte war auch dabei, mit Unterschriften und peinlichen Sprüchen von jedem Einzelnen. Ich hatte auch schon des Öfteren zu solchen Unterschriften- und Sprüchesammlungen beigetragen auf Abschiedskarten für andere, also nahm ich die peinlichen Botschaften nicht persönlich. Niemand weiß, was er auf so eine Karte schreiben soll. Man würde ja gerne etwas Persönliches reinschreiben, eine Anmerkung zu einem Gespräch, eine Anspielung auf ein gemeinsam gemeistertes Problem, aber so etwas fällt einem dann nicht ein, und so sitzt man dann da, mit dem Stift in der Hand und müsste eigentlich wieder zurück zum Bildschirm. Also schreibt man so was wie »Viel Glück!« und kritzelt seinen Namen darunter.

»Ach, Leute«, sagte ich, »ich werde euch alle vermissen.«

Vorne auf der Karte war die Zeichnung eines Jenga-Turms zu sehen, bei dem ein Holzplättchen herausgezogen war. Das herausgezogene Plättchen grinste. Die anderen, die immer noch im Turm feststeckten, blickten finster drein. »Herzlichen Glückwunsch«, lautete die Botschaft, »du hast es geschafft zu entkommen.«

Eine Woche nach meiner Flucht von der Betoninsel verließ ich ziemlich früh am Morgen meine Wohnung, weil ich bei der Post ein Paket abholen musste. Anstatt gleich wieder zurückzugehen und zu frühstücken, entschloss ich mich spontan, ein wenig herumzuflanieren. Ich war ja jetzt frei. Und solche Unternehmungen waren etwas, wofür ich nun wieder Zeit hatte.

Es fing an zu regnen – dieser Sprühregen, der typisch ist für Schottland und dort *Dreich* genannt wird –, und ich fragte mich, ob mein Spaziergang eine so gute Idee gewesen war. Als ich um eine Ecke bog, bemerkte ich ein Plastik-Einhorn, das am Vordach eines Hauses befestigt war. Offenbar hatte jemand ein Kinderspielzeug an das Vordach genagelt. Instinktiv suchte ich das Vordach ab, um nachzuschauen, ob auch auf der anderen Seite ein Einhorn angebracht war. Und siehe da, dort hing ein Diplodocus-Saurier. Das ist das Tolle am Flanieren: Man entdeckt die unglaublichsten Dinge. Wer nagelt denn ein Einhorn und einen Saurier aus Plastik an sein Vordach? Wie kommt jemand auf so eine Idee? Das war ein klassisches Beispiel dafür, dass wir beim Flanieren Dinge bemerken, die wir normalerweise nicht wahrnehmen, weil wir als Lohnsklaven immer herumhasten, um mal eben schnell noch alles Mögliche zu erledigen. Scheiß auf den Regen; ich war glücklich darüber, genug Zeit zu haben, um einfach nur aus Lust und Laune einen Umweg zu machen.

Das Straßenbild wandelte sich, rote Sandstein-Miethäuser wurden von vorstädtischen Oma-Doppelhaushälften mit Kieselraupputz abgelöst. Sie erinnerten mich an das Haus meiner Oma in

Dudley, wo ich als kleiner Junge oft gewesen war, und hatten eine gewisse Ähnlichkeit mit diesem alten Reihenhaus in Enfield, in dem in den Siebzigerjahren ein Poltergeist sein Unwesen getrieben haben soll. Bestimmt hatte *jedes* dieser Häuser ebenfalls einen Poltergeist. Und genau in dem Moment, wo ich das Gefühl hatte, mich verlaufen zu haben und schon umkehren und das Einhorn und den Dino als Wegmarken nutzen wollte, bemerkte ich zwischen den Häusern ein Hinweisschild auf eine Bahnstation. Es war dieselbe Station, an der ich während meines letzten Jahres auf der Betoninsel Tag für Tag eingestiegen war. Nur war dies hier der Hintereingang. Ich war erleichtert, weil ich keine Lust mehr hatte weiterzulaufen und inzwischen ziemlich durchnässt war.

Also betrat ich die Station, stieg die Treppe der kleinen Fußgängerbrücke hinauf, die über die Gleise führte. Oben angekommen, blieb ich stehen und schaute auf die Gleise hinunter. Ich musste durch eine Plexiglasscheibe gucken, die wahrscheinlich dort angebracht worden war, um Pendler davon abzuhalten, sich auf die Gleise zu stürzen. Die Scheibe erinnerte mich an die Fenster im Ruheraum auf der Betoninsel, die womöglich aus demselben Grund nicht geöffnet werden konnten. Was für eine Welt haben wir uns da bloß gebaut?

Und obwohl ich ein ganzes Jahr lang von dem Bahnsteig da unten abgefahren war, kam er mir merkwürdig unvertraut vor. Ich bemerkte zwar bekannte Details wie den Fahrkartenschalter, den Zeitungskiosk und die Ecke mit dem Ticketautomaten, den ich immer benutzt hatte. Es war erst eine Woche vergangen. Meine Fingerabdrücke waren womöglich noch immer auf dem Display über dem Schlitz für die Kreditkarten. Und doch kam mir alles merkwürdig anders vor. Ich sah die Station mit anderen Augen, vielleicht mit den Augen eines Menschen, der mehr Energie in sich hat und weniger Angst.

Einige wenige Passagiere standen wartend auf dem Bahnsteig. So wie sie sich da unter das Dach drängten, das sie nur unzulänglich vor dem Regen schützte, konnte ich ihre Körpersprache gut entschlüsseln. Sie waren angespannt. Sie hatten Angst und waren gelangweilt. Es wirkte beinahe so, als wollten sie aus ihren eigenen Körpern flüchten, ihre Seelen befreien, damit ihre leeren Hüllen die Arbeit für sie erledigten. Sie versuchten, leider ohne Erfolg, sich den Zombie zunutze zu machen.

Mann, was war ich froh, nicht dort unten bei ihnen stehen zu müssen! Heute war ich bloß aus einer Laune heraus nach links anstatt nach rechts gegangen und war mit der Entdeckung eines Plastik-Einhorns und eines Plastik-Dinosauriers an einem Vordach belohnt worden. Sie hatten dort gehangen wie Wasserspeier an einem Dom oder so etwas. Unglaublich. Später würde ich es mir bequem machen, um etwas zu schreiben. Und noch später würde ich mir *Don Quichotte* vornehmen, ein Buch, das ich schon seit drei Jahren lesen wollte, wofür mir aber die Konzentration gefehlt hatte. Am Abend würde ich für meine Frau und ein paar Freunde etwas kochen, die ihrerseits ein paar Flaschen Bier mitbringen würden. Es würde ein schöner Tag werden, und noch dazu würden mich solche Tage nun wieder häufiger erwarten. Und was kostet ein solches Leben? Das war eine rhetorische Frage gewesen, die ich locker und aus moralphilosophischem Interesse gestellt hatte. Aber die Antwort tauchte ganz automatisch vor meinem inneren Auge auf: »Fünfhundertneunzehn Pfund pro Monat«. Denn das war meine Magische Formel des guten Lebens.

Ich hoffe, dass Sie mir in das gute Leben folgen werden. Es erfordert ein wenig Planung und einige durchaus entschiedene Anstrengungen, um alles, was nicht dazugehört, zu eliminieren. Beginnen Sie mit dem Ende im Blick. Wenn Sie aber erst mal dort angekommen sind, werden Sie nie mehr zurückkehren wollen.

Bis es so weit ist, habe ich Ihnen mit diesem Buch hoffentlich ein paar nützliche Tipps präsentiert, die Ihnen helfen werden, das gute Leben zu führen noch während Sie einem Vollzeitjob nachgehen. Bitte vergessen Sie nicht, dass ein Job nur etwas zeitlich Befristetes ist und jeder ihm jederzeit entfliehen kann. Und wenn Sie ihm gerade nachgehen, bedenken Sie: **Sie sind nicht das Ergebnis Ihrer Jobbeschreibung!**

DANKSAGUNGEN

Besonderen Dank im XL-Format schulde ich Markus Naegele bei Heyne und Matthew Hamilton bei Aitkin Alexander.

Dank und Liebe an Samara, weil sie den Kampf um das Visum aufgenommen hat, anstatt mich zu verstoßen und in Kanada zu bleiben. Dank auch an Timothy Eyre für seine Freundschaft und die nützlichen Tipps bezüglich des Visums.

Dank an alle, die mir Geschichten über ihr Dasein als Lohnsklaven und ihr Privatleben erzählten. Dank auch an Tom Hodgkinson, der so freundlich war, meine Kolumnen zu veröffentlichen. Dank an Landis Blair für die schönen, motivierenden Abende mit gutem Gin. Dank auch an meine Eltern, an Louise, Mark, Reggie, Aislinn, Drew, Sofia, Neil, Alan, Emily, Shanti und Peter.

Dank gilt auch den Katzen auf der Betoninsel, weil sie meine Launen, hysterischen Anfälle und dämlichen Kommentare ertragen haben. Und ein zweimaliges Hipphipphurra an Mrs. May, ohne deren sinnloses und bösartiges politisches Wirken dieses Buch niemals geschrieben worden wäre.

Raus aus der Falle

Haben Sie auch allzu häufig von der Arbeit die Schnauze voll?
Haben Sie endlich eingesehen, dass die Bank immer gewinnt?
Wird das Fernsehprogramm jeden Abend langweiliger?
Dann gibt es nur eins: raus hier.

»Die ultimative Anleitung für alle, die aus ihrem fremdbestimmten Leben ausbrechen wollen.« *Dan Kieran*

Leseprobe unter heyne-encore.de

Das Leben kann manchmal ganz einfach sein

In einer tiefen Sinnkrise will sich Dan Kieran beweisen, wozu er fähig ist, ganz real, mit seinen eigenen Händen. Er fährt ans Meer und baut ein Surfbrett, ohne jede Vorkenntnis. Er schaltet sein Mobiltelefon aus, baut sich ein kleines Ein-Mann-Zelt am Strand auf und beginnt mit der Arbeit. Und findet am Ende zu sich selbst.

»Profund, originell und wunderbar zu lesen.«
Roman Kryznaric, Autor von *Die Schule des Lebens*

Leseprobe unter heyne-encore.de

»Die Erfolgsgeheimnisse der ganz Großen – dieses Buch wird Ihr Leben bereichern.«
Daily Mirror

Über sechzig faszinierenden Persönlichkeiten hat Reed für sein Buch getroffen und sie gebeten, ihren wertvollsten Ratschlag fürs Leben mit seinen Lesern zu teilen. Ein kluges, hochunterhaltsames Buch für alle Lebenslagen.

Leseprobe unter heyne-encore.de